"十二五"职业教育国家规划教材 修订版

经全国职业教育教材审定委员会审定

焊接方法与工艺

HANJIE FANGFA YU GONGYI

主　编　邱葭菲

副主编　王瑞权

参　编　樊新波　武昭妤　张　伟　申文志　蔡郴英

主　审　周正强（企业）　宋中海（企业）

第 2 版

U0380658

机械工业出版社

CHINA MACHINE PRESS

本书是为了适应职业教育教学改革和创新需要编写的。本书以常见金属材料的不同焊接方法的焊接工艺为任务进行驱动，详细介绍了各种常用焊接方法的原理、特点、设备、焊接材料及其相应的焊接工艺等知识，并对新的焊接方法与技术做了介绍。全书共九个模块，分别为认识焊接与焊接方法、焊条电弧焊及工艺、埋弧焊及工艺、熔化极气体保护焊及工艺、TIG焊及工艺、气焊气割及工艺、电阻焊及工艺、等离子弧焊割及工艺和其他焊割方法及工艺。

　　本书在编写过程中，力求体现"以就业为导向，突出职业能力培养"的精神，突出应用性和实用性，书中内容反映职业岗位能力要求并与现行焊工国家职业标准及1+X职业技能等级标准有效衔接，实现了理论与实践相结合，以满足"教、学、做合一"的教学需要。本书融入数字化内容，通过嵌入二维码增加微课、视频、动画等教学资源，以方便学习。为便于教学，本书配套有电子课件和部分习题答案，选择本书作为教材的教师可登录 www.cmpedu.com 网站注册、免费下载。

　　本书可作为职业院校、技工院校焊接专业的教学用书，也可作为应用型本科及各类成人教育相关专业的培训或在岗人员的自学用书。

图书在版编目（CIP）数据

焊接方法与工艺/邱葭菲主编. —2版. —北京：机械工业出版社，2021.4
（2025.1重印）
　"十二五"职业教育国家规划教材：修订版
　ISBN 978-7-111-68189-2

Ⅰ.①焊… Ⅱ.①邱… Ⅲ.①焊接工艺-职业教育-教材 Ⅳ.①TG44

中国版本图书馆CIP数据核字（2021）第087848号

机械工业出版社（北京市百万庄大街22号　邮政编码100037）
策划编辑：王海峰　责任编辑：王海峰
责任校对：张　征　封面设计：张　静
责任印制：单爱军
北京虎彩文化传播有限公司印刷
2025年1月第2版第5次印刷
184mm×260mm·16.25印张·399千字
标准书号：ISBN 978-7-111-68189-2
定价：49.00元

电话服务　　　　　　　　网络服务
客服电话：010-88361066　机　工　官　网：www.cmpbook.com
　　　　　010-88379833　机　工　官　博：weibo.com/cmp1952
　　　　　010-68326294　金　　书　　网：www.golden-book.com
封底无防伪标均为盗版　机工教育服务网：www.cmpedu.com

前　言

本书是根据国务院《国家职业教育改革实施方案》和教育部《职业院校教材管理办法》文件精神，同时参考《焊工国家职业技能标准》及焊接1+X职业技能等级标准书证融通要求，在第1版的基础上修订而成的。

本次修订体现了以下特色：

1）体现科学性和职业性。本书以焊接方法实施（应用）过程为导向，体现校企合作、工学结合的职业教育理念，体现"以就业为导向，突出职业能力培养"的精神，内容反映职业岗位能力要求，与焊工国家职业技能标准及焊接1+X职业技能等级标准有效衔接，实现理论与实践相结合，以满足"教、学、做合一"的教学需要。

2）体现应用性、实用性和先进性。本书内容以应用性和实用性为原则选取。通过"增"（即增加生产中常用的"新"知识）、"删"（即删除偏难的、过时的、"纯"理论知识）、"移"（即根据学生认知特点调整内容顺序）三原则，使教学内容与生产实际零距离，教学过程与生产过程有机对接。同时将焊接新技术、新工艺、新方法、新标准及时融入书中。

3）本书体系与模式新。本书采用模块—任务—操作工单结构形式，以焊接方法及工艺为模块，以不同材料的焊接为任务，由不同载体驱动，通过完成焊接操作工单来学习相关知识与技能。本书融入数字化内容，通过嵌入二维码增加微课、视频、动画等数字资源，以方便学习。书中对易混淆、难理解的知识点用"师傅点拨""小提示"等栏目加以提醒（示），通过提供焊接经验公式来解决不会选用参数或参数选用不准的问题。

4）本书融入素质教育元素。本书深入贯彻"党的二十大精神"入教材要求，弘扬爱国主义精神，发挥榜样力量，在部分模块增加了"焊接名人名事"栏目，介绍焊接专家和焊接大国工匠的事迹，有利于培养学生爱党、爱国、爱岗、敬业的精神，达到教书育人的目的。

5）本书将焊接1+X职业技能等级标准的知识、技能、素质要求较好地融入到对应的模块与任务中，实现了书证融通与课证融通。同时每个模块都有"1+X考证题库"，以方便1+X考证。

本书由浙江机电职业技术学院邱葭菲任主编，王瑞权任副主编，湖南工业职业技术学院樊新波，成都工业职业技术学院武昭妤，浙江机电职业技术学院张伟、蔡郴英，恒达钢构股份有限公司申文志参加编写。本书由邱葭菲统稿，周正强、宋中海主审。

在本书编写过程中，编者参阅了大量的国内外出版的有关教材和资料，充分吸收了国内多所职业院校近年来的教学改革经验，得到了许多专家及能工巧匠，如蔡秋衡、廖凤生、谢长林、高宗为等的支持和帮助，在此一并致谢。

由于编者水平有限，书中难免有疏漏和错误，恳请有关专家和广大读者批评指正。

编　者

二维码索引

（续）

目 录

认识焊接与焊接方法

【学习目标】

1）了解金属连接的常用方法。

2）掌握焊接原理、分类及特点。

3）了解焊接电弧的产生、构造、偏吹及热效率。

4）了解焊接技术的发展及应用。

5）了解焊接安全技术。

【任务描述】

在金属结构和机器制造中，经常需要将两个或两个以上的零件按一定形式和位置连接起来。将零件连接起来的方法有螺栓联接、键联接、铆接和焊接等，如图1-1所示。其中应用最广的是焊接。据统计，全世界年钢产量的50%要经过焊接连接成为产品。本任务是认识焊接及焊接方法，即了解焊接的原理、特点、焊接方法分类及应用等。

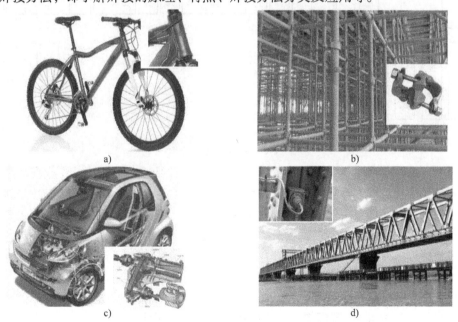

图 1-1 焊接与其他常见的连接方法

a）自行车的焊接 b）脚手架扣件的螺栓联接 c）轮毂与轴的键联接 d）钢桥上钢板的铆接

【相关知识】

一、焊接原理

焊接就是通过加热或加压（或两者并用）的方式，使焊件达到原子间结合的一种加工工艺方法。

由此可见，焊接最本质的特点就是通过焊接使焊件达到结合，从而将原来分开的物体形成永久性连接的整体。要使两部分金属材料达到永久连接的目的，就必须使分离的金属相互非常接近，使之产生足够大的结合力，才能形成牢固的接头。这对液体来说是很容易的，而对固体来说则比较困难，需要外部给予很大的能量，如电能、化学能、机械能、光能等，这就是金属焊接时必须加热、加压或两者并用的原因。

二、焊接分类

按照焊接过程中金属所处的状态不同，可以把焊接分为熔焊、压焊和钎焊三类。焊接方法的分类如图1-2所示。

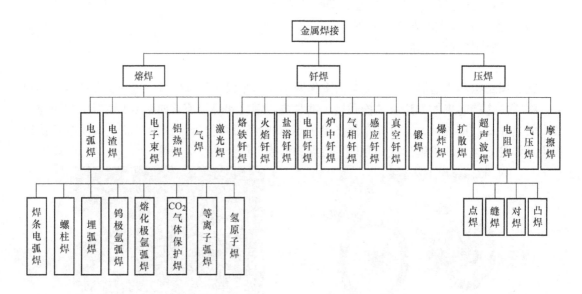

图1-2 焊接方法的分类

1. 熔焊

熔焊是在焊接过程中将焊件接头加热至熔化状态不加压力完成焊接的方法。在加热的条件下，当被焊金属加热至熔化状态形成液态熔池时，原子之间可以充分扩散和紧密接触，因此冷却凝固后，可形成牢固的焊接接头。常见的气焊、焊条电弧焊、电渣焊、CO_2气体保护焊等都属于熔焊的方法。

2. 压焊

压焊是在焊接过程中必须对焊件施加压力（加热或不加热）以完成焊接的方法。锻焊、电阻焊（点焊、缝焊等）、摩擦焊、气压焊和爆炸焊等均属此类。

3. 钎焊

钎焊是采用比母材熔点低的金属材料，将焊件和焊料加热到高于焊料熔点，低于母材熔点的温度，利用液态钎料润湿母材，填充接头间隙并与母材相互扩散实现连接焊件的方法。常见的钎焊方法有烙铁钎焊、火焰钎焊等。

常用的焊接方法如图1-3所示。

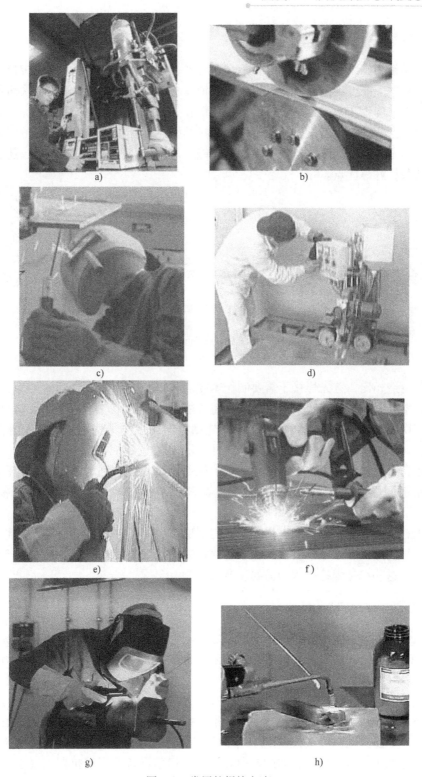

图 1-3　常用的焊接方法

a) 点焊　b) 缝焊　c) 焊条电弧焊　d) 埋弧焊　e) CO$_2$ 气体保护焊

f) 等离子弧焊　g) 钨极氩弧焊　h) 火焰钎焊

三、焊接的特点

焊接与铆接相比，首先可以节省大量金属材料，减轻结构的重量。因为焊接结构不必钻铆钉孔，材料截面能得到充分利用，也不需要辅助材料，如图1-4所示。其次简化加工与装配工序，焊接结构生产不需钻孔，划线的工作量较少，因此劳动生产率高。另外焊接设备一般也比铆接生产所需的大型设备的投资低。焊接结构还具有比铆接结构更好的密封性，这是压力容器特别是高温、高压容器不可缺少的性能。焊接生产与铆接生产相比，还具有劳动强度低、劳动条件好等优点。

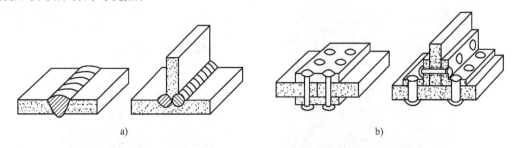

a)　　　　　　　　　　　　　　　　b)

图1-4　焊接与铆接的比较

a）焊接结构　b）铆接结构

焊接与铸造相比，首先焊接不需要制作木模和砂型，也不需要专门的熔炼、浇注过程，工序简单，生产周期短。其次，焊接结构比铸件能节省材料。通常其重量比铸钢件轻20%～30%，比铸铁件轻50%～60%。另外，采用轧制材料的焊接结构质量一般比铸件好。即使不用轧制材料，用小铸件拼焊成大件，小铸件的质量也比大铸件容易保证。

焊接还具有一些别的工艺方法难以达到的优点，如可根据受力情况和工作环境，在不同的部位选用不同强度和不同耐磨、耐腐蚀、耐高温等性能的材料，以满足产品使用性能要求。

焊接也有一些缺点，如会产生焊接应力与变形，焊接应力会削弱结构的承载能力，焊接变形会影响结构形状和尺寸精度。焊缝中会存在一定数量的缺陷，焊接中还会产生有毒、有害的物质等。这些都是焊接过程中需要注意的问题。

四、焊接技术发展及应用

我国是世界上较早应用焊接技术的国家之一。近代焊接技术从1885年出现碳弧焊开始，直到20世纪40年代才形成较完整的焊接工艺方法体系。特别是20世纪40年代初期出现了优质电焊条后，焊接技术得到了飞跃发展。

现在世界上已有50余种焊接工艺方法应用于生产中，随着科学技术的不断发展，特别是计算机技术的应用与推广，焊接技术特别是焊接自动化技术达到了一个崭新的阶段。各种新工艺方法，如多丝埋弧焊（图1-5）、窄间隙气体保护全位置焊、水下二氧化碳半自动焊、全位置脉冲等离子弧焊、异种金属的摩擦焊和数控切割设备及焊接机器人（图1-6）等，已广泛应用于船舶、车辆、航空、锅炉、电机、冶炼设备、石油化工机械、矿山机械、起重机械、建筑及国防等各个工业领域，并成功地完成了不少重大产品的焊接，如12000t水压机、直径15.7m的大型球形容器、万吨级远洋考察船"远望号"、世界最大最重的发电机定子座

（直径22m、重量832t，图1-7a）、2008年北京奥运主体育场"鸟巢"（图1-7b）以及核反应堆、人造卫星、"神舟"系列太空飞船等尖端产品。

图1-5 多丝埋弧焊在厚壁压力容器中的应用

图1-6 焊接机器人在汽车制造业中的应用

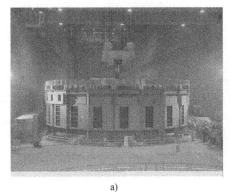
a)

b)

图1-7 三峡发电机定子座和北京奥运主体育场"鸟巢"
a）三峡发电机定子座 b）北京奥运主体育场"鸟巢"

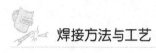

今天的焊接已经从一种传统的热加工技艺发展到了集材料、冶金、结构、力学、电子等多门类学科为一体的工程工艺学科。焊接已从单一的加工工艺发展成为综合性的先进工艺技术。

焊接方法的发展简史见表1-1。

表1-1 焊接方法的发展简史

焊接方法	英文缩写	发明国	发明年份
电阻焊	RW	美国	1886—1900
氧乙炔焊	OAW	法国	1900
铝热焊	TW	德国	1900
焊条电弧焊	MMA，SMAW	瑞典	1907
电渣焊	ESW	俄国，苏联	1908—1950
等离子弧焊	PAW	德国，美国	1909—1953
钨极惰性气体保护焊	TIG，GTAW	美国	1920—1941
药芯焊丝电弧焊	FCAW	美国	1926
螺柱焊	SW	美国	1930
熔化极惰性气体保护焊	MIG，GMAW	美国	1930—1948
埋弧焊	SAW	美国	1930
CO_2 气体保护焊	MAG，GMAW	苏联	1953
电子束焊	EBW	苏联	1956
激光束焊	LBW	英国	1970
搅拌摩擦焊	FSW	英国	1991

【任务实施】

通过参观企业，了解焊接的原理、分类及应用，并填写参观记录表（表1-2）。

表1-2 参观记录表

姓名		参观时间		
参观企业、车间	企业所属行业	产品名称	所用焊接方法	其他
观后感				

【知识拓展】

一、焊接热源

焊接常用的热源有电弧热、电阻热、化学热、摩擦热、电子束、激光束等。目前应用最广的是电弧热。常用焊接热源的特点及对应的焊接方法见表1-3。

表 1-3　常用焊接热源的特点及对应的焊接方法

热源	特点	对应的焊接方法
电弧热	气体介质在两电极间或电极与母材间强烈而持久的放电过程所产生的电弧热为焊接热源。电弧热是目前焊接中应用最广的热源	电弧焊，如焊条电弧焊、埋弧焊、气体保护焊、等离子弧焊等
化学热	利用可燃气体的火焰放出的热量或铝、镁热剂与氧或氧化物发生强烈反应所产生的热量为焊接、切割热源	气焊、火焰钎焊、热剂焊（铝热剂）
电阻热	利用电流通过导体及其界面时所产生的电阻热为焊接热源	电阻焊、高频焊（固体电阻热）、电渣焊（熔渣电阻热）
摩擦热	利用机械高速摩擦所产生的热量为焊接热源	摩擦焊
电子束	利用高速电子束轰击工件表面所产生的热量为焊接热源	电子束焊
激光束	利用聚焦的高能量的激光束为焊接、切割热源	激光焊、激光切割

二、焊接电弧

由焊接电源供给的、具有一定电压的两电极间或电极与母材间，在气体介质中产生的强烈而持久的放电现象，称为焊接电弧。图 1-8 为焊条电弧焊电弧示意图。

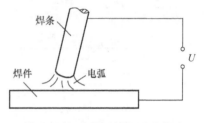

图 1-8　焊条电弧焊电弧示意图

1. 焊接电弧产生的条件

正常状态下，气体是良好的绝缘体，气体的分子和原子处于中性状态，气体中没有带电粒子，因此气体不能导电，电弧也不能自发地产生。要使电弧产生和稳定燃烧，就必须使两极（或电极与母材）之间的气体中有带电粒子，而获得带电粒子的方法就是中性气体的电离和金属电极（阴极）电子发射。所以气体电离和阴极电子发射是焊接电弧产生和维持的两个必要条件。

（1）气体电离　使中性的气体粒子（分子和原子）分离成正离子和自由电子的过程称为气体电离。使气体粒子电离所需的能量称为电离能（或电离功）。不同的气体或元素，由于原子构造不同，其电离能也不同，电离能越大，气体就越难电离。不同元素电离能大小递增次序为：K、Na、Ba、Ca、Cr、Ti、Mn、Fe、Si、H、O、N、Ar、F、He。

电弧形成过程

 小提示

在含有易电离的 K、Na 等元素的气氛中，电弧引燃较容易；而在含有难电离的 Ar、He 等元素的气氛中，电弧引燃就比较困难。生产中为提高电弧燃烧的稳定性，常在焊接材料中加入一些含电离能较低易电离元素的物质，如水玻璃、大理石等。

（2）阴极电子发射　阴极金属表面的原子或分子，接受外界的能量而连续地向外发射出电子的现象，称为阴极电子发射。

一般情况下，电子是不能自由离开金属表面向外发射的，要使电子逸出电极金属表面而产生电子发射，就必须加给电子一定的能量，使它克服电极金属内部正电荷对它的静电引力。电子从阴极金属表面逸出所需要的能量称为逸出功，电子逸出功的大小与阴极的成分有关。逸出功越小，阴极发射电子就越容易。不同元素的电子逸出功大小递增次序为 K、Na、Ca、Mg、Mn、Ti、Fe、Al、C。

2. 焊接电弧的引燃方法

把造成两电极间气体发生电离和阴极发射电子而引起电弧燃烧的过程称为焊接电弧的引燃（引弧）。焊接电弧的引燃一般有两种方式，即接触引弧和非接触引弧。

（1）接触引弧 弧焊电源接通后，将电极（焊条或焊丝）与工件直接短路接触，并随后拉开焊条或焊丝而引燃电弧，称为接触引弧。接触引弧是最常用的一种引弧方式。

这种引弧方法主要应用于焊条电弧焊、埋弧焊、熔化极气体保护焊等。对于焊条电弧焊，接触引弧又有划擦法引弧和直击法引弧两种，如图 1-9 和图 1-10 所示。

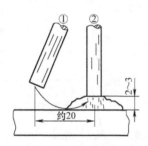

图 1-9 划擦法引弧

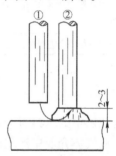

图 1-10 直击法引弧

（2）非接触引弧 引弧时，电极与工件之间保持一定间隙，然后在电极和工件之间施以高电压击穿间隙使电弧引燃，这种引弧方式称为非接触引弧。

非接触引弧需利用引弧器才能实现，根据工作原理可分为高压脉冲引弧和高频高压引弧，高压脉冲引弧需高压脉冲发生器，频率一般为 50～100Hz，电压峰值为 3000～10000V。高频高压引弧需用高频振荡器，频率为 150～260kHz，电压峰值为 2000～3000V。

非接触引弧方式主要应用于钨极氩弧焊和等离子弧焊。由于引弧时电极无须和工件接触，这样不仅不会污染工件上的引弧点，而且也不会损坏电极端部的几何形状，有利于电弧燃烧的稳定性。

3. 焊接电弧的构造及静特性

（1）焊接电弧的构造 焊接电弧按其构造可分为阴极区、阳极区和弧柱三部分，如图 1-11 所示。电弧两端（两电极）之间的电压称为电弧电压，电弧电压由阴极压降、阳极压降和弧柱压降组成。

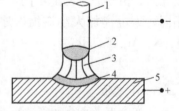

图 1-11 焊接电弧的构造
1—焊条 2—阴极区 3—弧柱
4—阳极区 5—焊件

1）阴极区。电弧紧靠负电极的区域称为阴极区，阴极区很窄，为 10^{-6}～10^{-5}cm。在阴极区的阴极表面有一个明亮的斑点，称为阴极斑点。它是阴极表面上电子发射的发源地，也是阴极区温度最高的地方。焊条电弧焊时，阴极区的温度一般可达 2130～3230℃，放出的热量占电弧总热量的 36% 左右。阴极温度的高低主要取决于阴极的电极材料。

2）阳极区。电弧紧靠正电极的区域称为阳极区，阳极区较阴极区宽，为 $10^{-4} \sim 10^{-3}$ cm，在阳极区的阳极表面也有光亮的斑点，称为阳极斑点。它是电弧放电时，正电极表面上集中接收电子的微小区域。

阳极不发射电子，消耗能量少，因此当阳极与阴极材料相同时，阳极区的温度要高于阴极区。焊条电弧焊时，阳极区的温度一般达 2330 ~ 3930℃，放出的热量占电弧总热量的 43% 左右。

3）弧柱。电弧阴极区和阳极区之间的部分称为弧柱。由于阴极区和阳极区都很窄，因此弧柱的长度基本上等于电弧长度。焊条电弧焊时，弧柱中心温度可达 5370 ~ 7730℃，放出的热量占 21% 左右。弧柱的温度与弧柱气体介质和焊接电流大小等因素有关；焊接电流越大，弧柱中电离程度也越大，弧柱温度也越高。

必须注意以下问题：一是不同的焊接方法，其阳极区、阴极区温度的高低并不一致，见表 1-4；二是以上分析的是直流电弧的热量和温度分布情况，而交流电弧由于电源的极性是周期性改变的，所以两个电极区的温度趋于一致，接近于它们的平均值。

表 1-4　各种焊接方法的阴极与阳极温度比较

焊接方法	焊条电弧焊	钨极氩弧焊	熔化极氩弧焊	CO₂ 气体保护焊	埋弧焊
温度比较	阳极温度 > 阴极温度			阴极温度 > 阳极温度	

（2）焊接电弧的静特性　在电极材料、气体介质和弧长一定的情况下，电弧稳定燃烧时，焊接电流与电弧电压变化的关系称为电弧静特性，一般也称伏安特性。表示它们关系的曲线叫作电弧静特性曲线，如图 1-12 中的曲线 2 所示。

1）电弧静特性曲线。焊接电弧是焊接回路中的负载，它与普通电路中的普通电阻不同，普通电阻的电阻值是常数，电阻两端的电压与通过的电流成正比（$U = IR$），遵循欧姆定律，这种特性称为电阻静特性，为一条直线，如图 1-12 中的曲线 1 所示。焊接电弧也相当于一个电阻性负载，但其电阻值不是常数。电弧两端的电压与通过的焊接电流不成正比关系，而呈 U 形曲线关系，如图 1-12 中的曲线 2 所示。

焊接电弧的构造及静特性

电弧静特性曲线分为三个不同的区域：当电流较小时（图 1-12 中的 ab 区），电弧静特性属下降特性区，即随着电流增加电压减小；当电流稍大时（图 1-12 中的 bc 区），电弧静特性属平特性区，即电流变化时，而电压几乎不变；当电流较大时（图 1-12 中的 cd 区），电弧静特性属上升特性区，电压随电流的增加而升高。

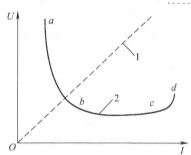

图 1-12　普通电阻静特性与电弧静特性曲线
1—普通电阻静特性曲线　2—电弧静特性曲线

2）电弧静特性曲线的应用。不同的电弧焊方法，在一定的条件下，其静特性只是曲线的某一区域。静特性的下降特性区由于电弧燃烧不稳定而很少采用。

焊条电弧焊、埋弧焊一般工作在静特性的平特性区，即电弧电压只随弧长而变化，与焊接电流关系很小。

钨极氩弧焊、等离子弧焊一般也工作在平特性区，当焊接电流较大时才工作在上升特性。

熔化极氩弧焊、CO_2 气体保护焊和熔化极活性气体保护焊（MAG 焊），基本上工作在上升特性区。

电弧静特性曲线与电弧长度密切相关，当电弧长度增加时，电弧电压升高，其静特性曲线的位置也随之上升，如图 1-13 所示。

4. 焊接电弧的偏吹

在正常情况下焊接时，电弧的中心轴线总是保持着沿焊条（丝）电极的轴线方向。即使当焊条（丝）与焊件有一定倾角时，电弧也跟着电极轴线的方向而改变，如图 1-14 所示。但在实际焊接中，由于气流的干扰、磁场的作用或焊条偏心的影响，会使电弧中心偏离电极轴线的方向，这种现象称为电弧偏吹。图 1-15 所示为磁场作用引起的电弧偏吹。一旦发生电弧偏吹，电弧轴线就难以对准焊缝的中心，会影响焊缝成形和焊接质量。

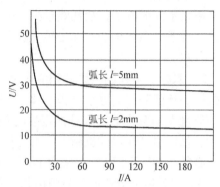

图 1-13　不同电弧长度的电弧静特性曲线

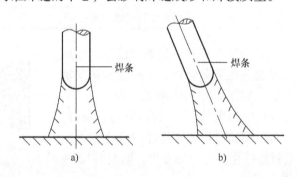

图 1-14　正常焊接时的电弧

a）焊条与焊件垂直　b）焊条与焊件倾斜

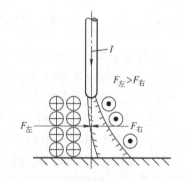

图 1-15　磁场作用引起的电弧偏吹

（1）焊接电弧偏吹的原因

1）焊条偏心产生的偏吹。焊条的偏心度是指焊条药皮沿焊芯直径方向偏心的程度。焊条偏心度过大，使焊条药皮厚薄不均匀，药皮较厚的一边比药皮较薄的一边熔化时需吸收更多的热，因此药皮较薄的一边很快熔化而使电弧外露，迫使电弧往外偏吹，如图 1-16 所示。因此，为了保证焊接质量，在焊条生产中对焊条的偏心度有一定的限制。

根据国家标准规定，直径不大于 2.5mm 焊条，偏心度不大于 7%；直径为 4mm 和 3.2mm 的焊条，偏心度不大于 5%；直径不小于 5mm 的焊条，偏心度不大于 4%。焊条偏心产生的电弧偏吹偏向药皮较薄的一边。

焊条的偏心度可用下式计算：
$$焊条的偏心度 = 2(T_1 - T_2)/(T_1 + T_2)$$

2）电弧周围气流产生的偏吹。电弧周围气体的流动会把电弧吹向一侧而造成偏吹。造成电弧周围气体剧烈流动的因素很多，主要是大气中的气流和热对流的影响。如在露天大风中操作时，电弧偏吹状况很严重；在管子焊接时，由于空气在管子中流动速度较大，形成所谓"穿堂风"使电弧发生偏吹；在开坡口的对接接头第一层焊缝的焊接时，如果接头间隙

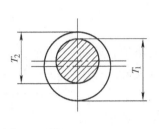
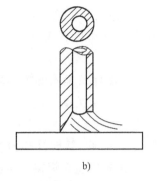

a)   b)

图 1-16 焊条偏心及引起的偏吹

a) 焊条偏心 b) 焊条偏心引起的偏吹

较大，在热对流的影响下也会使电弧发生偏吹。

3）焊接电弧的磁偏吹。直流电弧焊时，因受到焊接回路所产生的电磁力的作用而产生的电弧偏吹称为磁偏吹。它是由于直流电所产生的磁场在电弧周围分布不均匀而引起的电弧偏吹。造成电弧产生磁偏吹的因素主要有下列几种：

① 导线接线位置引起的磁偏吹。如图 1-17 所示，导线接在焊件一侧，焊件接"＋"（称为正接），焊接时电弧左侧的磁力线由两部分组成：一部分是电流通过电弧产生的磁力线，另一部分是电流流经焊件产生的磁力线。而电弧右侧仅有电流通过电弧产生的磁力线，从而造成电弧两侧的磁力线分布极不均匀，电弧左侧的磁力线较右侧的磁力线密集，电弧左侧的电磁力大于右侧的电磁力，使电弧向右侧偏吹。

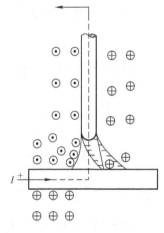

图 1-17 导线接线位置
引起的磁偏吹

小提示

如果把图 1-17 的导线接线位置改为焊件一侧接"－"（称为反接），则焊接电流方向和相应的磁力线方向都同时改变，但作用于电弧左、右两侧磁力线分布状况不变，电弧左侧的电磁力仍大于右侧的电磁力，故磁偏吹方向不变，即偏向右侧。

② 铁磁物质引起的磁偏吹。由于铁磁物质（钢板、铁块等）的导磁能力远远大于空气，因此，当焊接电弧周围有铁磁物质存在时，在靠近铁磁物质一侧的磁力线大部分都通过铁磁物质形成封闭曲线，使电弧同铁磁物质之间的磁力线变得稀疏，而电弧另一侧磁力线就显得密集，造成电弧两侧的磁力线分布极不均匀，电弧向铁磁物质一侧偏吹，如图1-18所示。

③ 电弧运动至钢板的端部时引起的磁偏吹。当在焊件边缘处开始焊接或焊接至钢板端部时，经常会发生电弧偏吹，而逐渐靠近焊件的中心时，则电弧的偏吹现象就逐渐减小或消失。这是由于电弧运动至钢板的端部时，导磁面积发生变化，引起空间磁力线在靠近焊件边缘的地方密度增加，产生了指向焊件内部的磁偏吹，如图1-19所示。

（2）防止或减少焊接电弧偏吹的措施

1）焊接时，在条件许可的情况下尽量使用交流电源焊接。

2）调整焊条角度，使焊条偏吹的方向转向熔池，即将焊条向电弧偏吹方向倾斜一定角度，这种方法在实际工作中应用得较广泛。

3）采用短弧焊接，因为短弧时受气流的影响较小，而且在产生磁偏吹时，如果采用短弧焊接，也能减小磁偏吹程度，因此采用短弧焊接是减少电弧偏吹的较好方法。

4）改变焊件上导线接线部位或在焊件两侧同时接线，可减少因导线接线位置引起的磁偏吹，如图1-20所示。图中虚线表示克服磁偏吹的接线方法。

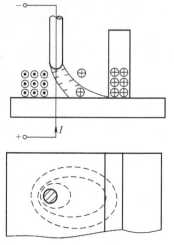

图1-18 铁磁物质引起的磁偏吹

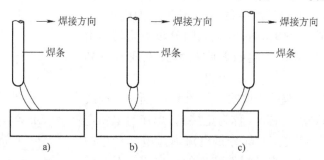

图1-19 电弧在焊件端部焊接时引起的磁偏吹

5）在焊缝两端各加一小块附加钢板（引弧板及引出板），使电弧两侧的磁力线分布均匀并减少热对流的影响，以克服电弧偏吹。

6）在露天操作时，如果有大风则必须用挡板遮挡，对电弧进行保护。在管子焊接时，必须将管口堵住，以防止气流对电弧的影响。在焊接间隙较大的对接焊缝时，可在接缝下面加垫板，以防止热对流引起的电弧偏吹。

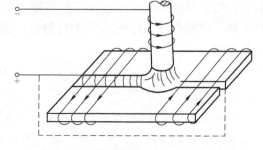

图1-20 克服磁偏吹的接线方法

7）采用小电流焊接，这是因为磁偏吹的大小与焊接电流有直接关系，焊接电流越大，磁偏吹越严重。

5. 焊接电弧的热效率

电弧焊时，焊接热源是电弧，是通过电弧将电能转换为热能来进行焊接的，因此电弧功率可由下式表示：

$$q_0 = I_h U_h$$

式中　q_0——电弧功率，即电弧在单位时间内放出的能量（W）；

I_h——焊接电流（A）；

U_h——电弧电压（U）。

实际上电弧所产生的热量并没有全部被利用，有一些因辐射、对流及传导等损失掉了。

焊条电弧焊和埋弧焊的热量分配如图 1-21 所示。将真正有效用于加热、熔化焊件和填充材料的电弧功率称为电弧有效功率，可用下式表示：

$$q = \eta I_{\mathrm{h}} U_{\mathrm{h}}$$

式中　　η——电弧有效功率系数，简称焊接热效率；

　　　　q——电弧有效功率（W）。

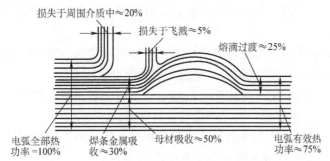

a)

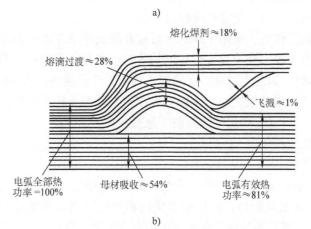

b)

图 1-21　焊条电弧焊和埋弧焊的热量分配

a）焊条电弧焊　b）埋弧焊

在一定条件下 η 是常数，主要决定于焊接方法、焊接参数和焊接材料及保护方式等。常用焊接方法在通用焊接参数条件下的焊接热效率 η 值见表 1-5。

各种电弧焊方法的焊接热效率 η，在其他条件不变的情况下，均随电弧电压的升高而降低，因为电弧电压升高即电弧长度增加，热量辐射损失增多，因此有效功率系数 η 值降低。

表 1-5　常用焊接方法的焊接热效率 η 值

焊接方法	焊条电弧焊	埋弧焊	CO_2 气体保护焊	钨极氩弧焊		熔化极氩弧焊	
焊接热效率 η 值	0.75 ~ 0.87	0.77 ~ 0.90	0.75 ~ 0.90	交流	直流	钢	铝
				0.68 ~ 0.85	0.78 ~ 0.85	0.66 ~ 0.69	0.70 ~ 0.85

三、焊接安全技术

焊接、切割时可能要与电、可燃及易爆的气体、易燃液体、压力容器等接触，一些焊接方法在焊接过程中还会产生一些有害气体、焊接烟尘、弧光辐射以及焊接热源（电弧、气体火焰）的高温、高频磁场、噪声和射线等。如果焊工不熟悉有关焊接方法的安全特点，

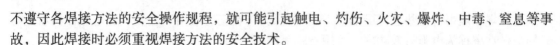

不遵守各焊接方法的安全操作规程，就可能引起触电、灼伤、火灾、爆炸、中毒、窒息等事故，因此焊接时必须重视焊接方法的安全技术。

1. 预防触电

触电是大部分焊接操作时的主要危险因素。目前我国生产的焊机的空载电压一般都在60V 以上，焊机工作的网路电压为 380V/220V、50Hz 的交流电，它们都超过了安全电压（一般干燥情况为 36V、高空作业或特别潮湿场所为 12V），因此触电危险是比较大的，必须采取措施预防触电。

1）熟悉和掌握有关焊接方法的安全特点、电的基本常识、预防触电及触电后急救方法等知识，严格遵守有关部门规定的安全措施，防止触电事故发生。

2）遇到焊工触电时，切不可赤手去拉触电者，应先迅速将电源切断，如果切断电源后触电者呈昏迷状态，应立即施行人工呼吸法，直至送到医院为止。

3）在光线暗的场地、容器内操作或夜间工作时，使用的工作照明灯的安全电压应不大于 36V，高空作业或特别潮湿的场所安全电压不超过 12V。

4）焊工的工作服、手套、绝缘鞋应保持干燥。

5）在潮湿的场地工作时，应用干燥的木板或橡胶板等绝缘物作垫板。

6）焊工在拉、合电源刀开关或接触带电物体时，必须单手进行。因为双手操作电源刀开关或接触带电物体时，如发生触电，会通过人体心脏形成回路，造成触电者迅速死亡。

7）在容器、船舱内或其他狭小工作场所焊接时，须两人轮换操作，其中一人留守在外面监护，如发生意外，可以立即切断电源便于急救。

8）焊机外壳接地或接零。

2. 预防火灾和爆炸

在进行电弧焊（割）或气焊（割）、火焰钎焊等操作时，由于电弧及气体火焰的温度很高并产生大量的金属火花飞溅物，而且在焊接过程中还可能与可燃及易爆的气体、易燃液体、可燃的粉尘或压力容器等接触，都有可能引起火灾甚至爆炸。因此焊接时，必须防止火灾及爆炸事故的发生。

1）焊接前要认真检查工作场地周围是否有易燃、易爆物品（如棉纱、油漆、汽油、煤油、木屑等），如有易燃、易爆物，应将这些物品距离焊接工作场地 10m 以上。

2）在焊接作业时，应注意防止金属火花飞溅而引起火灾。

3）严禁设备在带压时焊接或切割，带压设备一定要先解除压力（卸压），并且焊割前必须打开所有孔盖。未卸压的设备严禁操作，常压而密闭的设备也不许进行焊接与切割。

4）凡被化学物质或油脂污染的设备都应清洗后再焊接或切割。如果是易燃、易爆或者有毒的污染物，更应彻底清洗，经有关部门检查，并填写动火证后，才能焊接与切割。

5）在进入容器内工作时，焊、割炬应随焊工同时进出，严禁将焊、割炬放在容器内而焊工擅自离去，以防混合气体燃烧和爆炸。

6）焊条头及焊后的焊件不能随便乱扔，要妥善管理，更不能扔在易燃、易爆物品的附近，以免发生火灾。

7）离开施焊现场时，应关闭气源、电源，应将火种熄灭。

3. 预防有害因素

焊接过程中产生的有害因素包括有害气体、焊接烟尘、电弧辐射、高频磁场、噪声和射线等。各种焊接过程中产生的有害因素见表1-6。

表1-6 焊接过程中产生的有害因素

焊接方法	有害因素						
	弧光辐射	高频电磁场	焊接烟尘	有害气体	金属飞溅	射线	噪声
酸性焊条电弧焊	轻微	—	中等	轻微	轻微	—	—
碱性焊条电弧焊	轻微	—	强烈	轻微	中等	—	—
高效铁粉焊条电弧焊	轻微	—	最强烈	轻微	轻微	—	—
碳弧气刨	轻微	—	强烈	轻微	—	—	中等
电渣焊	—	—	轻微	—	—	—	—
埋弧焊	—	—	中等	轻微	—	—	—
实心细丝 CO_2 焊	轻微	—	轻微	轻微	轻微	—	—
实心粗丝 CO_2 焊	中等	—	中等	轻微	中等	—	—
钨极氩弧焊（铝、铁、铜、镍）	中等	中等	轻微	中等	轻微	轻微	—
钨极氩弧焊（不锈钢）	中等	中等	轻微	轻微	轻微	轻微	—
熔化极氩弧焊（不锈钢）	中等	—	轻微	中等	轻微	—	—

（1）焊接烟尘 焊接金属烟尘的成分很复杂，焊接钢铁材料时，烟尘的主要成分是铁、硅、锰。焊接其他金属材料时，烟尘中尚有铝、氧化锌、钼等。其中主要有毒物是锰，使用碱性低氢型焊条时，烟尘中含有有毒的可溶性氟。焊工长期吸入这些烟尘，会引起头痛、恶心，甚至引起焊工尘肺及锰中毒等。

（2）有害气体 在各种熔焊方法焊接过程中，焊接区都会产生或多或少的有害气体。特别是电弧焊中在焊接电弧的高温和强烈的紫外线作用下，产生有害气体的程度尤甚。所产生的有害气体主要有臭氧、氮氧化物、一氧化碳和氟化氢等。这些有害气体被吸入体内，会引起人体中毒，影响焊工健康。

排出焊接烟尘和有害气体的有效措施是加强通风和加强个人防护，如戴防尘口罩、防毒面罩等。

（3）弧光辐射 弧光辐射发生在电弧焊，包括可见光、红外线和紫外线。过强的可见光耀眼眩目；红外线会引起眼部强烈的灼伤和灼痛，发生闪光幻觉；紫外线对眼睛和皮肤有较大的刺激性，引起电光性眼炎。防护弧光辐射的措施主要是根据焊接电流来选择面罩中的焊接防护玻璃。在厂房内和人多的区域进行焊接时，尽可能地使用防护屏，避免周围人受弧光伤害，弧光防护屏如图1-22所示。

（4）高频电磁场 当交流电的频率达到30000Hz时，它的周围形成高频率的电场和磁场。等离子弧焊割、钨极氩弧焊采用高频振荡器引弧时，会形成高频电磁场。焊工长期接触高频电磁场，会引起神经功能紊乱和神经衰弱。防止高频电磁场的常用方法是将焊枪电缆和地线用金属编织线屏蔽。

（5）射线 射线主要是指等离子弧焊割、钨极氩弧焊的电极中含有的钍元素产生的放射线和电子束焊产生的X射线。焊接过程中放射线影响不严重，钍钨极一般被铈钨极取代，电子束焊的X射线防护主要采用屏蔽的方法以减少泄漏。

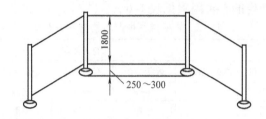

图 1-22 弧光防护屏

（6）噪声 在焊接过程中，噪声危害突出的焊接方法是等离子弧切割、等离子喷涂以及碳弧气刨，其噪声强度达 120dB 以上，强烈的噪声可以引起听觉障碍、耳聋等症状。防噪声的常用方法是戴耳塞和耳罩。

4. 特殊环境下的焊接

特殊环境是指在一般工业企业正规厂房以外的地方，例如高空、野外、容器内部进行的焊接等。在这些地方焊接时，除遵守上面介绍的一般规则外，还要遵守一些特殊的规定。

（1）高处焊接作业 焊工在距基准面 2m 以上（包括 2m）有可能坠落的高处进行焊接作业称为高处（登高）焊接作业。

1）患有高血压、心脏病等疾病与酒后人员，不得在高处进行焊接作业。

2）高处作业时，焊工应系安全带，地面应有人监护（或两人轮换作业）。

3）在高处作业时，登高工具（如脚手架等）要牢固可靠，焊接电缆等应扎紧在固定地方，不应缠绕在身上或搭在背上工作。不应采取可燃物（如麻绳等）作固定脚手板、焊接电缆和气割用导管的材料。

4）乙炔瓶、氧气瓶、电焊机等焊接设备器具应尽量留在地面上。

5）雨天、雪天、雾天或大风（六级以上）天气时，禁止进行高处作业。

（2）容器内焊接

1）进入容器内部前，先要弄清容器内部的情况。

2）把容器和外界联系的部位进行隔离和切断，如电源和附带在设备上的水管、料管、蒸汽管、压力管等均要切断并挂牌。如容器内有污染物，应进行清洗并经检查确认无危险后，才能进入容器内部焊接。

3）进入容器内部焊割要实行监护制，派专人进行监护。监护人不能随便离开现场，并与容器内部的人员经常取得联系，如图1-23所示。

4）在容器内焊接时，内部尺寸不应过小，应注意通风排气工作。通风应用压缩空气，严禁使用氧气通风。

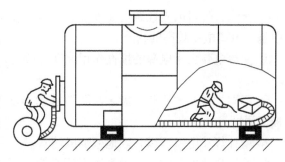

图1-23 容器内部焊接

5）在容器内部作业时，要做好绝缘防护工作，最好垫上绝缘垫，以防止触电等事故。

（3）露天或野外作业

1）夏季在露天工作时，必须有防风雨棚或临时凉棚。

2）露天作业时应注意风向，不要让吹散的液态金属及焊渣伤人。

3）雨天、雪天或雾天时，不准露天作业。

4）夏天露天气焊、气割时，应防止氧气瓶、乙炔瓶直接受烈日暴晒，以免气体膨胀发生爆炸。冬天如遇瓶阀或减压器冻结时，应用热水解冻，严禁火烤。

【1＋X考证训练】

一、填空题

1. 按照焊接过程中金属所处的状态不同，可以把焊接分为_____、_____、_____三类。

2. 钎焊是采用比_____熔点低的金属材料作_____，将_____和_____加热到高于_____熔点，但低于_____熔点的温度，利用_____润湿母材，填充接头间隙并与母材相互扩散实现连接焊件的方法。

3. 电弧辐射主要包括_____、_____和_____。

4. 焊接过程中对人体有害的因素主要是指_____、_____、_____、_____和_____。

5. 焊接电弧的引燃方法有_____和_____两种，前者主要应用于_____、_____、_____等，后者主要应用于_____和_____等。

6. 焊接电弧按其构造可分为_____、_____、_____三个区。

7. _____和_____是电弧产生和维持的必要条件。

8. 引起电弧的磁偏吹的原因归纳起来有三个，一是_____，二是_____，三是_____。

9. 造成电弧产生磁偏吹的因素有_____、_____、_____。

二、判断题（正确的画"√"，错误的画"×"）

1. 铆接不是永久性连接方式。 （ ）

2. 带压设备焊接或切割前，卸不卸压无所谓。 （ ）

3. 为了防止爆炸和火灾的发生，在焊接作业场地15m范围内严禁存放易燃、易爆的物品。 （ ）

4. 交流弧焊机因极性做周期性变化，为了提高电弧燃烧的稳定性，可在焊条药皮或焊剂中添加电离电位较高的物质。（　　）

5. 交流电弧由于电源的极性作用周期性改变，所以两个电极区的温度趋于一致。（　　）

6. 不同的焊接方法其阳极区和阴极区的温度不同，一般焊条电弧弧焊阳极区温度高于阴极区温度。（　　）

7. 增加焊接电流可以有效地减少磁偏吹。（　　）

8. 使用交流电源时，由于极性不断交换，所以焊接电弧的磁偏吹要比采用直流电源时严重得多。（　　）

9. 采用直流电源焊接时，电弧燃烧比采用交流弧焊电源焊接时稳定。（　　）

10. 焊接电弧是电阻负载，所以服从欧姆定律，即电压增加时电流也增加。（　　）

三、问答题

1. 如何区分熔焊与钎焊？各有何特点？

2. 影响电弧稳定燃烧的因素有哪些？

3. 在一定条件下，不同的电弧焊方法，其静特性曲线如何？

【焊接名人名事】

焊接专家：潘际銮

潘际銮（1927.12.24—　　），中国科学院院士，著名焊接专家。1927年生，江西瑞昌人。1944年保送进入国立西南联合大学，1948年清华大学机械系毕业，1953年哈尔滨工业大学研究生毕业。现为南昌大学名誉校长，西南联大北京校友会会长，清华大学教授。曾任国务院学位委员会委员兼材料科学与工程评审组组长，清华大学学术委员会主任及机械系主任，南昌大学校长，国际焊接学会副主席，中国焊接学会理事长，中国机械工程学会副理事长，美国纽约州立大学（尤蒂卡分校）名誉教授。

创建我国高校第一批焊接专业。长期从事焊接专业的教学和研究工作。20世纪60年代初实验成功氩弧焊并完成清华大学第一座核反应堆焊接工程；继之研究成功我国第一台电子束焊机；以堆焊方法制造重型锤锻模；1964年与上海汽轮机厂等合作成功制造出我国第一根6MW汽轮机压气机焊接转子，为汽轮机转子制造开辟了新方向；20世纪70年代末研制成功具有特色的电弧传感器及自动跟踪系统；20世纪80年代研究成功新型MIG焊接电弧控制法"QH-ARC法"，首次提出用电源的多折线外特性、陡升外特性及扫描外特性控制电弧的概念，为焊接电弧的控制开辟了新的途径。1987—1991年在我国自行建设的第一座核电站（秦山核电站）担任焊接顾问，为该工程做出重要贡献。2003年研制成功爬行式全位置弧焊机器人，为国内外首创。2008年完成的"高速铁路钢轨焊接质量的分析""高速铁路钢轨的窄间隙自动电弧焊系统"项目，为我国第一条时速350km高速列车于奥运前顺利开通做出了贡献。

模块二

焊条电弧焊及工艺

焊条电弧焊是熔焊中最基本的一种手工焊接方法，它设备简单、操作方便、适应范围广。尽管随着科学技术的发展，焊条电弧焊有逐步被半自动、自动焊取代的趋势，但由于其特色明显，所以仍然是目前焊接生产中使用最广泛的焊接方法。

任务一　认识焊条电弧焊

【学习目标】
1）了解焊条电弧焊的原理和特点。
2）了解焊条电弧焊设备和工具的使用方法。

【任务描述】

焊条电弧焊是用手工操纵焊条进行焊接的电弧焊方法，它是利用焊条和焊件之间产生的焊接电弧来加热并熔化焊条与局部焊件以形成焊缝的。焊条电弧焊如图 2-1 所示。本任务就是认识焊条电弧焊，即了解焊条电弧焊的原理、特点及应用。

焊条电弧焊焊接过程

【相关知识】

一、焊条电弧焊原理

焊条电弧焊的焊接回路组成如图 2-2 所示，它是由弧焊电源（电焊机）、电弧、焊钳、焊条、电缆和焊件组成。焊接电弧是负载，弧焊电源是为其提供电能的装置，焊接电缆则用来连接电源与焊钳和焊件。

焊接时，将焊条与焊件接触短路后立即提起焊条，引燃电弧。电弧将焊条

图 2-1　焊条电弧焊

与焊件局部熔化，熔化的焊芯以熔滴的形式过渡到局部熔化的焊件表面，熔合在一起形成熔池。焊条药皮在熔化过程中产生一定量的气体和液态熔渣，产生的气体充满在电弧和熔池周围，起隔绝空气保护液体金属的作用。液态熔渣密度小，在熔池中不断上浮，覆盖在液体金属上面，也起着保护液体金属的作用。同时，药皮熔化产生的气体、熔渣与熔化的焊芯、母材发生一系列冶金反应，保证了所形成焊缝的性能。随着电弧沿焊接方向不断移动，熔池液态金属逐步冷却结晶形成焊缝。焊条电弧焊的原理如图 2-3 所示。

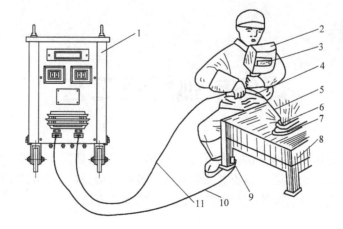

图 2-2　焊条电弧焊焊接回路

1—电焊机　2—面罩　3—护目镜　4—焊钳　5—焊条　6—电弧　7—焊件
8—工作台　9—接线夹头　10—接焊件电缆　11—接焊钳电缆

二、焊条电弧焊设备和工具

1. 焊机

焊机是焊条电弧焊的设备，其作用就是为焊接电弧稳定燃烧提供所需要的、合适的电流和电压。通常所说的电焊机，为了区别于其他电源，又称弧焊电源。

焊机按电流性质可分为直流焊机和交流焊机。交流焊机即弧焊变压器，常见的有 BX1、BX3 系列；直流焊机常见的有 ZX5 系列和 ZX7 系列。常用的焊条电弧焊焊机如图 2-4 所示。

（1）焊机接法（极性）　在焊接操作前，要选择好焊机。若采用直流焊机，要考虑其极性，即焊件与电源输出端正、负极的接法，有正接和反接两种。所谓正接

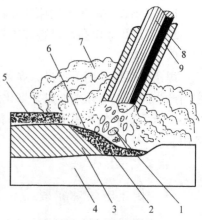

图 2-3　焊条电弧焊原理

1—熔滴　2—熔池　3—焊缝　4—母材
5—固态渣壳　6—液态熔渣　7—保护气体
8—焊芯　9—焊条药皮

a)

b)

c)

图 2-4　焊条电弧焊焊机

就是焊件接电源正极、焊条接电源负极的接线法，正接也称正极性；反接就是焊件接电源负极、焊条接电源正极的接线法，反接也称反极性，如图2-5所示。对于交流电源来说，由于极性是交变的，所以不存在正接和反接。

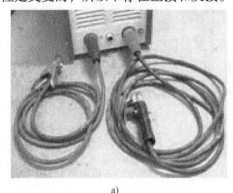
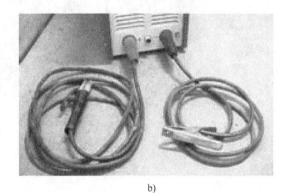

a) b)

图 2-5 直流焊机的接法

a) 正接 b) 反接

（2）焊机型号 每种焊机都有一个表示结构、性能特征的型号。型号采用汉语拼音字母和阿拉伯数字表示。如 BX3 – 300，表示交流焊机（弧焊变压器），额定焊接电流为300A；ZX5 – 400 表示晶闸管系列直流焊机（弧焊整流器），额定焊接电流为400A；ZX7 – 400 表示逆变弧焊整流器，额定焊接电流为400A。注意，额定焊接电流虽不是最大焊接电流，但一般以不超过它为宜。

2. 焊钳和面罩

（1）焊钳 焊钳是夹持焊条并传导电流以进行焊接的工具，它既能控制焊条的夹持角度，又可把焊接电流传输给焊条。市场销售的焊钳如图2-6所示，有300A和500A两种规格。

图 2-6 焊钳

（2）面罩 面罩是防止焊接时产生的飞溅、弧光及其他辐射对焊工面部和颈部造成损伤的一种遮盖工具。面罩有手持式和头盔式两种，头盔式面罩多用于需要双手作业的场合，如图2-7所示。面罩正面开有长方形孔，内嵌白玻璃和护目玻璃（常称黑玻璃）。黑玻璃起减弱弧光和过滤红外线、紫外线作用。黑玻璃按亮度的深浅不同有6个型号（7~12号），号数越大，色泽越深。应根据年龄和视力情况选用，一般常用9~10号。白玻璃仅起保护黑玻璃的作用。

目前，应用现代微电子和光控技术研制而成的光控面罩（图2-7c），在弧光产生的瞬间自动变暗，在弧光熄灭的瞬间自动变亮，非常便于焊工的操作。

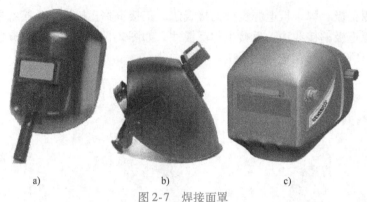

a)   b)   c)

图 2-7   焊接面罩

a) 手持式面罩   b) 头盔式面罩   c) 光控面罩

三、焊条

焊条是焊条电弧焊用的焊接材料。焊条电弧焊时，焊条既做电极，又做填充金属，熔化后与母材熔合形成焊缝。

焊条由焊芯和药皮组成，如图 2-8 所示。焊条前端药皮有 45°左右的倒角，以便于引弧，在尾部有一段裸焊芯，长 10～35mm，便于焊钳夹持和导电。焊条长度一般为 250～450mm。焊条直径是以焊芯直径来表示的，常用的有 $\phi 2mm$、$\phi 2.5mm$、$\phi 3.2mm$、$\phi 4mm$、$\phi 5mm$、$\phi 6mm$ 等几种规格。

生产中，通常将焊条分为酸性焊条和碱性焊条（也称低氢型焊条）。酸性焊条工艺性能比碱性焊条好，如电弧稳定、飞溅少，脱渣容易、焊缝成形美观等，而碱性焊条焊缝的力学性能、抗裂性能优于酸性焊条。典型的酸性焊条型号是 E4303，典型的碱性焊条型号是 E5015。E4303 可选用交流焊机或直流焊机，而碱性焊条（E5015）必须采用直流反接。

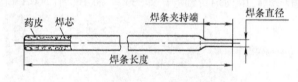

图 2-8   焊条的组成

为了去除焊条中的水分，防止焊接时可能形成气孔、产生裂纹等缺陷，焊前要对焊条进行烘干。一般酸性焊条烘干温度为 75～150℃，时间 1～2h；碱性焊条在空气中极易吸潮，且药皮中没有有机物，因此烘干温度较酸性焊条高些，一般为 350～400℃，保温 1～2h。焊条累计烘干次数一般不宜超过 3 次。焊条红外线烘干箱如图 2-9 所示。

四、其他辅助工具及防护用品

1. 常用焊接手工工具

常用的焊接手工工具有锉刀、敲渣锤、手锤、錾子、钢丝刷、角向砂轮机等，如图2-10所示。其中锉刀主要用于修整焊件坡口及钝边，敲渣锤用于敲打焊缝上的焊渣，手锤用于去除难以敲掉的金属飞溅物，錾子用于除掉金属飞溅物，钢丝刷用于清理铁锈及焊渣，角向砂轮用于除锈及打磨坡口。

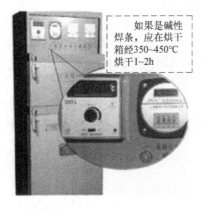
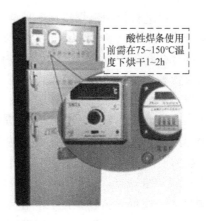

图 2-9 焊条红外线烘干箱

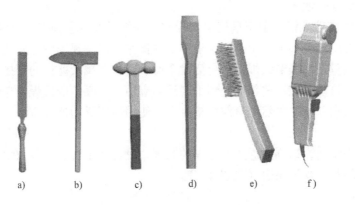

图 2-10 常用的焊接手工工具

a) 锉刀 b) 敲渣锤 c) 手锤 d) 錾子 e) 钢丝刷 f) 角向砂轮机

2. 防护用品

焊工工作时必须穿戴劳动保护用品。焊工手套、绝缘胶鞋和工作服可以防止弧光、火花灼伤和防止触电，平光眼镜是清渣时防止焊渣损伤眼睛佩戴的，特殊环境需佩戴口罩及安全帽。常用焊接防护用品如图 2-11 所示。

五、焊条电弧焊的特点

1. 焊条电弧焊的优点

（1）工艺灵活、适应性强 对于不同的焊接位置、接头形式、焊件厚度及焊缝，只要焊条所能达到的任何位置，均能进行方便的焊接。对一些单件、小件、短的、不规则的空间任意位置的以及不易实现机械化焊接的焊缝，更显示出其机动灵活、操作方便的优点。

（2）应用范围广 焊条电弧焊的焊条能够与大多数焊

图 2-11 常用的焊接防护用品

件金属性能相匹配，因而，接头的性能可以达到被焊金属的性能。焊条电弧焊不但能焊接碳钢和低合金钢、不锈钢及耐热钢，对于铸铁、高合金钢及非铁金属等也可以用焊条电弧焊焊

接。此外，还可以进行异种钢焊接和各种金属材料的堆焊等。

（3）易于分散焊接应力和控制焊接变形　由于焊接是局部的不均匀加热，所以焊件在焊接过程中都存在着焊接应力和变形。对结构复杂而焊缝又比较集中的焊件、长焊缝和大厚度焊件，其应力和变形问题更为突出。采用焊条电弧焊，可以通过改变焊接工艺，如采用跳焊、分段退焊、对称焊等方法，来减少变形和改善焊接应力的分布。

（4）设备简单、成本较低　焊条电弧焊使用的交流焊机和直流焊机，其结构都比较简单，维护保养也比较方便，设备轻便而且易于移动，且焊接中不需要辅助气体保护，并具有较强的抗风能力。故投资少，成本相对较低。

2. 焊条电弧焊的缺点

（1）焊接生产率低、劳动强度大　由于焊条的长度是一定的，因此每焊完一根焊条后必须停止焊接，更换新的焊条，而且每焊完一焊道后要求清渣，焊接过程不能连续地进行，所以生产率低，劳动强度大。

（2）焊缝质量依赖性强　由于采用手工操作，焊缝质量主要靠焊工的操作技术和经验保证，所以，焊缝质量在很大程度上依赖于焊工的操作技术及现场发挥，甚至焊工的精神状态也会影响焊缝质量。焊条电弧焊不适合活泼金属、难熔金属及薄板的焊接。

尽管半自动、自动焊在一些领域得到了广泛的应用，有逐步取代焊条电弧焊的趋势，但由于它具有以上特点，所以仍然是目前焊接生产中使用最广泛的焊接方法。

【任务实施】

通过参观焊接车间，达到对焊条电弧焊的原理、设备及工具、焊条和焊接安全技术等的认识和了解，并填写参观记录表（见表2-1）。

表2-1　参观记录表

姓名		参观时间		
参观企业、车间	焊机	焊条	其他设备及工具	安全措施
观后感				

【知识拓展】

一、焊条电弧焊对弧焊电源的要求

焊条电弧焊电弧与一般的电阻负载不同，它在焊接过程中是时刻变化的，是一个动态的负载。因此，焊条电弧焊电源除了具有一般电力电源的特点外，还必须满足下列要求。

1. 对弧焊电源外特性的要求

在其他参数不变的情况下，弧焊电源输出电压与输出电流之间的关系，称为弧焊电源的外特性。弧焊电源的外特性可用曲线来表示，称为弧焊电源的外特性曲线，如图2-12所示。弧焊电源的外特性分为下降外特性、平外特性、上升外特性三种类型。

在焊接回路中，弧焊电源与电弧构成供电用电系统。为了保证焊接电弧稳定燃烧和焊接参数稳定，电源外特性曲线与电弧静特性曲线必须相交。因为在交点处电源供给的电压和电流与电弧燃烧所需要的电压和电流相等，电弧才能燃烧。由于焊条电弧焊电弧静特性曲线的工作段在平特性区，所以只有下降外特性曲线才与其有交点，如图 2-12 中的 A 点。因此，下降外特性曲线电源能满足焊条电弧焊的要求。

图 2-13 为两种下降度不同的下降外特性曲线对焊接电流的影响情况。从图中可以看出，当弧长变化相同时，陡降外特性曲线 1 引起的电流偏差 ΔI_1 明显小于缓降外特性曲线 2 引起的电流偏差 ΔI_2，有利于焊接参数稳定。因此，焊条电弧焊应采用陡降外特性电源。

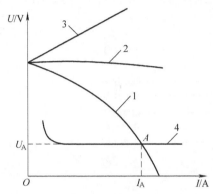

图 2-12　电源外特性与电弧静特性的关系
1—下降外特性　2—平外特性
3—上升外特性　4—电弧静特性

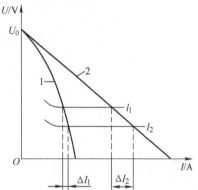

图 2-13　两种下降度不同的下降外特性曲线
对焊接电流的影响

2. 对弧焊电源空载电压的要求

弧焊电源接通电网而焊接回路为开路时，弧焊电源输出端电压称为空载电压。为了便于引弧，需要较高的空载电压，但空载电压过高，对焊工人身安全不利，制造成本也较高。一般交流弧焊电源空载电压为 55～70V，直流弧焊电源空载电压为 45～85V。

3. 对弧焊电源稳态短路电流的要求

弧焊电源稳态短路电流是弧焊电源所能稳定提供的最大电流，即输出端短路时的电流。稳态短路电流太大，焊条过热，易引起药皮脱落，并增加熔滴过渡时的飞溅；稳态短路电流太小，则会使引弧和焊条熔滴过渡产生困难。因此，对于下降外特性的弧焊电源，一般要求稳态短路电流为焊接电流的 1.25～2.0 倍。

4. 对弧焊电源调节特性的要求

在焊接中，根据焊接材料的性质、厚度、焊接接头的形式、位置及焊条直径等不同，需要选择不同的焊接电流。这就要求弧焊电源能在一定范围内，对焊接电流做均匀、灵活的调节，以便有利于保证焊接接头的质量。焊条电弧焊焊接电流的调节实质上是调节电源外特性。

5. 对弧焊电源动特性的要求

弧焊电源的动特性是指弧焊电源对焊接电弧的动态负载所输出的电流、电压对时间的关系，它表示弧焊电源对动态负载瞬间变化的反应能力。动特性合适时，引弧容易，电弧稳定，飞溅小，焊缝成形良好。弧焊电源动特性是衡量弧焊电源质量的一个重要指标。

二、弧焊电源型号编制方法

1. 弧焊电源的型号

根据 GB/T 10249—2010《电焊机型号编制方法》，弧焊电源型号采用汉语拼音字母和阿拉伯数字表示，弧焊电源型号的各项编排次序如图2-14所示，型号中的1、2、3、6项用汉语拼音字母表示；4、5、7项用阿拉伯数字表示；3、4、6、7项如不用时，其他各项紧排。

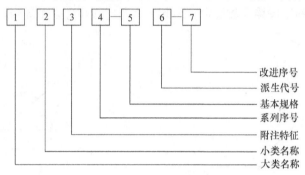

图2-14 弧焊电源型号的各项编排次序

1) 第一项，大类名称：B表示弧焊变压器；Z表示弧焊整流器；A表示弧焊发电机。
2) 第二项，小类名称：X表示下降特性；P表示平特性；D表示多特性。
3) 第三项，附注特征：如E表示交直流两用电源。
4) 第四项，系列序号：区别同小类的各系列和品种。弧焊变压器中"1"表示动铁系列，"3"表示动圈系列；弧焊整流器中"1"表示动铁系列，"3"表示动圈系列，"5"表示晶闸管系列，"7"表示逆变系列。
5) 第五项，基本规格：表示额定焊接电流。例如：

BX3 - 300：动圈系列的弧焊变压器，具有下降外特性，额定焊接电流为300A。

ZX5 - 400：晶闸管系列弧焊整流器，具有下降外特性，额定焊接电流为400A。

2. 弧焊电源的技术参数

焊机除了有规定的型号外，在其外壳均标有铭牌，铭牌标明了主要技术参数，如负载持续率等，可供安装、使用、维护等工作参考。

(1) 额定值 额定值即是对焊接电源规定的使用限额，如额定电压、额定电流和额定功率等。按额定值使用弧焊电源，应是最经济合理、安全可靠的，既充分利用了设备，又保证了设备的正常使用寿命。超过额定值工作称为过载，严重过载将会使设备损坏。在额定负载持续率工作允许使用的最大焊接电流称为额定焊接电流，额定焊接电流不是最大焊接电流。

(2) 负载持续率 负载持续率是指弧焊电源负载的时间占整个工作时间周期的百分比，用公式表示为

负载持续率 = (弧焊电源负载时间/选定的工作时间周期) × 100%

对于焊条电弧焊电源，工作时间周期定为10min，如果在10min内负载的时间为6min，那么负载持续率即为60%。对于一台弧焊电源来说，随着实际焊接（负载）时间的增多，间歇时间减少，那么负载持续率便会不断增高，弧焊电源就会更容易发热、升温，甚至烧

毁。因此，焊工必须按规定的额定负载持续率使用。

三、常用弧焊电源（焊机）

1. 弧焊变压器

弧焊变压器一般也称交流弧焊电源，是一种最简单和常用的弧焊电源。弧焊变压器的作用是把网路电压的交流电变成适宜于电弧焊的低压交流电。它具有结构简单，易造易修，成本低，效率高，磁偏吹小，噪声小，效率高等优点，但电弧稳定性较差，功率因数较低。

（1）BX3－300 型弧焊变压器　BX3－300 型弧焊变压器属于动圈式，是生产中应用最广的一种交流焊机，其外形如图 2-15 所示。它是依靠一、二次绕组间漏磁获得陡降外特性的，其结构如图 2-16 所示。它有一个高而窄的口字形铁心，变压器的一次绕组分成两部分，固定在口形铁心两芯柱的底部；二次绕组也分成两部分，装在两铁心柱的上部并固定于可动的支架上，通过丝杆连接，转动手柄可使二次绕组上下移动，以改变一、二次绕组间的距离，从而调节焊接电流的大小。

图 2-15　BX3－300 型弧焊变压器

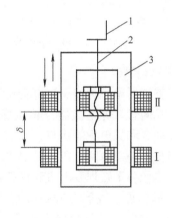

图 2-16　BX3－300 型弧焊变压器结构
1—手柄　2—调节丝杆　3—铁心

焊接电流的调节有两种方法，即粗调节和细调节。粗调节是通过改变一、二次绕组的接线方法（接法Ⅰ或接法Ⅱ），即通过改变一、二次绕组的匝数进行调节，当接成接法Ⅰ时，空载电压为 75V，焊接电流调节范围为 40～125A；当接成接法Ⅱ时，空载电压为 60V，焊接电流调节范围为 115～400A。

细调节是通过手柄来改变一、二次绕组的距离来进行的。一、二次绕组距离大时，漏磁增加，焊接电流就减小；反之，焊接电流增大。

（2）BX1－315 型弧焊变压器　BX1－315 是动铁式弧焊变压器，它由一个口字形固定铁心（Ⅰ）和一个梯形活动铁心（Ⅱ）组成，活动铁心构成了一个磁分路，以增强漏磁使焊机获得陡降外特性。它的一次绕组（W_1）和二次绕组（W_2）各自分成两半分别绕在变压器固定铁心上，一次绕组两部分串联接电源，二次绕组两部分并联接焊接回路。BX1－315－2 型弧焊变压器外形及电路结构如图 2-17 所示。

BX1－315－2 焊机的焊接电流调节方便，仅需移动铁心就可满足电流调节要求，其调节范围为 60～380A，调节范围广。当活动铁心由里向外移动而离开固定铁心时，漏磁减少，则焊接电流增大；反之，焊接电流减少。焊接电流调节如图 2-18 所示。

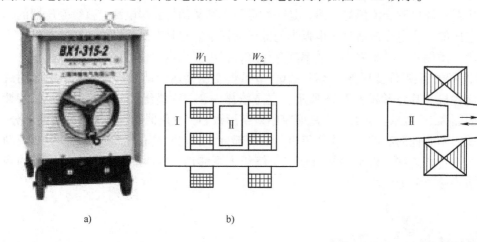

图 2-17　BX1－315－2 型弧焊变压器
a）外形　b）电路结构

图 2-18　焊接电流的调节

2. 弧焊整流器

弧焊整流器是一种将交流电变压、整流转换成直流电的弧焊电源。弧焊整流器有硅弧焊整流器、晶闸管弧焊整流器、晶体管弧焊整流器等。它具有制造方便、价格低、空载损耗小、电弧稳定和噪声小等优点，且大多数（如晶闸管式、晶体管式）可以远距离调节焊接参数，能自动补偿电网电压波动对输出电压、电流的影响。晶闸管式弧焊整流器以其优异的性能已逐步代替了弧焊发电机和硅弧焊整流器，成为目前一种主要的直流弧焊电源。

（1）硅弧焊整流器　硅弧焊整流器是以硅二极管作为整流元件，利用降压变压器将 50Hz 的单相或三相交流电网电压降为焊接时所需的低电压，经硅整流器整流和电抗器滤波后获得直流电的直流弧焊电源。硅弧焊整流器曾一度是直流弧焊发电机的替代产品之一，现有被晶闸管式弧焊整流器、弧焊逆变器替代的趋势，硅整流、三相磁放大器式弧焊整流器型号有 ZX－160、ZX－400 等。硅弧焊整流器的组成如图 2-19 所示。

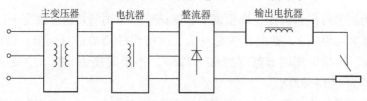

图 2-19　硅弧焊整流器的组成

（2）晶闸管弧焊整流器　晶闸管弧焊整流器是一种电子控制的弧焊电源，它是用晶闸管作为整流元件，以获得所需的外特性及焊接参数（电流、电压）的调节。它的性能优于硅弧焊整流器，目前已成为一种主要的直流弧焊电源。常用的国产型号有 ZX5－250、ZX5－400、ZX5－630 等。常用国产 ZX5 晶闸管弧焊整流器技术参数见表 2-2。ZX5－400 型晶闸管弧焊整流器的外形如图 2-20 所示。

（3）弧焊逆变器　将直流电变换成交流电称为逆变，实现这种变换的装置称为逆变器。为焊接电弧提供电能并具有弧焊方法所要求性能的逆变器即为弧焊逆变器或称为逆变式弧焊电源。目前各类逆变式弧焊电源已应用于多种焊接方法，它具有高效、节能、重量轻、体积小、功率因数高和焊接性能好等优点，现已逐步成为更新换代的重要产品。

图 2-20　ZX5 – 400 型晶闸管弧焊整流器

弧焊逆变器是一种新型的弧焊电源。弧焊逆变器的基本原理如图 2-21 所示，单相或三相 50Hz 交流网路电压经输入整流器（UZ_1）和输入滤波器（LC_1）后变成直流电，借助大功率电子开关元件 VT（晶闸管、晶体管、场效应管或绝缘栅双极晶体管 IGBT）的交替开关作用，逆变成几千至几万赫兹的中频交流电，再经中频变压器（T）降至适合焊接的几十伏交流电，如再经输出整流器（UZ_2）整流和输出滤波器（LC）滤波，则可输出适合焊接的直流电。弧焊逆变器的逆变系统主要有以下两种：

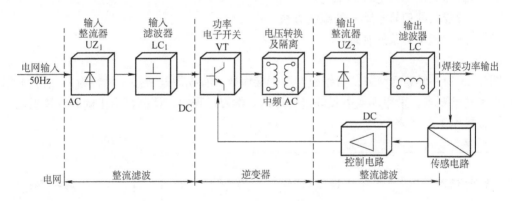

图 2-21　弧焊逆变器基本原理框图

1）交流→直流→交流。

2）交流→直流→交流→直流。

通常弧焊逆变器采用后一种逆变系统，故还可把弧焊逆变器称为逆变弧焊整流器。常用的国产型号有 ZX7 – 250、ZX7 – 400 等。ZX7 – 400 型弧焊逆变器的外形如图 2-22 所示。

弧焊逆变器的优点是高效节能，效率可达 80% ~ 90%；重量轻、体积小，整机重量仅为传统的弧焊电源的 1/10 ~ 1/5；具有良好的动特性和弧焊工艺性能；所有焊接参数均可无级调整；具有多种外特性，能适应各种弧焊方法，如焊条电弧焊、气体保护焊、等离子弧焊及埋弧焊，并适合于作为机器人的弧焊电源。弧焊逆变

图 2-22　ZX7 – 400 型弧焊逆变器

器的缺点是设备复杂，维修需要较高技术等。

常用国产 ZX7 系列弧焊逆变器的技术参数见表2-2。

表2-2 晶闸管弧焊整流器和弧焊逆变器技术参数

产品型号	额定输入容量/kW	一次电压/V	工作电压/V	额定焊接电流/A	焊接电流调节范围/A	负载持续率（％）	质量/kg	主要用途
ZX5 – 250	14	380	21 ~ 30	250	25 ~ 250	60	150	用于焊条电弧焊
ZX5 – 400	24	380	21 ~ 36	400	40 ~ 400	60	200	
ZX7 – 250	9.2	380	30	250	50 ~ 250	60	35	用于焊条电弧焊或氩弧焊
ZX7 – 400	14	380	36	400	50 ~ 400	60	70	

任务二 低碳钢的焊条电弧焊

【学习目标】

1）掌握低碳钢的焊接性。

2）掌握低碳钢焊条电弧焊工艺。

3）了解焊条的型号与牌号的编制方法。

4）了解生产中焊条的管理。

【任务描述】

图2-23 为一低碳钢筒节，由钢板卷制焊接而成，有纵焊缝一条，材料为 20 钢。根据有关标准和技术要求，采用焊条电弧焊进行焊接。学习过程中，请制订出正确的焊接工艺，并填写焊接操作工单（表2-3）。

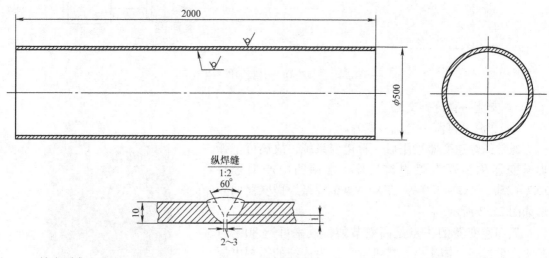

技术要求

1. 单面焊。
2. 焊缝宽度(17±1)mm，宽窄差≤2mm；余高(1.5±1.5)mm，高低差≤2mm。

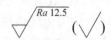

图 2-23 低碳钢筒节

表 2-3 焊接操作工单

中华制造厂	焊接操作工单		工单号	HGYK-××-××

焊缝及编号				
焊接位置				
焊工持证项目				
焊评报告编号		接头简图		要　求
预热温度/℃				
道间温度/℃				
焊后热处理				

层/道	焊接方法	焊接材料		母材材质	规格/mm	焊缝宽度/mm	焊缝余高/mm
		型号	直径/mm				
				焊接电流	电弧电压/V	焊接速度/(m/h)	焊缝余高/mm
				极性	电流/A		
						焊机	焊剂或气体	气流量/(L/min)	钨极直径/mm

31

【工艺分析】

本任务工艺分析包括材料的焊接性分析、焊条的选用、焊机的选用、焊接参数（焊接电流、电弧电压、焊接速度等）的选择等内容。

一、材料的焊接性分析

焊接性是指金属材料在一定的焊接工艺条件下，焊接成符合设计要求，满足使用要求的构件的难易程度，即金属材料对焊接加工的适应性和使用的可靠性。

低碳钢由于碳的质量分数较低、塑性好，淬硬倾向小，所以焊接过程中一般不需要采取预热、后热、控制道间温度、焊后热处理等工艺措施。焊条电弧焊用于低碳钢的焊接，可获得良好的焊接接头，因而焊接性优良，是焊接性最好的金属材料。只有当焊件较厚或结构刚度很大或低温条件下焊接时，才需要采取预热、焊后热处理等措施。

二、焊条的选用

焊条电弧焊时，焊条既做电极，又做填充金属，熔化后与母材熔合形成焊缝。焊条的选用包括焊条的型号（牌号）和直径的选用两方面。

1. 焊条的型号（牌号）

1）低碳钢按焊件的抗拉强度来选用相应强度的焊条，使熔敷金属的抗拉强度与焊件的抗拉强度相等或相近，该原则称为"等强原则"。如焊接 20 钢，由于其抗拉强度在 420MPa 左右，故选用熔敷金属抗拉强度最小值为 430MPa 的 E4303（J422）、E4316（J426）或 E4315（J427）焊条。

2）重要焊缝要选用碱性焊条。所谓重要焊缝就是受压元件（如锅炉、压力容器）的焊缝；承受振动载荷或冲击载荷的焊缝；对强度、塑性、韧性要求较高的焊缝；焊件形状复杂、结构刚度大的焊缝等。对于这些焊缝要选用力学性能好、抗裂性能强的碱性焊条。如焊接 Q245R（20g）钢时，则须选用同强度的碱性焊条 E4316（J426）或 E4315（J427）。

3）对于强度不同的低碳钢之间的异种钢焊接，要求焊缝或接头的强度、塑性和韧性都不能低于母材中的最低值，故一般根据强度等级较低的钢材来选用相应的焊条。

4）在满足性能前提下尽量选用酸性焊条。因为酸性焊条的工艺性能要优于碱性焊条，即酸性焊条对铁锈、油污等不敏感；析出有害气体少；稳弧性好，可交直流两用；脱渣性好；焊缝成形美观等。

常用低碳钢焊条的选择见表 2-4。

表2-4　常用低碳钢焊条的选择

牌号	焊条电弧焊		施焊条件
	一般结构（包括厚度不大的低压容器）	受动载荷，厚板，中、高压及低温容器	
Q235 Q255	E4313、E4303、E4319 E4320、E4311	E4316、E4315 （或 E5016、E5015）	一般不预热
Q275	E5016、E5015	E5016、E5015	厚板结构，预热温度 >150℃
08、10、15、20	E4303、E4319 E4320、E4310	E4316、E4315 （或 E5016、E5015）	一般不预热

（续）

牌号	焊条电弧焊		施焊条件
	一般结构（包括厚度不大的低压容器）	受动载荷，厚板，中、高压及低温容器	
25	E4316、E4315	E5016、E5015	厚板结构，预热温度 >150℃
Q245R（20R、20g）	E4303、E4319	E4316、E4315（或 E5016、E5015）	一般不预热

2. 焊条的直径

生产中，为了提高生产率，一般选用较大直径的焊条，但是用直径过大的焊条焊接，会造成未焊透或焊缝成形不良。焊条直径的选择与下列因素有关。

（1）焊件的厚度 厚度较大的焊件应选用直径较大的焊条；反之，薄焊件的焊接，则应选用小直径的焊条。焊条直径与焊件厚度之间的关系见表 2-5。

表 2-5 焊条直径与焊件厚度之间的关系 （单位：mm）

焊件厚度	≤1.5	2	3	4~5	6~12	≥12
焊条直径	1.5	2	3.2	3.2~4	4~5	4~6

（2）焊缝位置 在板厚相同的条件下焊接平焊缝用的焊条直径应比其他位置大一些，立焊最大不超过 $\phi5mm$，而仰焊、横焊最大直径不超过 $\phi4mm$，这样可形成较小的熔池，减少熔化金属的下淌。

（3）焊接层次 在进行多层焊时，如果第一层焊缝所采用的焊条直径过大，会造成因电弧过长而不能焊透，因此为了防止根部焊不透，所以对多层焊的第一层焊道，应采用直径较小的焊条进行焊接，以后各层可以根据焊件厚度，选用较大直径的焊条。

三、弧焊电源及极性的选择

1. 弧焊电源

常用的弧焊电源（焊机）有交流的弧焊变压器、直流的弧焊整流器及弧焊逆变器 3 种。焊机选用原则是尽量选用弧焊变压器。如必须使用直流电源时（如使用碱性 E5015 焊条），最好选用弧焊逆变器，其次是弧焊整流器。如采用酸性焊条 E4303 时，就可选用弧焊变压器（交流焊机）BX3-300 或 BX1-300 等。

2. 极性

极性是指在直流电弧焊或电弧切割时焊件的极性。极性的选用主要应根据焊条的性质和焊件所需的热量来决定。焊条电弧焊时，当阳极和阴极的材料相同时，由于阳极区温度高于阴极区的温度，因此使用酸性焊条（如 E4303 等）焊接厚钢板时，可采用直流正接，以获得较大的熔深；而在焊接薄钢板时，则应采用直流反接，可防止烧穿。

如果在焊接重要结构使用药皮代号为 15 的碱性焊条（如 E4315 等）时，无论焊接厚板或薄板，均应采用直流反接，因为这样可以减少飞溅和气孔，并使电弧稳定燃烧。

四、焊接参数的选择原则

焊接参数是指焊接时为保证焊接质量而选定的诸物理量的总称。

焊条电弧焊的焊接参数主要包括焊接电流、电弧电压、焊接速度、焊接层数等。

1. 焊接电流

焊接时，流经焊接回路的电流称为焊接电流，焊接电流的大小直接影响着焊接质量和焊接生产率。

增大焊接电流能提高生产率，但电流过大易造成焊缝咬边、烧穿等缺陷，同时增加了金属飞溅，也会使接头的组织产生过热而发生变化；而电流过小易造成夹渣、未焊透等缺陷，降低焊接接头的力学性能，所以应适当地选择焊接电流。焊接时决定电流强度的因素较多，主要是焊条直径、焊缝位置、焊条类型和焊接层次。

（1）焊条直径　焊条直径越大，熔化焊条所需要的电弧热量越多，焊接电流也越大。碳钢酸性焊条焊接电流大小与焊条直径的关系一般可根据下面的经验公式来选择：

$$I = (35 \sim 55)d \ 或 \ I = 11d^2$$

式中　I——焊接电流（A）；

　　　d——焊条直径（mm）。

各种焊条直径使用的焊接电流参考值见表2-6。

表2-6　各种焊条直径使用的焊接电流参考值

焊条直径/mm	1.6	2.0	2.5	3.2	4.0	5.0	6.0
焊接电流/A	25～40	40～65	50～80	100～130	160～210	200～270	260～300

（2）焊缝位置　在相同焊条直径的条件下，焊接平焊缝时，由于运条和控制熔池中的熔化金属都比较容易，因此可以选择较大的电流进行焊接。但在其他位置焊接时，为了避免熔化金属从熔池中流出，要使熔池尽可能小些，通常立焊、横焊时的焊接电流比平焊的焊接电流小10%～15%，仰焊时的焊接电流比平焊的焊接电流小15%～20%。

（3）焊条类型　当其他条件相同时，碱性焊条使用的焊接电流应比酸性焊条小10%～15%，否则焊缝中易形成气孔。

（4）焊接层次　焊接打底层时，特别是单面焊双面成形时，为保证背面焊缝质量，常使用较小的焊接电流；焊接填充层时为提高效率，保证熔合良好，常使用较大的焊接电流；焊接盖面层时，为防止咬边和保证焊缝成形，使用的焊接电流应比填充层稍小些。

 师傅点拨

在实际生产中，焊工一般可根据焊接电流的经验公式或表2-6先算出一个大概的焊接电流，然后在钢板上进行试焊调整，直至确定合适的焊接电流。在试焊过程中，可根据下述几点来判断选择的电流是否合适。

1）看飞溅。电流过大时，电弧吹力大，可看到较大颗粒的液态金属向熔池外飞溅，焊接时爆裂声大；电流过小时，电弧吹力小，熔渣和液态金属不易分清。

2）看焊缝成形。电流过大时，熔深大，焊缝余高低，两侧易产生咬边；电流过小时，焊缝窄而高，熔深浅，且两侧与母材金属熔合不好；电流适中时，焊缝两侧与母材金属熔合得很好，呈圆滑过渡。

3）看焊条熔化状况。电流过大时，当焊条熔化了大半根时，其余部分均已发红；电流过小时，电弧燃烧不稳定，焊条容易粘在焊件上。

2. 电弧电压

焊条电弧焊的电弧电压主要由电弧长度来决定。电弧长，电弧电压高；电弧短，电弧电压低。焊接时电弧电压由焊工根据具体情况灵活掌握。

在焊接过程中，电弧不宜过长，电弧过长会出现下列几种不良现象：

1）电弧燃烧不稳定，易摆动，电弧热能分散，飞溅增多，造成金属和电能的浪费。

2）焊缝厚度小，容易产生咬边、未焊透、焊缝表面高低不平、焊波不均匀等缺陷。

3）对熔化金属的保护差，空气中氧、氢等有害气体容易侵入，使焊缝产生气孔的可能性增加，使焊缝金属的力学性能降低。

因此在焊接时应力求使用短弧焊接，相应的电弧电压为 16～25V。在立、仰焊时弧长应比平焊时更短一些，以利于熔滴过渡，防止熔化金属下淌。碱性焊条焊接时应比酸性焊条弧长短些，以利于电弧的稳定和防止气孔。所谓短弧一般认为弧长是焊条直径的 0.5～1.0 倍。

3. 焊接速度

单位时间内完成的焊缝长度称为焊接速度。焊接速度应该均匀适当，既要保证焊透又要保证不烧穿，同时还要使焊缝宽度和余高符合图样设计要求。

如果焊接速度过慢，使熔池在高温停留时间增长，热影响区宽度增加，焊接接头的晶粒变粗，力学性能降低，同时使变形量增大，当焊接较薄焊件时，则易烧穿。如果焊接速度过快，熔池温度不够，易造成未焊透、未熔合、焊缝成形不良等缺陷。

焊接速度直接影响焊接生产率，所以应该在保证焊缝质量的基础上，采用较大的焊条直径和焊接电流，同时根据具体情况适当加快焊接速度，以保证在获得焊缝的高低和宽窄一致的条件下，提高焊接生产率。

4. 焊接层数

在中厚板焊接时，一般要开坡口并采用多层多道焊。对于低碳钢和强度等级低的低合金结构钢的多层多道焊，每道焊缝厚度不宜过大，过大时对焊缝金属的塑性不利，因此对质量要求较高的焊缝，每层厚度最好不大于 4mm。同样每层焊道厚度不宜过小，过小时焊接层数增多，不利于提高劳动生产率。根据实际经验，每层厚度等于焊条直径的 0.8～1.2 倍时，生产率较高，并且比较容易保证质量和便于操作。

【工艺确定】

通过分析，低碳钢筒节纵焊缝焊条电弧焊工艺如下，焊接操作工单见表 2-7。

一、焊接性

由于 20 钢是碳的平均质量分数为 0.2% 的优质碳素结构钢，并且筒节结构简单，板厚为 10mm，所以焊接性好，焊接时不需要采取预热、后热及焊后热处理等工艺措施。

二、焊接工艺

（1）焊条 20 钢的抗拉强度为 420MPa，根据等强度原则，应选用 E43 型焊条，可选用 E4303、E4315、E4316 等，由于没有特殊要求，故选用酸性焊条 E4303。板厚为 10mm，需采用多层焊。

（2）电源与极性 E4303 为酸性焊条，可交直流两用，交直流焊机均可，选用交流焊机 BX3－300 或 BX1－300。

表2-7　低碳钢筒节焊接操作工单

中华制造厂			焊接操作工单			工单号	HGYK-×××-××
焊缝及编号	HF001						
焊接位置	平焊						
焊工持证项目							
焊评报告编号		接头简图					
预热温度/℃	室温						
道间温度/℃	—						
焊后热处理	—						

母材材质	规格/mm	焊缝宽度/mm	焊缝余高/mm
20	δ10	16~18	0~3

层/道	焊接方法	焊接材料 型号	焊接材料 直径/mm	焊接电流 极性	焊接电流 电流/A	电弧电压/V	焊接速度/(m/h)	焊机	焊剂或气体	保护气流量/(L/min)	钨极直径/mm
1	焊条电弧焊	E4303	φ3.2	交流	90~100	20~22	6~8	BX3-300			
2	焊条电弧焊	E4303	φ4.0	交流	180~190	22~24	6~8	BX3-300			
3	焊条电弧焊	E4303	φ4.0	交流	170~180	22~24	6~8	BX3-300			

要　求

1. 焊前清理：将焊接坡口及两侧表面20mm范围内的杂质清理干净，露出金属光泽。
2. 焊条表面100℃，1h烘干。
3. 焊缝表面质量要求：
   1) 焊缝外形尺寸应符合设计图样和工艺文件的要求，焊缝与母材应圆滑过渡。
   2) 焊缝及其热影响区表面无裂纹、未熔合、夹渣、弧坑、气孔。

焊条电弧焊板对接平焊动画

（3）焊接参数 焊接电流，第一层，$\phi3.2mm$、$90\sim100A$；填充层，$\phi4mm$、$180\sim190A$ 或 $\phi3.2mm$、$120\sim140A$；盖面层 $\phi4mm$、$170\sim180A$ 或 $\phi3.2mm$、$120\sim130A$。电弧电压 $20\sim24V$；焊接速度 $6\sim8m/h$。

【相关知识】

一、焊条型号与牌号的编制方法

1. 非合金钢及细晶粒钢焊条型号

根据国家标准 GB/T 5117—2012《非合金钢及细晶粒钢焊条》，焊条型号是根据熔敷金属的力学性能、药皮类型、焊接位置、电流类型、熔敷金属化学成分和焊后状态等进行划分的。

第一部分字母"E"表示焊条；第二部分"E"后紧邻的两位数字表示熔敷金属最小抗拉强度代号（43、50、55、57）；第三部分"E"后的第三和第四两位数表示药皮类型、焊接位置和电流类型，见表2-8；第四部分为熔敷金属化学成分分类代号，可为"无标记"或短划"–"后的字母、数字或字母和数字的组合；第五部分为焊后状态代号，其中"无标记"表示焊态，"P"表示热处理状态，"AP"表示焊态和焊后热处理两种状态均可。除了以上强制分类代号外，根据供需双方协商，可在型号后依次附加可选代号。

焊条型号举例如下：

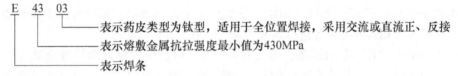

表 2-8 焊条药皮类型代号

代号	药皮类型	焊接位置	电流类型	备注
03	钛型		交流或直流正、反接	非合金钢及细晶粒钢焊条、热强钢焊条
10	纤维素		直流反接	非合金钢及细晶粒钢焊条、热强钢焊条
11	纤维素		交流或直流反接	非合金钢及细晶粒钢焊条、热强钢焊条
12	金红石		交流或直流正接	非合金钢及细晶粒钢焊条
13	金红石	全位置	交流或直流正、反接	非合金钢及细晶粒钢焊条、热强钢焊条
14	金红石＋铁粉			非合金钢及细晶粒钢焊条
15	碱性		直流反接	非合金钢及细晶粒钢焊条、热强钢焊条
16	碱性		交流或直流反接	非合金钢及细晶粒钢焊条、热强钢焊条
18	碱性＋铁粉			非合金钢及细晶粒钢焊条、热强钢焊条
19	钛铁矿		交流或直流正、反接	非合金钢及细晶粒钢焊条、热强钢焊条
20	氧化铁	平焊、平角焊	交流或直流正接	非合金钢及细晶粒钢焊条、热强钢焊条
24	金红石＋铁粉		交流或直流正、反接	非合金钢及细晶粒钢焊条
27	氧化铁＋铁粉		交流或直流正、反接	非合金钢及细晶粒钢焊条、热强钢焊条
28	碱性＋铁粉	平焊、平角焊、横焊	交流或直流反接	非合金钢及细晶粒钢焊条
40	不做规定	由制造商确定		非合金钢及细晶粒钢焊条、热强钢焊条
45	碱性	全位置	直流反接	非合金钢及细晶粒钢焊条
48	碱性		交流或直流反接	非合金钢及细晶粒钢焊条

2. 热强钢焊条型号

根据国家标准 GB/T 5118—2012《热强钢焊条》，焊条型号是根据熔敷金属力学性能、药皮类型、焊接位置、电流类型、熔敷金属化学成分等进行划分的。

第一部分字母"E"表示焊条；第二部分"E"后紧邻的两位数字表示熔敷金属最小抗拉强度代号（50、52、55、62）；第三部分"E"后的第三和第四两位数表示药皮类型、焊接位置和电流类型，见表2-8；第四部分为熔敷金属化学成分分类代号，为短划"－"后的字母、数字或字母和数字的组合。

除了以上强制分类代号外，根据供需双方协商，可在型号后附加扩散氢代号"HX"。焊条型号举例如下：

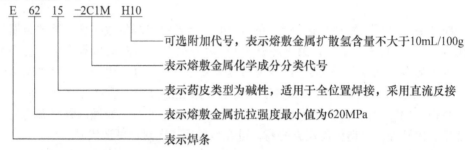

E 62 15 −2C1M H10

可选附加代号，表示熔敷金属扩散氢含量不大于10mL/100g

表示熔敷金属化学成分分类代号

表示药皮类型为碱性，适用于全位置焊接，采用直流反接

表示熔敷金属抗拉强度最小值为620MPa

表示焊条

3. 不锈钢焊条型号

按国家标准 GB/T 983—2012《不锈钢焊条》规定，不锈钢焊条型号是根据熔敷金属化学成分、焊接位置和药皮类型等进行划分的。

第一部分字母"E"表示焊条；第二部分"E"后面的数字表示熔敷金属化学成分分类，数字后的字母"L"表示碳含量较低，"H"表示碳含量较高，如有其他特殊要求的化学成分，该化学成分用元素符号表示放在数字后面；第三部分为短划"－"后的第一位数字，表示焊接位置，"1"表示平焊、平角焊、仰角焊、向上立焊，"2"表示平焊、平角焊，"4"表示平焊、平角焊、仰角焊、向上立焊和向下立焊；第四部分为最后一位数字，表示药皮类型和电流类型，见表2-9。焊条型号举例如下：

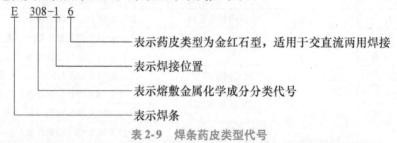

E 308−1 6

表示药皮类型为金红石型，适用于交直流两用焊接

表示焊接位置

表示熔敷金属化学成分分类代号

表示焊条

表2-9　焊条药皮类型代号

代号	药皮类型	电流类型	药皮成分、性能特点
5	碱性	直流	含有大量碱性矿物质和化学物质，如石灰石（碳酸钙）、白云石（碳酸钙、碳酸镁）和萤石（氟化钙），通常只使用直流反接
6	金红石	交流和直流	含有大量金红石矿物质，主要是二氧化钛（氧化钛），含有低电离元素
7	钛酸型	交流和直流	已改进的金红石类，使用一部分二氧化硅代替氧化钛，熔渣流动性好，引弧性能良好，电弧易喷射过渡，但不适用于薄板的立向上位置的焊接

师傅点拨

焊条型号和牌号都是焊条的代号，焊条型号是指国家标准规定的各类焊条的代号。焊条牌号则是焊条制造厂对作为产品出厂的焊条规定的代号，我国焊条制造厂曾在行业协会组织下编写了《焊接材料产品样本》，实行了统一牌号制度，但近年来，也有一些焊接材料厂自己规定了焊条牌号。虽然焊条牌号不是国家标准，但多年使用已成习惯，现在生产中仍得到广泛应用。焊条牌号与焊条型号并不能完全一一对应。

4. 焊条牌号

按照《焊接材料产品样本》规定，焊条牌号由汉字（或汉语拼音字母）和三位数字组成。汉字（或汉语拼音字母）表示按用途分的焊条各大类，前两位数字表示各大类中的若干小类，第三位数字表示药皮类型和电流种类。焊条牌号中表示各大类的汉字（或汉语拼音字母）含义见表2-10。焊条牌号中第三位数字的含义见表2-11。

（1）结构钢（碳钢和低合金钢）焊条牌号 汉字"结（J）"表示结构钢焊条；第一、二位数字表示熔敷金属抗拉强度等级；第三位数字表示药皮类型和电流种类。

例如，J422：表示熔敷金属抗拉强度最小值为420MPa、药皮类型为钛钙型、交、直流两用的结构钢焊条。

表2-10 焊条牌号中各大类汉字（或汉语拼音字母）的含义

焊条类别		大类的汉字（或汉语拼音字母）	焊条类别	大类的汉字（或汉语拼音字母）
结构钢焊条	碳钢焊条	结（J）	低温钢焊条	温（W）
	低合金钢焊条		铸铁焊条	铸（Z）
钼和铬钼耐热钢焊条		热（R）	铜及铜合金焊条	铜（T）
不锈钢焊条	铬不锈钢焊条	铬（G）	铝及铝合金焊条	铝（L）
	铬镍不锈钢焊条	奥（A）	镍及镍合金焊条	镍（Ni）
堆焊焊条		堆（D）	特殊用途焊条	特殊（TS）

表2-11 焊条牌号中第三位数字的含义

焊条牌号	药皮类型	电流种类	焊条牌号	药皮类型	电流种类
××0	不定型	不规定	××5	纤维素型	交、直流
××1	氧化钛型	交、直流	××6	低氢钾型	交、直流
××2	钛钙型	交、直流	××7	低氢钠型	直流
××3	钛铁矿型	交、直流	××8	石墨型	交、直流
××4	氧化铁型	交、直流	××9	盐基型	直流

（2）钼和铬钼耐热钢焊条牌号 汉字"热（R）"表示钼和铬钼耐热钢焊条；第一位数字表示熔敷金属主要化学成分，见表2-12；第二位数字表示同一熔敷金属主要化学成分等级中的不同编号，按0、1、…、9顺序排列；第三位数字表示药皮类型和电流种类。

例如，R307 表示熔敷金属铬的质量分数为1%、钼的质量分数为0.5%，编号为0，药皮类型为低氢钠型，直流反接的钼和铬钼耐热钢焊条。

表 2-12　钼和铬钼耐热钢焊条牌号第一位数字含义

焊条牌号	焊缝金属主要化学成分（质量分数，%）	
	铬	钼
热1×× （R1××）	—	0.5
热2×× （R2××）	0.5	0.5
热3×× （R3××）	1	0.5
热4×× （R4××）	2.5	1
热5×× （R5××）	5	0.5
热6×× （R6××）	7	1
热7×× （R7××）	9	1
热8×× （R8××）	11	1

（3）不锈钢焊条牌号　不锈钢焊条包括铬不锈钢焊条和铬镍不锈钢焊条，汉字"铬（G）"表示铬不锈钢焊条，"奥（A）"表示铬镍不锈钢焊条；第一位数字表示熔敷金属主要化学成分，见表 2-13；第二数字表示同一熔敷金属主要化学成分等级中的不同编号，按 0、1、…、9 顺序排列；第三位数字表示药皮类型和电流种类。

表 2-13　不锈钢焊条牌号第一位数字含义

焊条牌号	焊缝金属主要化学成分（质量分数，%）	
	铬	镍
铬2×× （G2××）	13	—
铬3×× （G3××）	17	—
奥0×× （A0××）	18（超低碳）	8
奥1×× （A1××）	18	9
奥2×× （A2××）	18	12
奥3×× （A3××）	25	13
奥4×× （A4××）	25	20
奥5×× （A5××）	16	25
奥6×× （A6××）	15	35
奥7×× （A7××）	铬锰氮不锈钢	—

例如，G202 表示熔敷金属铬的质量分数为 13%，编号为 0，药皮类型为钛钙型，交、直流两用的铬不锈钢焊条。

A137 表示熔敷金属铬的质量分数为 18%、镍的质量分数为 9%，编号为 3，药皮类型为低氢钠型，直流反接的铬镍奥氏体不锈钢焊条。

（4）低温钢焊条牌号　汉字"温（W）"表示低温钢焊条；第一、二位数字表示低温钢焊条工作温度等级，见表 2-14；第三位数字表示药皮类型和电流种类。

例如，W707 表示工作温度等级为 −70℃，药皮类型为低氢钠型，直流反接的低温钢焊条。

表 2-14　低温钢焊条牌号第一、二位数字含义

焊条牌号	低温温度等级/℃	焊条牌号	低温温度等级/℃
温70× （W70×）	−70	温19× （W19×）	−196
温90× （W90×）	−90	温25× （W25×）	−253
温10× （W10×）	−100		

小提示

对于特殊性能的焊条，常在焊条牌号后缀主要用途的汉字（或汉语拼音字母），如高韧性、压力容器用焊条有 J507R；超低氢焊条有 J507H；打底焊条有 J507D；低尘焊条有 J507DF；立向下焊条有 J507X 等，使用时必须加以注意。

5. 焊条型号与牌号的对照

1）常用非合金钢及细晶粒钢焊条、热强钢焊条的型号与牌号的对照见表 2-15。

2）常用不锈钢焊条的型号与牌号对照表见表 2-16。

表 2-15　常用非合金钢及细晶粒钢焊条、热强钢焊条型号与牌号对照表

序号	型号	牌号	序号	型号	牌号
1	E4303	J422	10	E5003 – 1M3	R102
2	E4311	J425	11	E5015 – 1M3	R107
3	E4316	J426	12	E5503 – CM	R202
4	E4315	J427	13	E5515 – CM	R207
5	E5003	J502	14	E5515 – 1CM	R307
6	E5016	J506	15	E5515 – 2CMWVB	R347
7	E5015	J507	16	E6215 – 2C1M	R407
8	E5015 – G	J507MoNb、J507NiCu	17	E5515 – N5	W707Ni
9	E5515 – G	J557、J557Mo、J557MoV	18	E5516 – N7	W906Ni

表 2-16　常用不锈钢焊条型号与牌号对照

序号	型号（新）	型号（旧）	牌号	序号	型号（新）	型号（旧）	牌号
1	E410 – 16	E1 – 13 – 16	G202	8	E309 – 15	E1 – 23 – 13 – 15	A307
2	E410 – 15	E1 – 13 – 15	G207	9	E310 – 16	E2 – 26 – 21 – 16	A402
3	E410 – 15	E1 – 13 – 15	G217	10	E310 – 15	E2 – 26 – 21 – 15	A407
4	E308L – 16	E00 – 19 – 10 – 16	A002	11	E347 – 16	E0 – 19 – 10Nb – 16	A132
5	E308 – 16	E0 – 19 – 10 – 16	A102	12	E347 – 15	E0 – 19 – 10Nb – 15	A137
6	E308 – 15	E0 – 19 – 10 – 15	A107	13	E316 – 16	E0 – 18 – 12Mo2 – 16	A202
7	E309 – 16	E1 – 23 – 13 – 16	A302	14	E316 – 15	E0 – 18 – 12Mo2 – 15	A207

二、生产中焊条的管理

焊条（包括其他焊接材料）的管理包括验收、烘干、保管领用等方面，其控制程序如图 2-24 所示。

1. 焊条的验收

对于制造锅炉、压力容器等重要焊件的焊条，入库前必须进行焊条的验收，也称复验。复验前要对焊条的质量证书进行审查，证书齐全符合要求者方可复验。复验时，应对每批焊条编制"复验编号"，按照其标准和技术条件进行外观、理化试验等检验，复验合格后，焊条方可入一级库，否则应退货或降级使用。

另外为了防止焊条在使用过程中混用、错用，同时也便于为万一出现的焊接质量问题分析找出原因，焊条的"复验编号"不但要登记在一级库、二级库台账上，而且在烘干记录

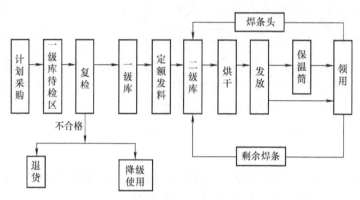

图 2-24　焊条管理控制程序

单、发放领料单上，甚至焊接施工卡上也要登记，从而保证焊条使用时的追踪性。

2. 焊条保管、领用、发放

焊条实行三级管理：一级库管理、二级库管理、焊工焊接时管理。一、二级库内的焊条要按其型号、规格分门别类堆放，放在离地面、墙面300mm以上的木架上。

一级库内应配有空调设备和去湿机，保证室温在5～25℃之间，相对湿度低于60%。

二级库应有焊条烘干设备，焊工施焊时也需要妥善保管好焊条，焊条要放入保温筒内，随取随用，不可随意乱丢、乱放。

焊条领用发放要建立严格的限额领料制度，"焊接材料领料单"应由焊工填写，二级库保管人员凭焊接工艺要求和焊接材料领料单发放，并审核其型号、规格是否相符，同时还要按发放焊条根数收回焊条头。

3. 焊条烘干

焊条烘干时间、温度应严格按标准要求进行，并做好温度时间记录，烘干温度不宜过高或过低。温度过高会使焊条中的一些成分发生氧化，过早分解，从而失去保护等作用。温度过低，焊条中的水分不能完全蒸发掉，焊接时可能形成气孔、产生裂纹等缺陷。

此外还要注意温度、时间配合问题，据有关资料介绍，烘干温度和时间相比，温度较为重要，如果烘干温度过低，即使延长烘干时间其烘干效果也不佳。

一般酸性焊条烘干温度为75～150℃，时间1～2h；碱性焊条在空气中极易吸潮且药皮中没有有机物，因此烘干温度较酸性焊条高些，一般为350～400℃，保温1～2h。焊条累计烘干次数一般不宜超过3次。

任务三　低合金高强度钢的焊条电弧焊

【学习目标】

1）掌握低合金高强度结构钢的焊接性。

2）理解低合金高强度结构钢的焊条电弧焊工艺。

3）了解金属的焊接性及评定方法。

【任务描述】

图2-25所示为一锅炉炉胆筒体，该筒体由钢板卷制而成，材料为Q355R，且要求焊缝单面焊双面成形，根据有关标准和技术要求，请制订正确的焊接工艺，并填写焊接操作工单（见表2-17）。

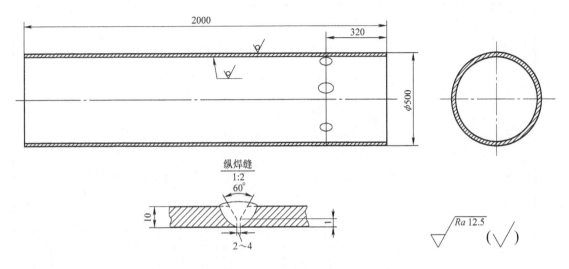

技术要求

1. 单面焊双面成形。
2. 焊缝宽度(17±1)mm，宽窄差≤2mm；余高(1.5±1.5)mm，高低差≤2mm。

图 2-25　锅炉炉胆筒体

【工艺分析】

本任务工艺分析包括材料的焊接性分析，焊条的选用，焊接参数及预热、焊后热处理选择等内容，焊接参数的选择原则参见本模块的任务二。

一、材料的焊接性分析

1. 低合金高强度结构钢

低合金高强度钢是在碳钢的基础上添加了少量合金元素的钢。其中常用来制造焊接结构的低合金高强度结构钢应用最广。

根据 GB/T 1591—2018《低合金高强度结构钢》，低合金高强度结构钢分为 Q355、Q390、Q420、Q460、Q500、Q550、Q620 和 Q690 八级，按质量等级分为 B、C、D、E 四级。低合金高强度结构钢的牌号由代表屈服强度"屈"字的汉语拼音首字母 Q、规定的最小上屈服强度数值、交货状态代号、质量等级符号（B、C、D、E、F）四个部分组成。交货状态为热轧时，交货状态代号 AR 或 WAR 可省略；交货状态为正火或正火轧制状态时，交货状态代号均用 N 表示。

例如，Q355ND。其中：Q 为钢的屈服强度的"屈"字汉语拼音的首字母；355 为规定的最小上屈服强度数值，单位为兆帕（MPa）；N 为交货状态为正火或正火轧制；D 为质量等级为 D 级。其中质量等级较低的主要用于一般用途结构；等级较高的主要用于锅炉、压力容器、造船、汽车、桥梁、工程机械及矿山机械等；质量等级高的主要用于核电、石油天然气管线、海洋工程、军用舰船等。低合金高强度结构钢的新旧牌号对照表见表 2-18。

表 2-17 焊接操作工单

焊接操作工单

中华制造厂		工单号	HGYK-××-××
焊缝及编号		接头简图	要　求
焊接位置			
焊工持证项目			
焊评报告编号			
预热温度/℃			
道间温度/℃			
焊后热处理			

焊接方法	焊接材料		焊接电流		电弧电压/V	规格/mm	焊接速度/(m/h)	焊缝宽度/mm	焊机	焊剂或气体	焊缝余高/mm	保护气流量/(L/min)	钨极直径/mm
层/道	型号	直径/mm	极性	电流/A									

表 2-18　低合金高强度结构钢新旧牌号对照表

新牌号（GB/T 1591—2018）	旧牌号（GB/T 1591—2008）	旧牌号（GB/T 1591—1988）
		09MnV、09MnNb、09Mn2、12Mn
Q355	Q345	12MnV、14MnNb、16Mn、16MnRE、18Nb
Q390	Q390	15MnV、15MnTi、16MnNb
Q420	Q420	15MnVN、14MnVTiRE
Q460	Q460	
Q500	Q500	
Q550	Q550	
Q620	Q620	
Q690	Q690	

2. 低合金高强度结构钢焊接性分析

低合金高强度结构钢，由于其碳含量及合金元素含量均较低，因此其焊接性总体较好，但由于这类钢中含有一定量的合金元素及微合金化元素，随着强度级别的提高，板厚增加，焊接性将变差。低合金高强度结构钢焊接时的主要问题是焊接裂纹和焊接热影响区脆化。

（1）焊接裂纹　低合金高强度结构钢焊接时容易产生的裂纹是冷裂纹。

焊接强度等级较低的低合金高强度结构钢时，由于淬硬倾向很小，焊缝和热影响区金属的塑性较好，产生冷裂纹的可能性不大。但随着钢材强度等级的提高，淬硬倾向增加，冷裂纹的倾向也增大。又因厚板的刚度大，焊接接头的残余应力也大。因此，冷裂纹主要发生在强度级别较高的厚板结构中。

低合金高强度结构钢产生热裂纹的可能性比冷裂纹小得多，只有在原材料化学成分不符合规定（如含 S、C 含量偏高）时才有可能发生。

（2）热影响区脆化　低合金高强度结构钢焊接时，热影响区中被加热到 1100℃ 以上的粗晶区是焊接接头的薄弱区，冲击韧度也最低，即所谓脆化区。

热影响区粗晶脆化主要与焊接热输入有关。对于热轧钢，焊接热输入较大时，粗晶区将因晶粒长大或出现魏氏组织等而降低韧性；焊接热输入较小时，会由于粗晶区组织中马氏体的比例增多而降低韧性。

正火钢受热输入影响更大，采用过大的热输入时，粗晶区在正火状态下弥散分布的 TiC、VC 和 VN 等溶入奥氏体中，将失去抑制奥氏体晶粒长大的作用及削弱组织细化作用，粗晶区将出现粗大组织而使韧性显著降低。

二、焊条的选用

一般按"等强"原则选择与母材强度相当的焊条，并综合考虑焊缝金属的韧性、塑性及抗裂性。只要焊缝金属的强度不低于母材下限值即可。为此应优先选择低氢及超低氢焊条。对于刚度大的结构，考虑焊缝的塑性和韧性，有时也可选用比母材强度低一级强度的焊条。常用低合金高强度结构钢焊条的选择见表 2-19。

表2-19　常用低合金高强度结构钢焊条的选择

钢号	焊条型号	焊条牌号
Q295 (09Mn2) Q295 (09MnV)	E4303 E4315 E4316	J422 J427 J426
Q355 (16Mn) Q355 (14MnNb)	E5003 E5015 E5015 - G E5016 E5016 - G	J502 J507, J507H, J507X, J507DF, J507D J507GR, J507RH J506, J506X, J506DF, J506GM J506G
Q390 (15MnV) Q390 (16MnNb)	E5003 E5015 E5015 - G E5016 E5515 - G E5516 - G	J502 J507, J507H, J507X, J507DF, J507D J507GR, J507RH J506, J506X, J506DF, J506GM J557, J557Mo, J557MoV J556, J556RH
Q420 (15MnVN 14MnVTiRE)	E5515 - G E5516 - G	J557, J557Mo, J557MoV J556, J556RH J607 J607Ni, J607RH J606

三、预热

　　焊前预热能降低焊后冷却速度，避免出现淬硬组织，减小焊接应力，是防止裂纹的有效措施，也有助于改善焊接接头组织与性能，是低合金高强度结构钢焊接时常用的工艺措施。强度级别较低的低合金高强度结构钢焊接时，一般可以不预热。只有在厚板、刚度大的结构且环境温度低的条件下，需预热至100~150℃。强度级别较高的钢焊接时，一般需要考虑预热。表2-20列出了几种低合金高强度结构钢的预热温度。表2-21为不同气温条件下Q355钢焊接时的预热温度。

表2-20　常用钢的预热及焊后热处理工艺

钢号	预热温度	焊后热处理温度
Q355	100~150℃ ($\delta \geqslant$30mm)	600~650℃退火
Q390	100~150℃ ($\delta \geqslant$28mm)	550℃或650℃退火
Q420	100~150℃ ($\delta \geqslant$25mm)	600~650℃退火
Q460	$\geqslant$200℃	600~650℃退火

表 2-21 不同气温条件下 Q355 钢焊接的预热温度

焊件厚度/mm	不同气温时的预热
<16	不低于 -10℃时不预热，-10℃以下预热至 100~150℃
16~24	不低于 -5℃时不预热，-5℃以下预热至 100~150℃
24~30	不低于 0℃时不预热，0℃以下预热至 100~150℃
>30	均预热至 100~150℃

四、后热及焊后热处理

低合金高强度结构钢后热主要是消氢处理，是防止冷裂纹的有效措施之一。低合金高强度结构钢一般焊后不进行热处理，只有在某些特殊情况下才采用焊后热处理，如厚板或强度等级较高及有延迟裂纹倾向的钢等。

五、焊接热输入

焊接热输入的确定，主要取决于过热区的脆化和冷裂倾向。由于各种钢的脆化与冷裂倾向不同，因而对焊接热输入的要求也有差别。

含碳量偏低的 Q355（16Mn）钢焊接时，由于脆化、冷裂倾向小，对热输入没有严格限制，但热输入偏小些更有利。当焊接含碳量偏高的 Q355（16Mn）钢时，为降低淬硬倾向，防止冷裂纹的产生，焊接热输入应偏大一些。对于强度级别较高的低合金高强度结构钢，淬硬倾向增大，应选择较大的焊接热输入，但焊接热输入过大，又会增大粗晶区脆化倾向，这时采用预热配合小的焊接热输入更合理。

为防止 TMCP 钢热影响区出现软化，提高热影响区韧性，TMCP 钢应采用较小的焊接热输入焊接。

【工艺确定】

通过分析，低合金高强度结构钢锅炉炉胆纵焊缝焊条电弧焊工艺如下，焊接操作工单见表 2-22。

一、焊接性

由于炉胆材质为 Q355R，为 355MPa 级的低合金高强度结构钢，其碳的质量分数≤0.18%，且合金元素含量较低，故焊接性好，焊接时不需要采取预热、后热及焊后热处理等工艺措施。

二、焊接工艺

（1）焊条 Q355R 钢的抗拉强度为 500MPa 左右，根据等强度原则，应选用 E50 型焊条，可选用 E5003、E5015、E5016 等，由于是受压的锅炉炉胆焊缝，故选用碱性焊条 E5015 为宜。板厚为 10mm，需多层焊。

（2）电源与极性 E5015 为碱性焊条，必须直流反接，故选用弧焊逆变器 ZX7 - 400，也可选用晶闸管弧焊整流器 ZX5 - 400。

表 2-22 锅炉炉胆焊接操作工单

焊接操作工单

中华制造厂							工单号	HGYK-×××-××

焊缝及编号	HF002
焊接位置	平焊
焊工持证项目	SMAW-Fe II-1G-10-Fef₃J
焊评报告编号	HP11-10-B
预热温度/℃	室温
道间温度/℃	最高300
焊后热处理	—

接头简图：60°，3~4，01

母材材质	Q355R
规格/mm	δ10
焊缝宽度/mm	16~18
焊缝余高/mm	0~3

层/道	焊接方法	焊接材料		焊接电流		电弧电压/V	焊接速度/(m/h)	焊机	焊剂或气体	钨极直径/mm
		牌号	直径/mm	极性	电流/A				保护气流量/(L/min)	
1	焊条电弧焊	E5015	φ3.2	直流反接	90~100	20~21	6~8	ZX7-400		
2	焊条电弧焊	E5015	φ4.0	直流反接	170~180	22~23	6~8	ZX7-400		
3	焊条电弧焊	E5015	φ4.0	直流反接	160~170	22~23	6~8	ZX7-400		

要求

1. 焊前清理：将焊接坡口及两侧表面 20mm 范围内的杂质清理干净，露出金属光泽。
2. 焊条 350~400℃，2h 烘干。
3. 焊缝表面质量要求：
1) 焊缝外形尺寸应符合设计图样和工艺文件的要求。
2) 焊缝与母材应圆滑过渡。焊缝及其热影响区表面无裂纹、未熔合、夹渣、弧坑、气孔。
4. 焊后焊工自检合格后，在规定位置打上焊工代号钢印。
5. 焊缝至少进行 25% RT 无损检测，不低于 II 级合格。

（3）焊接参数 焊接电流，第一层，ϕ3.2mm、90～100A；填充层，ϕ4mm、170～180A；盖面层 ϕ4mm、160～170A。电弧电压 20～23V；焊接速度 6～8m/h。

【相关知识】

一、金属焊接性及评定

1. 金属的焊接性

金属材料的
焊接性

焊接性是金属材料在限定的施工条件下，焊接成按规定设计要求的构件，并满足预定服役要求的能力。也就是指金属材料在一定的焊接工艺条件下，焊接成符合设计要求，满足使用要求的构件的难易程度，即金属材料对焊接加工的适应性和使用的可靠性。

2. 影响焊接性的因素

影响金属焊接性的因素主要有材料、焊接方法及工艺、构件类型和使用条件四个方面。

（1）材料方面 材料方面不仅包括焊件本身，还包括使用的焊接材料，如焊条、焊丝、焊剂、保护气体等。它们在焊接时都参与熔池或半熔化区内的冶金过程，直接影响焊接质量。如母材与焊接材料匹配不当，就会造成焊缝金属化学成分不合格，力学性能和其他使用性能降低。因此，为了保证良好的焊接性，必须对材料因素予以充分重视。

（2）焊接方法及工艺方面 焊接方法对焊接性的影响主要体现在两方面，一是焊接热源性质（能量密度大小、温度高低等），对于有过热敏感的高强度钢，从防止过热出发，适宜选用等离子弧焊、电子束焊等方法，有利于改善焊接性；而对于灰铸铁焊接时从防止白口出发，应选用气焊、电渣焊等方法。二是对熔池和接头进行保护，如钛合金对氧、氮、氢极为敏感，用气焊和焊条电弧焊不可能焊好，而用氩弧焊或电子束焊，就比较容易焊接，则焊接性好。

工艺措施对防止焊接接头缺陷，提高使用性能也有重要的作用。如焊前预热、焊后缓冷和消氢处理等，对防止热影响区淬硬变脆，降低焊接应力，防止裂纹是比较有效的措施。另外，如合理安排焊接顺序也能减小应力与变形。

（3）构件类型方面 焊接构件的结构设计会影响应力状态，从而对焊接性也会发生影响。应使焊接接头处于刚度较小的状态，能够自由收缩，有利于防止焊接裂纹。缺口、截面突变、焊缝余高过大、交叉焊缝等都容易引起应力集中，要尽量避免。不必要地增大焊件厚度或焊缝体积，就会产生多向应力，也应注意防止。

（4）使用条件方面 焊接结构的使用条件是多种多样的，有在高温、低温下工作和在腐蚀介质中工作及在静载或动载条件下工作等。当在高温下工作时，可能产生蠕变；在低温或冲击载荷下工作时，容易发生脆性破坏；在腐蚀介质中工作时，接头要求具有耐蚀性。总之，使用条件越不利，焊接性就越不容易保证。

师傅点拨

金属的焊接性是一个相对概念，与材料、焊接方法、工艺、构件类型及使用要求等密切相关，所以不能脱离这些因素而单纯地从材料本身的性能来评价金属材料的焊接性。若一种金属材料可以在很简单的焊接工艺条件下，获得完好的接头并能够满足使用要求，就可以说其焊接性良好。反之，若必须在较复杂的工艺条件才能够焊接或者所焊的接头在性能上不能很好地满足使用要求，就可以说焊接性差。

3. 焊接性的评定方法

评定焊接性的方法很多，可分为间接估算法和直接试验法两类。间接估算法一般不需要焊接焊缝，只需对金属材料的化学成分、物理性能、金相组织及力学性能指标等分析与测定，从而推测被评估金属的焊接性，最常用的是碳当量法。

直接试验法是通过焊接性试验来评定母材的焊接性，即通过焊接过程考查是否发生某种焊接缺陷，或发生缺陷的严重程度，直接去评价金属材料焊接性的优劣。直接试验法常用的有斜 Y 形坡口焊接裂纹试验等。

（1）碳当量法 钢材的化学成分对焊接热影响区的淬硬及冷裂倾向有直接影响，因此可用化学成分来间接估算其焊接性。在钢材的各种化学元素中，对焊接性影响最大的是碳，碳是引起淬硬及冷裂的主要元素，故常把钢中含碳量的多少作为判断钢材焊接性的主要标志，钢中含碳量越高，其焊接性越差。为了便于分析和研究钢中合金元素对钢的焊接性的影响，引入了碳当量概念。所谓碳当量就是指把钢中合金元素（包括碳）的含量，按其作用换算成碳的相当含量。用碳当量大小来评定钢材焊接性的方法，称为碳当量法。由于碳当量只考虑了化学成分对焊接性的影响，而没有考虑焊接方法、构件类型等因素的影响，因此，碳当量法只是一个近似的间接估算焊接性的方法。

碳当量的估算公式有很多形式，国际焊接学会推荐的估算碳钢及低合金钢的碳当量公式为

$$C_E = C + Mn/6 + (Cr + Mo + V)/5 + (Ni + Cu)/15$$

式中，元素符号表示其在钢中含量的质量分数，计算时取上限。根据经验，当 $C_E < 0.4\%$ 时，钢材的淬硬倾向不明显，焊接性优良，焊接时不必预热；当 $C_E = 0.4\% \sim 0.6\%$ 时，钢材的淬硬倾向增大，需要采取适当预热、控制焊接参数等工艺措施；当 $C_E > 0.6\%$ 时，淬硬、冷裂倾向强，属于较难焊的材料，需采取较高的预热温度和严格的工艺措施。

（2）斜 Y 形坡口焊接裂纹试验 斜 Y 形坡口焊接裂纹试验又称小铁研法，主要用于评价碳素结构钢和低合金高强度结构钢焊接热影响区冷裂纹敏感性，是一种在工程上广泛应用的试验方法。该方法是在试件两端开双 V 形坡口双面焊拘束焊缝，试件中间开斜 Y 形坡口单道焊试验焊缝，焊后对试验焊缝表面及断面的裂纹分别进行检查和计算，一般认为只要裂纹总长小于试验焊缝的20%，在实际生产中就不会产生裂纹。斜 Y 形坡口焊接裂纹试验的试件形状和尺寸如图 2-26 所示。

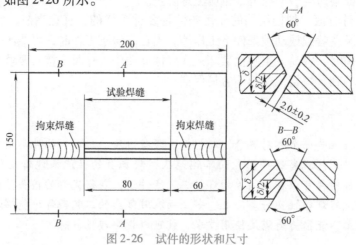

图 2-26　试件的形状和尺寸

二、常用的焊接工艺措施

为了保证焊接质量，常对焊接性差或较差的金属材料采取预热、后热、焊后热处理等工艺措施。

1. 预热

焊接开始前，对焊件的全部（或局部）进行加热的工艺措施称为预热，按照焊接工艺的规定预热需要达到的温度称为预热温度。

（1）预热的作用　预热的主要作用是降低焊后冷却速度，减小淬硬程度，防止产生焊接裂纹，减小焊接应力与变形。

对于刚度不高的低碳钢、强度级别较低的低合金高强度结构钢的一般结构不必预热，但焊接有淬硬倾向的焊接性差的钢材或刚度高的结构时，需焊前预热。

对于铬镍奥氏体不锈钢，预热可使热影响区在危险温度区的停留时间增加，从而增大腐蚀倾向。因此在焊接铬镍奥氏体不锈钢时，不可进行预热。

（2）预热温度的选择　焊件焊接时是否需要预热以及预热温度的选择，应根据钢材的成分、厚度、结构刚度、接头形式、焊接材料、焊接方法及环境因素等综合考虑，并通过焊接性试验来确定。一般钢材的含碳量越高、合金元素越多、母材越厚、结构刚度越大、环境温度越低，则预热温度越高。

在多层多道焊时，还要注意道间温度（也称层间温度）。所谓道间温度就是在施焊后续焊道之前，其相邻焊道应保持的温度。道间温度不应低于预热温度。

（3）预热方法　预热时的加热范围，对于对接接头每侧加热宽度不得小于板厚的 5 倍，一般在坡口两侧各 75 ~ 100mm 范围内应保持一个均热区域，测温点应取在加热区域的边缘。如果采用火焰加热，测温最好在加热面的反面进行。预热的方法有火焰加热、工频感应加热、红外线加热等方法。

2. 后热

焊接后立即对焊件的全部（或局部）进行加热或保温，使其缓冷的工艺措施称为后热，它不等于焊后热处理。

后热的作用是避免形成淬硬组织及使氢逸出焊缝表面，防止裂纹产生。对于冷裂纹倾向性大的低合金高强度钢等材料，还有一种专门的后热处理，称为消氢处理，即在焊后立即将焊件加热到 250 ~ 350℃ 的温度范围，保温 2 ~ 6h 后空冷。消氢处理的目的，主要是使焊缝金属中的扩散氢加速逸出，大大降低焊缝和热影响区中的含氢量，防止产生冷裂纹。

后热的加热方法、加热区宽度、测温部位等要求与预热相同。

3. 焊后热处理

焊后为改善焊接接头的组织和性能或消除残余应力而进行的热处理，称为焊后热处理。

焊后热处理的主要作用是消除焊接残余应力，软化淬硬部位，改善焊缝和热影响区的组织和性能，提高接头的塑性和韧性，稳定结构的尺寸。

焊后热处理有整体热处理和局部热处理两种，最常用的焊后热处理是在 600 ~ 650℃ 范围内的去应力退火和低于 Ac_1 点温度的高温回火。另外还有为改善铬镍奥氏体不锈钢耐蚀性的均匀化处理等。

任务四 奥氏体不锈钢的焊条电弧焊

【学习目标】

1）了解奥氏体不锈钢的焊接性。

2）了解奥氏体不锈钢的焊接工艺。

3）了解焊条电弧焊的堆焊工艺。

【任务描述】

图2-27为生产中常见的奥氏体不锈钢管道的焊接示意图，材料为06Cr19Ni10奥氏体不锈钢，规格为$\phi 60mm \times 5mm$，根据有关标准和技术要求，采用焊条电弧焊进行焊接，请制订正确的焊接工艺，并填写焊接操作工单（表2-23）。

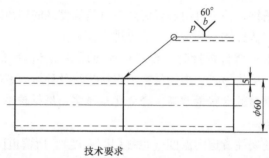

技术要求

1. 单面焊。
2. 间隙2～3mm，钝边0～1mm。

图2-27 奥氏体不锈钢管道焊接接头

【工艺分析】

工艺分析包括材料的焊接性分析、焊条的选用、焊接电流等焊接参数及焊接操作措施（焊前准备、操作技术等）选择等内容。焊接参数选择原则参见本模块的任务二。

一、材料的焊接性分析

奥氏体不锈钢焊接性良好，焊接时一般不需采取特殊的工艺措施。但若焊接材料选用不当或焊接工艺不正确时，会产生晶间腐蚀、热裂纹和应力腐蚀开裂等缺陷。

1. 晶间腐蚀

产生在晶粒之间的一种腐蚀，称为晶间腐蚀。晶间腐蚀导致晶粒间的结合力丧失，强度几乎完全消失，当受到应力作用时，即会沿晶界断裂，所以是不锈钢最危险的一种破坏形式。

（1）晶间腐蚀产生的原因 奥氏体不锈钢产生晶间腐蚀的原因是由于晶粒边界形成贫铬区（铬的质量分数小于10.5%）造成的。当温度在450～850℃时，碳在奥氏体中的扩散速度大于铬在奥氏体中的扩散速度。当奥氏体中碳的质量分数超过它在室温的溶解度（0.02%～0.03%）后，就不断地向奥氏体晶粒边界扩散，并和铬化合形成碳化铬（$Cr_{23}C_6$）。但是铬的原子半径较大，扩散速度较小，来不及向边界扩散，从而造成奥氏体边界贫铬。当晶界附近的铬的质量分数低于10.5%时就失去了抗腐蚀的能力，在腐蚀介质作用下，就会产生晶间腐蚀。图2-28所示为晶间腐蚀金相图及示意图。

表2-23 焊接操作工单

焊接操作工单

中华制造厂						工单号	HGYK-××-××
焊缝及编号						要 求	
焊接位置							
接头简图							
焊工持证项目							
焊评报告编号							
预热温度/℃							
道间温度/℃							
焊后热处理							
层/道	焊接方法	焊接材料		母材材质	规格/mm	焊缝宽度/mm	焊缝余高/mm
		型号	直径/mm				
				焊接电流	电弧电压/V	焊接速度/(m/h)	保护气流量/(L/min)
				极性	电流/A		
						焊机	焊剂或气体	钨极直径/mm

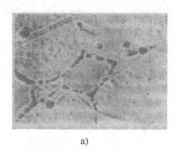

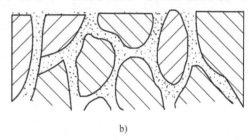

a)　　　　　　　　　　　　　　　　b)

图 2-28　晶间腐蚀金相图及示意图

a）金相图　b）示意图

当加热温度低于450℃或高于850℃时都不会产生晶间腐蚀。因为温度低于450℃时，原子扩散速度慢，不会形成碳化铬；温度高于850℃时，晶粒内部铬的扩散速度快，有足够的铬扩散到晶界与碳化合，晶界不会形成贫铬区。所以把温度区间450～850℃称为晶间腐蚀的危险温度区或敏化温度区。

奥氏体不锈钢不仅在焊缝和热影响区造成晶间腐蚀，有时在焊缝和母材金属的熔合线附近，也会发生如刀刃状的晶间腐蚀，称为刃状腐蚀。刃状腐蚀是晶间腐蚀的一种特殊形式。它只发生在含有铌、钛等稳定剂的奥氏体不锈钢的焊接接头中。

奥氏体不锈钢焊接接头的晶间腐蚀如图 2-29所示。

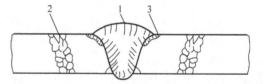

图 2-29　奥氏体不锈钢焊接接头的晶间腐蚀

1—焊缝晶间腐蚀　2—热影响区晶间腐蚀　3—刃状腐蚀

 小提示

虽然奥氏体不锈钢长期加热而导致晶间腐蚀的敏化温度区为450～850℃。但由于奥氏体不锈钢焊接接头处在焊接的快速连续加热过程中，铬碳化物的形成、析出必然会出现较大的过热，所以焊接接头的实际敏化区温度为600～1000℃。

（2）防止晶间腐蚀的措施

1）控制含碳量。碳是造成晶间腐蚀的主要元素，含碳量越高，在晶界处形成的碳化铬越多，晶间腐蚀倾向增大，所以焊接时尽量采用超低碳（碳的质量分数≤0.03%）不锈钢。

2）添加稳定剂。在钢材和焊接材料中加入钛、铌等与碳亲和力比铬强的元素，能够与碳结合成稳定的碳化物，从而避免在奥氏体晶界造成贫铬。

3）固溶处理或均匀化处理。焊后把焊接接头加热到1050～1100℃，使碳化物又重新溶入奥氏体中，然后迅速冷却，形成稳定的单相奥氏体组织。另外，也可以进行850～900℃保温2h的均匀化处理，此时奥氏体晶粒内部的铬扩散到晶界，晶界处铬的质量分数又重新达到了大于10.5%，这样就不会产生晶间腐蚀。

4）采用双相组织。在焊缝中加入铁素体形成元素，如铬、硅、铝、钼等，使焊缝形成奥氏体加铁素体的双相组织。因为铬在铁素体中的扩散速度比在奥氏体中快，因此铬在铁素体内较快地向晶界扩散，减轻了奥氏体晶界的贫铬现象。一般控制焊缝金属中铁素体的体积分数为5%~10%，如铁素体过多，会使焊缝变脆。

5）快速冷却。因为奥氏体不锈钢不会产生淬硬现象，所以在焊接过程中，可以设法增加焊接接头的冷却速度，如焊件下面用铜垫板或直接浇水冷却。在焊接工艺上，可以采用小电流、大焊速、短弧、多道焊等措施，缩短焊接接头在危险温度区停留的时间，则不致形成贫铬区。

此外，还必须注意焊接顺序，与腐蚀介质接触的焊缝应最后焊接，尽量不使它受重复的焊接热循环作用。

2. 焊接热裂纹

奥氏体不锈钢焊接时比较容易产生热裂纹，特别是含镍量较高的奥氏体不锈钢更易产生。

（1）焊接热裂纹产生的原因

1）奥氏体不锈钢的热导率大约只有低碳钢的一半，而线胀系数却比低碳钢大得多，所以焊后在接头中会产生较大的焊接内应力。

2）奥氏体不锈钢中的成分如碳、硫、磷、镍等，会在熔池中形成低熔点共晶。例如，硫与镍形成的 $NiS + Ni$ 的熔点为644℃。

3）奥氏体不锈钢的液、固相线的区间较大，结晶时间较长，且奥氏体结晶方向性强，所以杂质偏析现象比较严重。

（2）防止热裂纹的措施

1）采用双相组织的焊缝。使焊缝形成奥氏体和铁素体的双相组织，当焊缝中有体积分数为5%左右的铁素体时，可打乱柱状晶的方向，细化晶粒。并且铁素体可以比奥氏体溶解更多的杂质，从而减少了低熔点共晶体在奥氏体晶界上的偏析。

2）焊接工艺措施。在焊接工艺上采用碱性焊条、小电流、快速焊，收尾时尽量填满弧坑及采用氩弧焊打底等也可防止热裂纹产生。

3）控制化学成分。严格限制焊缝中的硫、磷等杂质含量，以减少低熔点共晶体。

3. 应力腐蚀开裂

应力腐蚀开裂是在拉应力和特定腐蚀介质共同作用下而发生的一种破坏形式，是奥氏体不锈钢非常敏感且经常发生的腐蚀破坏形式。

（1）应力腐蚀开裂产生的原因　奥氏体不锈钢由于导热性差、线胀系数大，焊接时会产生较大的焊接残余拉应力，于是在腐蚀介质的作用下，焊接接头出现了应力腐蚀裂纹。

应力腐蚀裂纹先发生在焊缝表面上，然后从表面开始向内部扩展，通常表现为穿晶扩展，裂纹尖端常出现分枝，裂纹整体为树枝状。严重时裂纹可穿过熔合线进入热影响区。

（2）防止应力腐蚀开裂的措施

1）合理地设计焊接接头，避免腐蚀介质在焊接接头部位聚集，降低或消除焊接接头应力集中。如尽量采用对接接头，避免十字交叉焊缝，单 V 形坡口改用双 Y 形坡口等。

2）消除或降低焊接接头的残余应力。如可以采用焊后去应力退火、喷丸和锤击焊缝等。

3）正确选用材料。根据介质的特性选用对应力腐蚀开裂敏感性低的母材和焊接材料。

二、焊条的选用

焊条的选用包括焊条的型号（牌号）和直径的选用两方面。

1. 焊条的型号（牌号）

奥氏体不锈钢焊条的选用，要求焊缝金属化学成分与母材相同或相近，并尽量降低焊缝金属中碳的质量分数和硫、磷杂质的质量分数。奥氏体不锈钢焊条的选用见表2-24。

表2-24　奥氏体不锈钢常用焊接方法焊接材料的选用

钢号	焊条电弧焊	
	焊条牌号	焊条型号
022Cr19Ni10	A002	E308L－16
06Cr19Ni10 12Cr18Ni9	A102	E308－16
	A107	E308－15
07Cr19Ni11Ti 06Cr18Ni11Ti 06Cr18Ni11Nb	A132	E347－16
	A137	E347－15
10Cr18Ni12	A102	E308－16
	A107	E308－15
06Cr23Ni13	A302	E309－16
	A307	E309－15
06Cr25Ni20	A402	E310－16
	A407	E310－15

2. 焊条的直径

焊条直径的选择主要考虑工件的厚度、焊缝空间位置及焊接层次等因素，不同厚度的奥氏体不锈钢焊条直径的选用见表2-25。

表2-25　不同厚度的奥氏体不锈钢焊条直径　　　　　（单位：mm）

焊件厚度	焊条直径
<2	2
2~2.5	2.5
2.5~5	3.2
5~8	4
8~12	5

三、焊接电流

奥氏体不锈钢焊芯的电阻大，焊接时产生的电阻热大，所以同样直径的焊条，焊接电流值应比低碳钢焊条小20%左右，奥氏体不锈钢焊接电流选择见表2-26。

表2-26　奥氏体不锈钢焊接电流选择

焊件厚度/mm	焊条直径/mm	焊接电流/A		
		平焊	立焊	仰焊
<2	2	40~70	40~60	40~50
2~2.5	2.5	50~80	50~70	50~70
2.5~5	3.2	70~120	70~95	70~90
5~8	4	130~190	130~145	130~140
8~12	5	160~210	—	—

四、焊接操作措施

1）将坡口及其两侧20～30mm范围内用丙酮擦净，并涂白垩粉（或飞溅防粘剂），以避免奥氏体不锈钢表面被飞溅金属损伤，影响耐蚀性。

2）焊接时采用窄焊道技术，焊条尽量不做横向摆动，焊道宽度不超过焊条直径的3倍。

3）多层多道焊每道厚度应小于3mm，并控制道间温度在60℃以下。

4）焊后可采用水冷、风冷等措施强制冷却，焊后变形只能用冷加工矫正。

【工艺确定】

通过分析，奥氏体不锈钢管道接头焊缝焊条电弧焊工艺如下，焊接操作工单见表2-27。

一、焊接性

06Cr19Ni10为奥氏体不锈钢，其碳的质量分数低于0.08%，铬的质量分数为18%～20%，镍的质量分数为8%～11%的。其焊接性良好，焊接时一般不需采取特殊的工艺措施。

二、焊接工艺

（1）焊条　06Cr19Ni10不锈钢，铬的质量分数为18%～20%，镍的质量分数为8%～11%，根据焊缝金属化学成分与母材相同或相近的原则，06Cr19Ni10奥氏体不锈钢选用E308－16（A102）或E308－15（A107）焊条。焊两层，第一层焊条直径$\phi2.5$mm，盖面层焊条直径$\phi3.2$mm。

（2）电源与极性　E308－15（A107）直流反接。E308－16（A102）可交、直流两用，但交流熔深较浅，且药皮易发红，所以应尽量采用直流反接。

（3）焊接参数　焊接电流，第一层，$\phi2.5$mm、60～80A；盖面层$\phi3.2$mm、80～100A；电弧电压18V～21V；焊接速度6～8m/h。

（4）其他　焊接时采用窄焊道，焊条不做横向摆动，控制道间温度在60℃以下。

【相关知识】

1. 堆焊及其特点

堆焊是用焊接的方法将具有一定性能的材料堆敷在焊件表面上的一种工艺过程，其目的一是在焊件表面获得耐磨、耐热、耐蚀等特殊性能的熔敷金属层，二是恢复磨损或增加焊件的尺寸。堆焊除可显著提高焊件的使用寿命，还可节省制造及维修费用，缩短修理和更换零件的时间，减少停机、停产的损失，从而提高生产率，降低生产成本。堆焊已成为机械工业中的一种重要的制造和维修工艺方法。

表 2-27　奥氏体不锈钢管道接头焊接操作工单

中华制造厂　焊接操作工单

项目	内容		工单号	HGYK-××-××

焊缝及编号	HF003
焊接位置	平焊
焊工持证项目	
焊评报告编号	
预热温度/℃	室温
道间温度/℃	≤60
焊后热处理	—
母材材质	06Cr19Ni10

接头简图：

（φ60　5　60°　p　b）

要求

1. 焊前清理：将焊接坡口及两侧表面 20mm 范围内的杂质清理干净，露出金属光泽。
2. 焊条采用 150℃烘干 1h。
3. 采用窄焊道，焊条不做横向摆动。
4. 焊缝表面质量要求：
   1) 焊缝外形尺寸应符合设计图样和工艺文件的要求，焊缝与母材应圆滑过渡。
   2) 焊缝及其热影响区表面无裂纹、未熔合、夹渣、弧坑、气孔。

规格/mm	焊缝宽度/mm	焊缝余高/mm
φ60×5	8~10	0~3

层/道	焊接方法	焊接材料 型号	焊接材料 直径/mm	焊接电流 极性	焊接电流 电流/A	电弧电压/V	焊接速度/(m/h)	焊机	焊剂或气体	保护气流量/(L/min)	钨极直径/mm
1	焊条电弧焊	E308-16	φ2.5	直流反接	60~80	18~20	6~8	ZX7-400			
2	焊条电弧焊	E308-16	φ3.2	直流反接	80~100	20~21	6~8	ZX7-400			

焊条电弧焊堆焊的特点是方便灵活、成本低、设备简单，但生产率较低，劳动条件差，只适于小批量的中小型零件的堆焊。

2. 堆焊工艺特点

　　堆焊最易出现的问题就是焊接裂纹，同时还易产生焊接变形，所以堆焊有以下工艺特点。

　　1）堆焊前，必须除尽堆焊表面的杂物、油脂等。

　　2）焊前须对工件预热和焊后缓冷。预热温度一般为 100～300℃。须注意铬镍奥氏体不锈钢堆焊时，不可进行预热。

　　3）堆焊时必须根据不同的要求选用不同的焊条。修补堆焊所用的焊条成分一般和焊件金属相同。但堆焊特殊金属表面时，应选用专用焊条，以适应焊件的工作需要。

　　4）为了使各焊道间紧密连接，堆焊第二条焊道时，必须熔化第一条焊道宽度的 1/3～1/2，如图 2-30 所示。

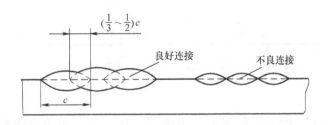

图 2-30　堆焊时焊缝的连接

　　5）多层堆焊时，第二层焊道的堆焊方向应与第一层互相成 90°。同时为了使热量分散，还应注意堆焊顺序。各堆焊层的排列方向如图 2-31 所示，堆焊顺序如图 2-32 所示。

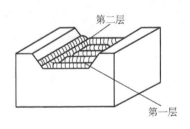

图 2-31　各堆焊层的排列方向

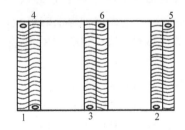

图 2-32　堆焊顺序

　　6）轴堆焊时，可采用纵向对称堆焊和横向螺旋形堆焊两种方法，如图 2-33 所示。

　　7）堆焊时，为了增加堆焊层的厚度，减少清渣工作，提高生产效率，通常将焊件的堆焊面放成垂直位置，用横焊方法进行堆焊，或将焊件放成倾斜位置用上坡焊堆焊，并留 3～5mm 的加工余量，以满足堆焊后焊件表面机械加工的要求。垂直位置堆焊如图 2-34 所示。

　　8）堆焊时，尽量选用低电压、小电流焊接，以降低熔深、减小母材稀释率和电弧对合金元素的烧损。堆焊焊条的直径、堆焊层数和堆焊电流一般都由所需堆焊层厚度确定，见表 2-28。

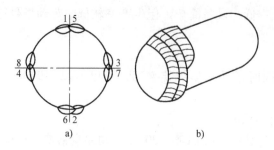

图 2-33　轴的堆焊顺序

a）纵向对称堆焊　b）横向螺旋形堆焊

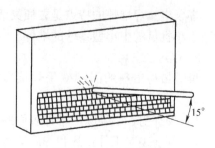

图 2-34　垂直位置堆焊

表 2-28　堆焊焊接参数与堆焊层厚度的关系

堆焊层厚度/mm	<1.5	<5	≥5
焊条直径/mm	3.2	4~5	5~6
堆焊层数	1	1~2	>2
堆焊电流/A	80~100	140~200	180~240

【1＋X 考证训练】

一、填空题

1. 用_____操纵焊条进行焊接的电弧焊方法，称为焊条电弧焊，其焊接回路由_____、_____、_____、_____、_____和_____组成。

2. 焊条电弧焊的焊接参数有_____、_____、_____、_____、_____、_____等。

3. 焊条电弧焊堆焊轴时，常采用_____和_____两种堆焊顺序。

4. 焊条型号 E4303 中的 E 表示_____，43 表示_____；0 表示_____，03 连在一起表示_____；这种焊条的牌号为_____。

5. 焊机型号 BX3－300 中的 B 表示_____，X 表示_____，3 表示_____，300 表示_____。

6. BX3－300 焊机通过_____进行电流粗调节，通过_____进行电流细调节。

7. 焊接电流的选择应考虑_____、_____、_____、_____和_____等因素，其中主要的是_____、_____、_____和_____。

8. 焊接立焊缝和仰焊缝时，电弧的长度应比焊接平焊缝时要_____些，碱性焊条焊接时，电弧长度比酸性焊条焊接时要_____些。

9. 立焊所用焊条的直径最大不宜超过_____ mm，横焊、仰焊时焊条直径不宜超过_____ mm。

10. 短弧是指电弧长度为焊条直径的_____倍的电弧。

11. 低合金高强度结构钢焊接时的主要问题是_____和_____。

12. 金属的焊接性包括_____和_____两方面的内容。

13. 碳当量为_____时，焊接性优良；碳当量为_____时，焊接性一般；碳当量为_____时，焊接性较差。

14. 影响金属材料焊接性的因素有_____、_____、_____、_____。

15. 焊接性试验是评定母材_____的试验，目前应用最广的是_____试验，适用于碳素钢和低合金钢焊接接头的_____抗裂性能试验。

16. 道间温度也称_____温度，是指在施焊_____之前，其相邻焊道应保持的温度。道间温度不应_____预热温度。

17. 斜 Y 形坡口焊接裂纹试验方法的试件两侧开_____坡口，焊接_____焊缝，中间开_____坡口，焊接_____。

18. Q235 钢焊条电弧焊时，可选用_____型号_____牌号的焊条焊接。

19. Q355 钢属于_____级的低合金高强度结构钢，焊条电弧焊时，采用_____焊条；Q390 属于_____级的低合金高强度结构钢，焊条电弧焊时可采用_____的焊条。

20. 奥氏体不锈钢最危险的一种破坏形式是_____，它既可产生在焊缝或热影响区，又可产生在熔合线上，如产生在熔合线上又称_____。

21. 不锈钢具有抗腐蚀能力的必要条件是 Cr 的质量分数_____，否则就会失去抗腐蚀能力，如 06Cr19Ni10 中 Cr 的质量分数为_____，故具有良好的抗腐蚀能力。

22. 奥氏体不锈钢采用焊条电弧焊多层焊时，每焊完一层都要彻底清除焊渣，并要等前层焊缝冷却到_____℃后再焊下一层焊缝。

23. 低合金高强度结构钢一般按等强度原则，选择与母材_____相当的焊接材料。

24. 焊后热处理的作用是_____、_____、_____、_____、_____。

25. 预热的作用是_____、_____、_____、_____。

二、判断题（正确的画"√"，错误的画"×"）

1. 为了保证根部焊透，对多层焊的第一层焊道应采用大直径的焊条来进行。　　（　　）

2. 多层焊时，每层焊缝的厚度不宜过大，否则对焊缝金属的塑性不利。　　（　　）

3. 焊接电流过大，熔渣和液态金属则不易分清。　　（　　）

4. 对于塑性、韧性、抗裂性能要求较高的焊缝，宜选用碱性焊条来焊接。　　（　　）

5. 在相同板厚的情况下，焊接平焊缝用的焊条直径要比焊接立焊缝、仰焊缝、横焊缝用的焊条直径大。　　（　　）

6. 逆变电源可以做成直流电源，也可以做成交流电源。　　（　　）

7. 焊机的负载持续率越高，可以使用的焊接电流就越大。　　（　　）

8. AX1 – 500 中的 500 是表示该机的最大输出电流，即使用该机的焊接电流不超过500A。　　（　　）

9. 在无电源的地方，可利用柴油机拖动的弧焊发电机进行焊接作业。　　（　　）

10. Q235 钢与 20 钢焊接时，应选用 E5015 焊条来焊接。　　（　　）

11. 利用碳当量可以直接判断材料焊接性的好坏。　　（　　）

12. 碳当量数值越大，表示该种材料的焊接性越好。　　（　　）

13. 奥氏体不锈钢中加入 Ti 和 Nb 等的目的是防止晶间腐蚀。　　（　　）

14. 奥氏体不锈钢焊条焊接时药皮易发红，是因为奥氏体不锈钢焊芯具有较大的电阻。　　（　　）

15. 奥氏体加铁素体双相组织抗晶间腐蚀的能力要比单相奥氏体强。　　（　　）

16. 焊缝中含碳量越多，产生晶间腐蚀倾向越小。 （　　）

17. 06Cr18Ni11Ti 不锈钢中的钛可以起到防止晶间腐蚀的作用。 （　　）

18. 奥氏体不锈钢的焊接接头经过固溶处理后即使再在危险温度区内工作，也不会产生晶间腐蚀。 （　　）

19. 双相组织的焊缝不仅有较高的抗晶间腐蚀能力，同时还具有较高的抗热裂能力。
（　　）

20. 预热是防止奥氏体不锈钢焊缝中产生热裂纹的主要措施。 （　　）

21. 与腐蚀介质接触的奥氏体不锈钢焊缝应最先焊接。 （　　）

22. 奥氏体不锈钢焊件多层焊时，层间温度越高越好。 （　　）

23. 同直径的奥氏体不锈钢焊条的焊接电流要比低碳钢焊条的焊接电流低20%左右。
（　　）

24. 小电流、快速焊是焊接奥氏体不锈钢的主要焊接工艺。 （　　）

25. 焊前预热既可以防止产生热裂纹，又可以防止产生冷裂纹。 （　　）

三、问答题

1. 焊条电弧焊的优、缺点各有哪些？

2. 焊条电弧焊时电弧过长会出现哪些不良现象？

3. 焊条的储存、保管、使用应注意哪些问题？

4. 弧焊逆变器有哪些特点？

5. 焊条电弧焊为什么要选用陡降外特性电源？

6. 简述低合金高强度结构钢的焊接性。

7. 奥氏体不锈钢产生晶间腐蚀的原因是什么？其防止措施是什么？

8. 奥氏体不锈钢产生热裂纹的原因是什么？防止热裂纹的措施有哪些？

埋弧焊及工艺

埋弧焊是相对于明弧焊而言的，是指电弧在焊剂层下燃烧进行焊接的方法。焊接时，焊机的启动、引弧、焊丝的送进及热源的移动全由机械控制，是一种以电弧为热源的高效的机械化焊接方法。

任务一 认识埋弧焊

【学习目标】

1）了解埋弧焊的原理和特点。

2）了解埋弧焊的设备和工具。

【任务描述】

在锅炉、压力容器、石油化工、船舶、桥梁、冶金及机械制造中，常常会遇到中厚板的直长焊缝和环焊缝的焊接，这时常用的焊接方法是埋弧焊，如图3-1、图3-2所示。本任务就是认识埋弧焊，即了解埋弧焊的原理、特点、设备及工具等。

图3-1 直长焊缝的埋弧焊

图3-2 环焊缝的埋弧焊

【相关知识】

一、埋弧焊原理

埋弧焊是利用焊丝和焊件之间燃烧的电弧所产生的热量来熔化焊丝、焊剂和焊件而形成焊缝的，如图3-3所示。焊接时电源输出端分别接在导电嘴和焊件上，先将焊丝由送丝机构送进，经导电嘴与焊件轻微接触，焊剂由漏斗口经软管流出后，均匀地堆敷在待焊处。引弧

埋弧焊2

后电弧将焊丝和焊件熔化形成熔池，同时将电弧区周围的焊剂熔化并部分蒸发，形成一个封闭的电弧燃烧空间。密度较小的熔渣浮在熔池表面上，将液态金属与空气隔绝开来，有利于焊接冶金反应的进行。随着电弧向前移动，熔池液态金属随之冷却凝固而形成焊缝，浮在表面上的液态熔渣也随之冷却而形成渣壳。图 3-4 所示为埋弧焊焊缝断面示意图。

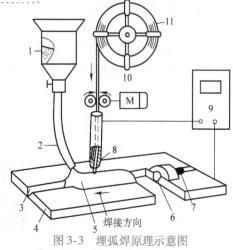

图 3-3 埋弧焊原理示意图

1—焊剂漏斗 2—软管 3—坡口 4—焊件
5—焊剂 6—焊缝金属 7—渣壳 8—导电嘴
9—电源 10—送丝机构 11—焊丝

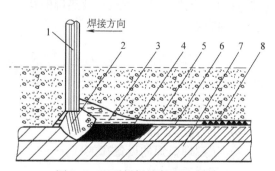

图 3-4 埋弧焊焊缝断面示意图

1—焊丝 2—电弧 3—熔池 4—熔渣 5—焊剂
6—焊缝 7—焊件 8—渣壳

二、埋弧焊机

1. 埋弧焊机的类型

1）埋弧焊机按用途可分为专用焊机和通用焊机两种，通用焊机如小车式埋弧焊机，专用焊机如埋弧角焊机、埋弧堆焊机等。

2）埋弧焊机按送丝方式可分为等速送丝式埋弧焊机和变速送丝式埋弧焊机两种，前者适用于细焊丝、高电流密度条件的焊接，后者适用于粗焊丝、低电流密度条件的焊接。

3）埋弧焊机按焊丝的数目和形状可分为单丝埋弧焊机、多丝埋弧焊机及带状电极埋弧焊机。目前应用最广的是单丝埋弧焊机。多丝埋弧焊机常用的是双丝埋弧焊机和三丝埋弧焊机。带状电极埋弧焊机主要用作大面积堆焊。

4）埋弧焊机按焊机的结构形式可分为小车式、悬挂式、车床式、门架式、悬臂式等，如图 3-5 所示。目前小车式、悬臂式埋弧焊机使用较多。

2. 埋弧焊机的组成

埋弧焊机由焊接电源、机械系统（包括送丝机构、行走机构、导电嘴、焊丝盘、焊剂漏斗等）、控制系统（控制箱、控制盘）等部分组成。典型的小车式埋弧焊机的组成如图 3-6 所示。目前使用最广泛的是变速送丝式埋弧焊机和等速送丝式埋弧焊机两种，其典型型号分别是 MZ–1000 和 MZ1–1000。

（1）焊接电源 埋弧焊电源有交流电源和直流电源。通常直流电源适用于小电流、快速引弧、短焊缝、高速焊接及焊剂稳弧性较差和对参数稳定性要求较高的场合。交流电源多

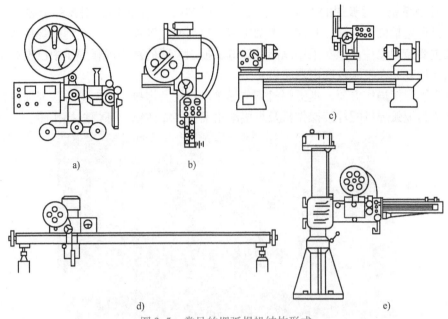

图 3-5 常见的埋弧焊机结构形式

a) 小车式 b) 悬挂式 c) 车床式

d) 门架式 e) 悬臂式

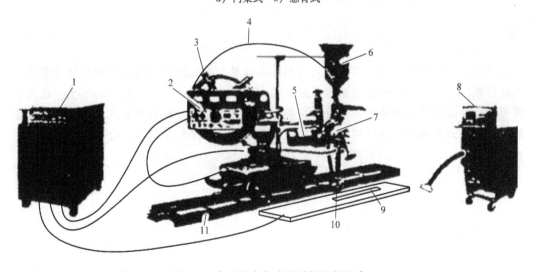

图 3-6 典型的小车式埋弧焊机的组成

1—焊接电源 2—控制装置 3—焊丝盘 4—焊丝 5—焊丝送给电动机 6—焊剂漏斗

7—焊丝送给滚轮 8—焊剂回收装置 9—焊剂 10—电弧 11—轨道

用于大电流及直流磁偏吹严重的场合。一般埋弧焊电源的额定电流为 $500 \sim 2000A$，具有缓降或陡降外特性，负载持续率为 100%。

（2）机械系统 送丝机构包括送丝电动机及转动系统、送丝滚轮和矫直滚轮等。它的作用是可靠地送丝并具有较宽的调节范围；行走机构包括行走电动机及转动系统、行走轮及离合器等。行走轮一般采用绝缘橡胶轮，以防止焊接电流经车轮而形成短路；焊丝的导电是靠导电嘴实现的，对其要求是电导率高、耐磨、与焊丝接触可靠。

（3）控制系统 埋弧焊的控制系统包括送丝控制、行走控制、引弧和熄弧控制等，大型专用焊机还包括横臂升降、收缩、主轴旋转及焊剂回收等控制。一般埋弧焊机常设一控制箱来安装主要控制元件，但在采用晶闸管等电子控制电路的新型埋弧焊机中已没有单独控制箱，控制元件安装在控制盘和电源箱内。

有时为了焊接操作方便，埋弧焊机需与焊接操作机及焊接滚轮架等一些辅助设备配合使用，图3-7为埋弧焊机配焊接操作机及焊接滚轮架焊接筒体纵、环焊缝操作图。

图3-7 埋弧焊机配焊接操作机及焊接滚轮架焊接筒体纵、环焊缝

 小提示

焊接操作机是将焊机机头准确地送到待焊位置，或以给定的速度沿规定轨迹移动焊机进行焊接。焊接滚轮架是靠滚轮与焊件间的摩擦力带动焊件旋转的一种装置，适用于筒形焊件和球形焊件的纵缝与环缝的焊接。埋弧焊机与操作机和焊接滚轮架等辅助设备配合，可以方便地完成内外环缝、内外纵缝的焊接，与焊接变位器配合，可以焊接球形容器焊缝等。

三、焊丝和焊剂

焊丝和焊剂是埋弧焊的焊接材料。

1. 焊丝

焊接时作为填充金属同时用来导电的金属丝称为焊丝，如图3-8所示。埋弧焊的焊丝按结构不同可分为实心焊丝和药芯焊丝两类，生产中普遍使用的是实心焊丝，药芯焊丝只在某些特殊场合使用；埋弧焊的焊丝按被焊材料不同可分为碳素结构钢焊丝（H08A）、合金结构钢焊丝（H10Mn2）、不锈钢焊丝（H03Cr21Ni10）等。常用的焊丝直径有 $\phi2mm$、$\phi3mm$、$\phi4mm$、$\phi5mm$ 和 $\phi6mm$ 等规格。

2. 焊剂

埋弧焊时，能够熔化形成熔渣和气体，对熔化金属起保护并进行复杂的冶金反应的颗粒状物质称为焊剂，如图3-9所示。

（1）焊剂的作用

图 3-8　焊丝

图 3-9　焊剂

1）焊接时熔化产生气体和熔渣，有效地保护了电弧和熔池。

2）对焊缝金属渗合金，改善焊缝的化学成分和提高其力学性能。

3）改善焊接工艺性能，使电弧能稳定燃烧，脱渣容易，焊缝成形美观。

（2）焊剂的分类　埋弧焊焊剂按制造方法不同主要有熔炼焊剂和烧结焊剂。

熔炼焊剂是由各种矿物原料混合后，在电炉中经过熔炼，再倒入水中粒化而成的焊剂；烧结焊剂是通过向一定比例的各种配料中加入适量的黏结剂，混合搅拌后在高温（400～1000℃）下烧结而成的一种焊剂。目前国内熔炼焊剂占焊剂用量的绝大多数，其中 HJ431 又占熔炼焊剂的 80%。烧结焊剂主要用于高合金钢和堆焊焊接，在国外得到广泛应用，如 SJ501 等。

小提示

熔炼焊剂颗粒强度高，化学成分均匀，是目前应用最多的一类焊剂，其缺点是熔炼过程烧损严重，不能依靠焊剂向焊缝金属大量渗入合金元素。烧结焊剂化学成分不均匀，脱渣性好，由于其没有熔炼过程，可通过焊剂向焊缝金属中大量渗入合金元素，增大焊缝金属的合金化，主要应用于高合金钢的焊接和堆焊。

（3）焊丝、焊剂的使用和保管　为保证焊接质量，焊丝和焊剂应存放在干燥库房内，防止受潮。焊丝使用前应去除油、锈等污物；焊剂使用前应对其进行烘干，熔炼焊剂要求在 200～250℃下烘焙 1～2h；烧结焊剂应在 300～400℃烘焙 1～2h。使用回收的焊剂，应清除其中的渣壳、碎粉及其他杂物，并与新焊剂混匀后方可使用。

四、埋弧焊的特点

1. 埋弧焊的优点

（1）焊接生产率高　埋弧焊可采用较大的焊接电流及电流密度，同时因电弧加热集中，使熔深增加，单丝埋弧焊可一次焊透 20mm 以下不开坡口的钢板。而且埋弧焊的焊接速度也较焊条电弧焊快，单丝埋弧焊焊接速度可达 30～50m/h，若采用双丝或多丝，焊接速度可提高一倍以上，而焊条电弧焊焊接速度则不超过 8m/h，从而提高了焊接生产率。

（2）焊接质量好　因熔池有熔渣和焊剂的保护，使空气中的氮、氧难以侵入，提高了焊缝金属的强度和韧性。同时由于焊接速度快，热输入相对减少，故热影响区的宽度比焊条电弧焊小，有利于减少焊接变形及防止近缝区金属过热。另外，焊缝表面光洁、平整、成形美观。

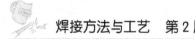

（3）改善焊工的劳动条件 由于实现了焊接过程机械化，操作较简便，而且电弧在焊剂层下燃烧没有弧光的有害影响可省去面罩，同时，放出的烟尘也少，因此焊工的劳动条件得到了改善。

（4）节约焊接材料及电能 由于熔深较大，埋弧焊时可不开或少开坡口，减少了焊缝中焊丝的填充量，也节省了因加工坡口而消耗掉的母材。由于焊接时飞溅极少，又没有焊条头的损失，所以节约焊接材料。另外，埋弧焊的热量集中，而且利用率高，故在单位长度焊缝上，所消耗的电能也大为降低。

（5）焊接范围广 埋弧焊不仅能焊接碳钢、低合金钢、不锈钢，还可以焊接耐热钢及铜合金、镍基合金等非铁金属。此外，还可以进行磨损、耐腐蚀材料的堆焊。但不适用于铝、钛等氧化性强的金属和合金的焊接。

2. 埋弧焊的缺点

1）埋弧焊采用颗粒状焊剂进行保护，一般只适用于平焊或倾斜度不大的位置及角焊位置焊接，其他位置的焊接则需采用特殊装置来保证焊剂对焊缝区的覆盖和防止熔池金属的漏淌。

2）焊接时不能直接观察电弧与坡口的相对位置，容易产生焊偏及未焊透，不能及时调整焊接参数，故需要采用焊缝自动跟踪装置来保证焊炬对准焊缝不焊偏。

3）埋弧焊使用电流较大，电弧的电场强度较高，电流小于100A时，电弧稳定性较差，因此不适宜焊接厚度小于1mm的薄件。

4）焊接设备比较复杂，维修保养工作量比较大。且仅适用于直的长焊缝和环形焊缝焊接，对于一些形状不规则的焊缝则无法焊接。

【任务实施】

通过参观焊接车间，达到对埋弧焊的原理、设备及工具以及焊丝与焊剂等的认识和了解，并填写参观记录表，见表3-1。

表3-1 参观记录表

姓　名		参观时间			
参观企业、车间	焊机	焊丝与焊剂	其他设备及工具	安全措施
观后感					

【知识拓展】

一、埋弧焊的自动调节原理

1. 埋弧焊自动调节的必要性

合理地选择焊接参数，并保证预定的焊接参数在焊接过程中稳定，是获得优质焊缝的重要条件。

焊条电弧焊时是通过人工调节作用来保证选定的焊接参数稳定的，即依靠焊工的肉眼观察焊接过程，并经大脑的分析比较，然后用手调整焊条的运条动作来完成。离开这种人工调节作用，焊条电弧焊的质量是无法保证的。因此，以机械代替手工送进焊丝和移动电弧的埋弧焊必须具有相应的自动调节作用来取代人工调节作用，否则，当遇到弧长干扰等因素时，就不能保证电弧过程的稳定。

2. 埋弧焊自动调节的目标

埋弧焊的焊接参数主要有焊接电流和电弧电压等。焊接电流和电弧电压是由电源的外特性曲线和电弧静特性曲线的交点所确定的。因此，凡是影响电源外特性曲线和电弧静特性曲线的外界因素，都会影响焊接电流和电弧电压的稳定。

电弧长度是影响电弧静特性曲线的主要因素，如焊件表面不平整和装配质量不良及有定位焊缝等都会使电弧长度发生变化。网路电压则是影响电源外特性曲线的主要因素，如附近其他电焊机等大容量设备突然启动或停止都会造成网压波动。电弧长度变化、网压波动对焊接电流和电弧电压的影响，如图3-10所示。由于弧长变化对焊接电流和电弧电压的影响最为严重，因此埋弧焊的自动调节以消除电弧长度变化的干扰作为主要目标。

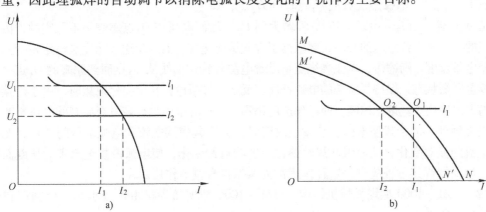

图3-10 电弧长度变化、网压波动对焊接电流和电弧电压的影响
a) 电弧长度变化的影响 b) 网压波动的影响

3. 埋弧焊自动调节的方式

焊接过程中，当弧长变化时希望能迅速得到恢复。埋弧焊电弧长度是由焊丝送给速度和焊丝熔化速度决定的，只有使送丝的速度等于焊丝熔化的速度，电弧长度才有可能保持稳定不变。因此，当电弧长度发生变化时，为了恢复弧长，可通过两种方法来实现，一是调节焊丝送丝速度（即单位时间内送入焊接区的焊丝长度）；二是调节焊丝熔化速度（即单位时间内熔化送入焊接区的焊丝长度）。

根据上述两种不同的调节方式，埋弧焊有两种形式：一是焊丝送丝速度在焊接过程中恒定不变，通过改变焊丝熔化速度来消除弧长干扰的等速送丝式，焊机型号有 MZ1 – 1000 型；二是焊丝送丝速度随电弧电压变化，通过改变送丝速度来消除弧长干扰的变速送丝式，焊机型号有 MZ – 1000 型。

二、典型埋弧焊机

1. MZ1 – 1000 型埋弧焊机

MZ1 – 1000 型埋弧焊机是典型的等速送丝式埋弧焊机，是根据焊接过程中电弧的自身调节作用，通过改变焊丝的熔化速度，使变化的弧长很快恢复正常，从而保证焊接过程稳定的原理设计制造的。

MZ1-1000 型埋弧焊机控制系统比较简单，外形尺寸不大，焊接小车结构也较简单，使用方便，可使用交流和直流焊接电源，主要用于焊接水平位置及倾斜角度小于 15°的对接和角接焊缝，也可以焊接直径较大的环形焊缝。

（1）电弧自身调节原理 如图 3-11 所示，曲线 C 为等熔化速度曲线（也称电弧自身调节系统静特性曲线），在曲线 C 上，焊丝的熔化速度是不变的，且恒等于送丝速度。O_1 是电源外特性曲线、电弧静特性曲线和等熔化速度曲线的三线相交点，是电弧的稳定燃烧点。电弧在这一点燃烧，焊丝的熔化速度等于其送丝速度，焊接过程稳定。

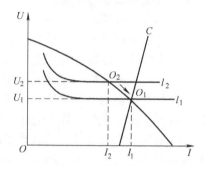

图 3-11 弧长变化时电弧的自身调节过程

当由于某种外界的干扰，使电弧长度突然从 l_1 拉长到 l_2，此时，电弧燃烧点从 O_1 点移到 O_2 点，焊接电流从 I_1 减小到 I_2，电弧电压从 U_1 增大到 U_2。然而电弧在 O_2 点燃烧是不稳定的，因为焊接电流的减小和电弧电压的升高，都减慢了焊丝熔化速度，而焊丝送丝速度是恒定不变的，其结果使电弧长度逐渐缩短，电弧燃烧点将沿着电源外特性曲线从 O_2 点回到原来的 O_1 点，这样又恢复至平衡状态，保持了原来的电弧长度。反之，如果电弧长度突然缩短时，由于焊接电流随之增大，加快焊丝熔化速度，而送丝速度仍不变，这样电弧也会恢复至原来的电弧长度。

在受到外界的干扰使电弧长度发生改变时，会引起焊接电流和电弧电压的变化，尤其是焊接电流的显著变化，从而引起焊丝熔化速度的自行变化，使电弧恢复至原来的长度而稳定燃烧，以保持焊接过程稳定，这种作用称为电弧自身调节作用。

（2）MZ1-1000 型埋弧焊机结构 MZ1-1000 型埋弧焊机由焊接小车、控制箱和焊接电源三部分组成。

1）焊接小车。焊接小车如图 3-12 所示。交流电动机为送丝机构和行走机构共同使用，电动机两头出轴，一头经送丝机构减速器送给焊丝，另一头经行走机构减速器带动焊车。

焊接小车的前轮和主动后轮与车体绝缘，主动后轮的轴与行走机构减速器之间装有摩擦离合器，脱开时，可以用手推动焊车。焊接小车的回转托架上装有焊剂斗、控制板、焊丝盘、焊丝校直机构和导电嘴等。焊丝从焊丝盘经校直机构、送给轮和导电嘴送入焊接区，所用的焊丝直径为 1.6~5mm。

焊接小车的传动系统中有两对可调齿轮，通过改换齿轮的方法，可调节焊丝的送给速度和焊接速度。焊丝送给速度的调节范围为 0.87~6.7m/min，焊接速度调节范围为 16~126m/h。

2）控制箱。控制箱内装有电源接触器、中间继电器、降压变压器、电流互感器等电气元件，在外壳上装有控制电源的转换开关、接线及多芯插座等。

3）焊接电源。常见的埋弧焊交流电源采用 BX2-1000 型同体式弧焊变压器，有时也采用具有缓降外特性的弧焊整流器。

2. MZ-1000 型埋弧焊机

MZ-1000 型埋弧焊机是典型的变速送丝式埋弧焊机，是根据电弧电压自动调节原理来设计制造的。焊机的自动调节灵敏度高，焊丝送给速度和焊接速度调节方便，可使用交流和直流电源，主要用于平焊位置的对接焊，也可用于船形位置的角焊缝等。

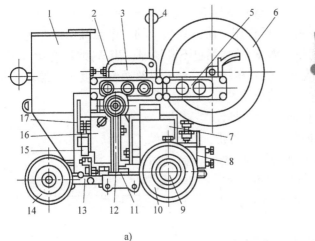

a)   b)

图 3-12 MZ1 – 1000 型埋弧焊小车

a) 埋弧焊小车示意图 b) 埋弧焊小车实物

1—焊剂斗 2—调节手轮 3—控制按钮板 4—导丝轮 5—电流表和电压表

6—焊丝盘 7—电动机 8—减速机构 9—离合器手轮 10—后轮 11—扇形蜗轮

12—前底架 13—连杆 14—前轮 15—导电嘴 16—减速箱 17—偏心压紧轮

（1）MZ – 1000 型焊机的工作过程　MZ – 1000 型埋弧焊机的工作过程如图 3-13 所示。送丝电动机 M 是他励式直流电动机，它通过减速机构带动送丝滚轮，进行焊丝送给。直流发电机 G 为直流电动机 M 供电。因此，它控制着电动机的转速和转向，即控制着焊丝送给速度的快慢和方向。

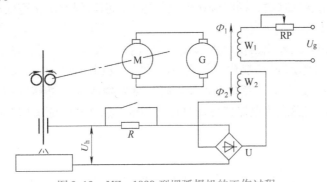

图 3-13 MZ – 1000 型埋弧焊机的工作过程

G—他励式直流发电机　M—他励式直流电动机　RP—电位器　U—桥式整流器

U_h—电弧电压　U_g—给定电压　W_1、W_2—励磁线圈　Φ_1、Φ_2—励磁线圈 W_1、W_2 的磁通

直流发电机有磁通方向相反的两个励磁线圈 W_1 与 W_2，励磁线圈 W_1 由网路经降压、整流后再经给定电压调节电位器 RP 供电，因而 Φ_1 磁通的大小取决于给定电压；励磁线圈 W_2 是引入焊接回路中电弧电压的反馈，则 Φ_2 磁通的大小由反馈的电弧电压的高低决定。

当直流发电机中只有线圈 W_1 工作时，M 的转动方向使焊丝上抽，当线圈 W_2 工作时，则促使焊丝下送。当两个线圈同时工作时，电动机 M 的转速、转向就由它们产生的合成磁通决定。当 $\Phi_2 > \Phi_1$ 时，直流电动机正转焊丝下送，Φ_2 越大下送越快；当 $\Phi_2 < \Phi_1$ 时，电动机反转焊丝上抽。

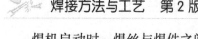

焊机启动时，焊丝与焊件之间在接触短路的条件下，电弧电压为零，因而励磁线圈 W_2 不起作用，直流发电机只受到励磁线圈 W_1 的作用，所以焊丝上抽，电弧被引燃。随着电弧的逐渐拉长，电弧电压不断增高，励磁线圈 W_2 的作用也不断增强，当 W_2 的磁通 $\varPhi_2$ 大于 W_1 的磁通 $\varPhi_1$ 时，电动机的转向也相应改变，焊丝就下送，直至焊丝送给速度等于焊丝熔化速度时，电弧燃烧趋于稳定状态，进入正常的焊接过程。

（2）电弧电压自动调节原理　如图3-14所示，曲线 A 为电弧电压自动调节静特性曲线，在该曲线上任意一点焊丝的熔化速度等于焊丝的送丝速度。由于变速送丝式焊机的送给速度不是恒定不变的，所以在曲线上的各个不同点都有不同的焊丝送给速度，但都分别对应着一定的焊丝熔化速度。

O_1 点是电源外特性曲线、电弧静特性曲线和电弧电压自动调节静特性曲线的三线相交点，是电弧稳定燃烧点，电弧在 O_1 点燃烧时焊丝熔化速度等于送丝速度，焊接过程稳定。

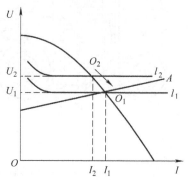

图3-14　弧长变化时电弧电压自动调节过程

当受到某种外界干扰时，使电弧长度突然从 l_1 拉长至 l_2，这时，电弧燃烧点从 O_1 点移到 O_2 点，电弧电压从 U_1 增大到 U_2，一方面因电弧电压的反馈作用，使焊丝送给速度加快；另一方面由于焊接电流由 I_1 减小到 I_2，引起焊丝熔化速度减慢。由于焊丝送给速度的加快，同时焊丝熔化速度又减慢，因此，电弧长度迅速缩短，电弧从不稳定燃烧的 O_2 点，迅速恢复至平衡状态，恢复到原来的电弧长度。反之，如果电弧长度突然缩短时，由于电弧电压随之减小。使焊丝送给速度减慢，同时焊接电流的增大，引起焊丝熔化速度加快，结果也使电弧恢复到原来的电弧长度。

焊接过程中，如因某种原因使电弧长度变化（拉长或缩短）时，就会引起电弧电压变化（增大或减少），即反馈电压变化（增大或减少），反馈电压变化又会引起焊丝送丝速度变化（增大或减少），送丝速度变化又迫使电弧长度发生改变（缩短或拉长），从而使电弧恢复到原来长度而稳定燃烧，以保持焊接过程的稳定，这就是电弧电压自动调节原理。

 小提示

虽然变速送丝式埋弧焊机依靠电弧电压自动调节作用进行自动调节，但同时还存在电弧自身调节作用，所以变速送丝式埋弧焊机比等速送丝式埋弧焊机的自动调节作用强得多。

（3）MZ-1000型埋弧焊机结构　MZ-1000型埋弧焊机由焊接小车、控制箱和焊接电源三部分组成。

1）焊接小车。焊接小车如图3-15所示，小车的横臂上悬挂着机头、焊剂斗、焊丝盘和控制盘。机头的功能是送给焊丝，它由一只直流电动机、减速机构和送给轮组成，焊丝从滚轮中送出，经过导电嘴进入焊接区，焊丝直径为3～6mm，焊丝送给速度可在0.5～2m/min范围内调节。控制盘和焊丝盘安装在横臂的另一端，控制盘上装有电流表、电压表，还装有用来调节小车行走速度和焊丝送给速度的电位器，控制焊丝上下的按钮、电流增大和减小按钮等。

焊接小车由台车上的直流电动机通过减速器及离合器来带动，焊接速度可在15～70m/h

范围内调节。为适应不同形式的焊缝,焊接小车可在一定的方位上转动。

2)控制箱。控制箱内装有电动机—发电机组,还装有接触器、中间继电器、降压变压器、电流互感器等电气元件。

3)焊接电源。可配用交流或直流陡降外特性焊接电源。配用交流电源时,一般用BX2-1000型弧焊变压器;配用直流电源时,可用ZX-1000型或ZD-1000型弧焊整流器。

图3-15 MZ-1000型埋弧焊小车

师傅点拨

变速送丝式埋弧焊机有两种类型。一种是MZ-1000型埋弧焊机,它的工作过程是由发电机—电动机系统完成的;另一种是MZ-1-1000型埋弧焊机,是前者的改进型,其工作过程是由晶闸管—电动机系统完成的。前者有发电机,一般有控制箱,是目前应用最广的埋弧焊机;后者将控制线路安装在电源箱或控制盘内,结构紧凑,体积小,成本低,同时增加了划擦引弧和定电压熄弧功能,故较受欢迎。

任务二 低碳钢的埋弧焊

【学习目标】

1)理解低碳钢的埋弧焊工艺。

2)了解焊丝焊剂的型号与牌号的编制方法。

3)了解埋弧焊操作技术。

【任务描述】

图3-16为一长板条拼接零件图,材料为20钢,规格为1000mm×125mm×12mm(引弧板、引出板为焊接时所加)。根据有关标准和技术要求,采用埋弧焊进行焊接,请制订正确的焊接工艺,并填写焊接操作工单(见表3-2)。

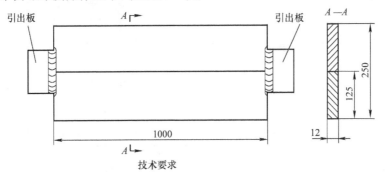

技术要求

1. 双面埋弧焊。

2. 焊缝宽度(22±1)mm,宽度差≤2mm;余高(1.5±1.5)mm,高度差≤2mm。

图3-16 长板条拼接零件图

表 3-2 焊接操作工单

焊接操作工单

中华制造厂				焊接操作工单		工单号	HCYK-××-××
焊缝及编号		接头简图				要 求	
焊接位置							
焊工持证项目							
焊评报告编号							
预热温度/℃		母材材质	规格/mm	焊缝宽度/mm	焊缝余高/mm		
道间温度/℃							
焊后热处理							

层/道	焊接方法	焊接材料		焊接电流		电弧电压/V	焊接速度/(m/h)	焊剂或气体	保护气流量/(L/min)	钨极直径/mm
		型号	直径/mm	极性	电流/A		焊机			

【工艺分析】

本任务工艺分析主要包括材料的焊接性分析，焊丝、焊剂的选用，焊机的选用及焊接参数（焊接电流、电弧电压、焊接速度等）的选择等内容。

一、材料的焊接性分析

20 钢属于低碳钢，由于其含碳量较低、塑性好，淬硬倾向小，所以采用埋弧焊可获得良好质量的焊接接头，焊接过程中一般不需要采取预热、后热、控制道间温度及焊后热处理等工艺措施。

二、焊丝和焊剂的选用

焊接低碳钢时，以保证焊缝金属的力学性能为主，使焊缝与母材等强，宜采用低锰或含锰焊丝，配合高锰高硅焊剂，如 HJ431、HJ430 配 H08A 或 H08MnA 焊丝，有时也采用高锰焊丝配合无锰高硅或低锰高硅焊剂，如 HJ130、HJ230 配 H10Mn2 焊丝等。常用低碳钢焊丝和焊剂的选用见表 3-3。

表 3-3　常用低碳钢焊丝和焊剂的选用

钢号	埋弧焊	
	焊丝	焊剂
Q235 Q255	H08A H08MnA	HJ431、HJ430
Q275	H08MnA	HJ431、HJ430
08、10、15、20	H08A H08MnA	HJ431、HJ430
25	H10Mn2 H08MnA	HJ431、HJ430
Q245R（20R、20g）	H10Mn2 H08MnA	HJ431、HJ430

三、埋弧焊机的选用

目前使用最广的是变速送丝式埋弧焊机和等速送丝式埋弧焊机。由于变速送丝式埋弧焊机比等速送丝式埋弧焊机的自动调节作用强得多，所以应选用变速送丝式埋弧焊机。变速送丝式埋弧焊机主要有两种类型，一是 MZ 系列埋弧焊机，如 MZ－1000；另一种是前者的改进型 MZ－1 系列埋弧焊机，如 MZ－1－1000，它们都能满足一般的焊接要求。

四、焊接参数的选择原则

埋弧焊的焊接参数有焊接电流、电弧电压、焊接速度、焊丝直径、焊丝伸出长度、焊丝倾角、焊件倾斜等。其中对焊缝成形和焊接质量影响最大的是焊接电流、电弧电压和焊接速度。

1. 焊接电流

焊接时，若其他因素不变，焊接电流增加，则电弧吹力增强，焊缝厚度增大。同时，焊丝的熔化速度也相应加快，焊缝余高稍有增加。但电弧的摆动小，所以焊缝宽度变化不大。焊接电流过大，容易产生咬边或成形不良，使热影响区增大，甚至造成烧穿。焊接电流过小，焊缝厚度减小，容易产生未焊透，电弧稳定性也差。焊接电流对焊缝成形的影响如图 3-17 所示。

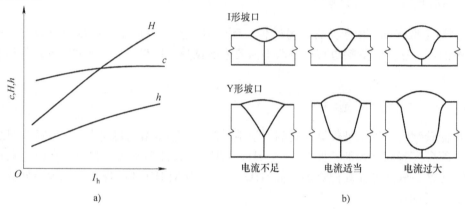

图 3-17　焊接电流对焊缝成形的影响
a）影响规律　b）焊缝成形的变化
H—焊缝厚度　c—焊缝宽度　h—余高

2. 电弧电压

在其他因素不变的条件下，增加电弧长度，则电弧电压增加。随着电弧电压增加，焊缝宽度显著增大，而焊缝厚度和余高减小。这是因为电弧电压越高，电弧就越长，则电弧的摆动范围扩大，使焊件被电弧加热面积增大，以致焊缝宽度增大。然而电弧长度增加以后，电弧热量损失加大，所以用来熔化母材和焊丝的热量减少，使焊缝厚度和余高减小，如图 3-18 所示。

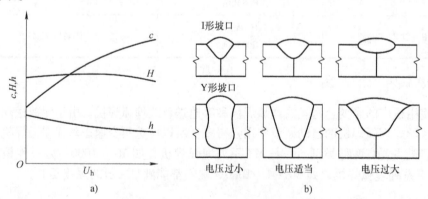

图 3-18　电弧电压对焊缝成形的影响
a）影响规律　b）焊缝成形的变化
H—焊缝厚度　c—焊缝宽度　h—余高

由此可见，电流是决定焊缝厚度的主要因素，而电压则是影响焊缝宽度的主要因素。为了获得良好的焊缝成形，焊接电流必须与电弧电压进行良好的匹配，见表 3-4。

表3-4 焊接电流与电弧电压的匹配关系

焊接电流/A	600 ~ 700	700 ~ 850	850 ~ 1000	1000 ~ 1200
电弧电压/V	34 ~ 38	38 ~ 40	40 ~ 42	42 ~ 44

3. 焊接速度

焊接速度对焊缝厚度和焊缝宽度有明显影响，如图3-19所示。当焊接速度增加时，焊缝厚度和焊缝宽度都大为下降。这是因为焊接速度增加时，焊缝中单位时间内输入的热量减少的缘故。焊接速度过高，则易形成未焊透、咬边、焊缝粗糙不平等缺陷；焊接速度过低，则会形成易裂的"蘑菇形"焊缝或产生烧穿、夹渣、焊缝不规则等缺陷。

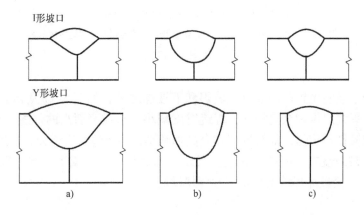

图3-19 焊接速度对焊缝成形的影响

a）速度过小 b）速度适当 c）速度过大

4. 焊丝直径

当焊接电流不变时，随着焊丝直径的增大，电流密度减小，电弧吹力减弱，电弧的摆动作用加强，使焊缝宽度增加而焊缝厚度减小；焊丝直径减小时，电流密度增大，电弧吹力增大，使焊缝厚度增加。故用同样大小的电流焊接时，小直径焊丝可获得较大的焊缝厚度。不同直径的焊丝所适用的焊接电流见表3-5。

表3-5 焊丝直径与焊接电流的关系

焊丝直径/mm	2.0	3.0	4.0	5.0	6.0
焊接电流/A	200 ~ 400	350 ~ 600	500 ~ 800	700 ~ 1000	800 ~ 1200

5. 焊丝伸出长度

一般将导电嘴出口到焊丝端部的长度称为焊丝伸出长度。当焊丝伸出长度增加时，则电阻热作用增大，使焊丝熔化速度增快，以致焊缝厚度稍有减少，余高略有增加；伸出长度太短，则易烧坏导电嘴。焊丝伸出长度随焊丝直径的增大而增大，一般为15 ~ 40mm。

6. 焊丝倾角

埋弧焊的焊丝位置通常垂直于焊件，但有时也采用焊丝倾斜方式。焊丝倾角对焊缝成形的影响如图3-20所示。

焊丝向焊接方向倾斜称为后倾，反焊接方向倾斜则为前倾。焊丝后倾时，电弧吹力对熔池液态金属的作用加强,有利于电弧的深入,故焊缝厚度和余高增大,而焊缝宽度明显减小。焊丝前倾时,电弧对熔池前面的焊件预热作用加强,使焊缝宽度增大,而焊缝有效厚度减小。

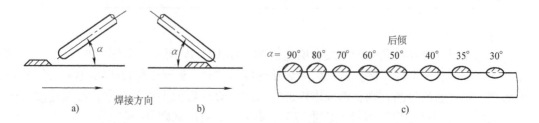

图 3-20 焊丝倾角对焊缝成形的影响

a)焊丝后倾 b)焊丝前倾 c)焊丝后倾角对焊缝厚度及焊缝宽度的影响

7. 焊件倾斜

焊件有时处于倾斜位置,因而有上坡焊和下坡焊之分,如图 3-21 所示。上坡焊与焊丝后倾作用相似,焊缝厚度和余高增加,焊缝宽度减小,形成窄而高的焊缝,甚至产生咬边;下坡焊与焊丝前倾作用相似,焊缝厚度和余高都减小,而焊缝宽度增大,且熔池内液态金属容易下淌,严重时会造成未焊透的缺陷。所以,无论是上坡焊或下坡焊,焊件的倾角 α 都不得超过8°,否则会破坏焊缝成形及引起焊接缺陷。

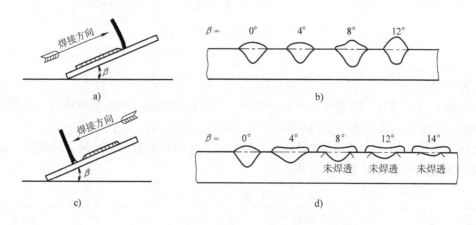

图 3-21 焊件倾斜对焊缝成形的影响

a)上坡焊 b)上坡焊工件斜度的影响 c)下坡焊 d)下坡焊工件斜度的影响

8. 装配间隙与坡口角度

当其他焊接工艺条件不变时,焊件装配间隙与坡口角度的增大,使焊缝厚度增加,而余高减小,但焊缝厚度加上余高的焊缝总厚度大致保持不变。因此,为了保证焊缝的质量,埋弧焊对焊件装配间隙与坡口加工的工艺要求较严格。

【工艺确定】

通过分析,低碳钢长板条拼接焊缝埋弧焊工艺如下,焊接操作工单见表3-6。

表 3-6　长板条拼接焊缝埋弧焊焊接操作工单

焊接操作工单

中华制造厂	焊接操作工单		工单号	HGYK-××-××

焊缝及编号	HF004		母材材质	20
焊接位置	平焊		规格/mm	δ12
焊工持证项目			焊缝宽度/mm	21~23
焊评报告编号			焊缝余高/mm	0~3
预热温度/℃	室温			
道间温度/℃				
焊后热处理	—			
接头简图				

接头简图：引弧板　A—A　引出板　1000　250　125　12

要求：

1. 焊前清理：将焊接坡口及两侧表面20mm范围内的杂质清理干净，露出金属光泽，无油锈等；焊剂 HJ431，焊前250℃烘干2h。

3. 焊缝表面质量要求：
1) 焊缝外形尺寸应符合设计图样和工艺文件的要求，焊缝与母材应圆滑过渡。
2) 焊缝及其热影响区表面无裂纹、未熔合、夹渣、弧坑、气孔。

层/道	焊接方法	焊接材料 型(牌)号	直径/mm	焊接电流 极性	电流/A	电弧电压/V	焊接速度/(m/h)	焊机	焊剂或气体	保护气流量/(L/min)	钩板直径/mm
1(正)	埋弧焊	H08A	φ4.0	直流反接	630~650	32~34	31~33	MZ-1000	HJ431		
2(反)	埋弧焊	H08A	φ4.0	直流反接	620~640	32~34	31~33	MZ-1000	HJ431		

一、焊接性

由于 20 钢是碳的质量分数平均值为 0.2% 的优质碳素结构钢,并且焊件结构简单,板厚为 12mm,刚度不大,所以焊接性好,埋弧焊时不需要采取预热、后热及焊后热处理等工艺措施。

二、焊接工艺

(1) 焊丝和焊剂 20 钢的抗拉强度为 420MPa 左右,且接头未开坡口,根据等强度原则,选用 H08A 焊丝配 HJ431 (型号为 F4A0 - H08A) 焊剂。

(2) 电源与极性 选用 MZ - 1000 焊机,直流反接。

(3) 焊接参数 双面单层(道)埋弧焊。正面一层,ϕ4mm 焊丝,电流 630 ~ 650A,电弧电压 32 ~ 34V,焊接速度 31 ~ 33m/h;反面一层,ϕ4mm 焊丝,电流 620 ~ 640A,电弧电压 32 ~ 34V,焊接速度 31 ~ 33m/h。

(4) 其他 焊前加引弧板和引出板,材料为 20 钢,尺寸规格为 100mm × 100mm × 12mm,用 E4315、ϕ3.2mm 焊条进行定位焊定位。

【相关知识】

一、焊丝、焊剂的型号与牌号

1. 焊丝的牌号

根据 GB/T 3429—2015《焊接用钢盘条》规定,实心钢焊丝的牌号表示方法为:字母 "H" 表示焊丝;"H" 后的一位或两位数字表示含碳量;化学元素符号及其后的数字表示该元素的近似含量,当某合金元素的质量分数低于 1% 时,可省略数字,只记元素符号;尾部标有 "A" 或 "E" 时,分别表示为 "优质品" 或 "高级优质品",表明 S、P 等杂质含量更低。

例如:

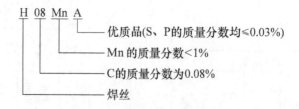

2. 焊剂的型号

依据 GB/T 36037—2018《埋弧焊和电渣焊用焊剂》的规定,焊剂型号按适用焊接方法、制造方法、焊剂类型和适用范围等进行划分。

焊剂型号由以下四部分组成。

第一部分:表示焊剂适用的焊接方法,S 表示适用于埋弧焊,ES 表示适用于电渣焊。

第二部分:表示焊剂制造方法,F 表示熔炼焊剂,A 表示烧结焊剂,M 表示混合焊剂。

第三部分：表示焊剂类型代号，见表3-7。

第四部分：表示焊剂适用范围代号，见表3-8。

除以上强制分类代号外，根据供需双方协商，可在型号后依次附加可选代号：冶金性能代号，用数字、元素符号、元素符号和数字组合等表示焊剂烧损或增加合金程度；电流类型代号，用字母表示，DC 表示适用于直流焊接，AC 表示适用于交流和直流焊接；扩散氢代号 HX，其中 X 可为数字 2、4、5、10 或 15，分别表示每 100g 熔敷金属中扩散氢含量最大值（mL）。

表 3-7 焊剂类型代号及主要化学成分

焊剂类型代号	主要化学成分（质量分数,%）	
MS（硅锰型）	$MnO + SiO_2$	≥50
	CaO	≤15
CS（硅钙型）	$CaO + MgO + SiO_2$	≥55
	$CaO + MgO$	≥15
CG（镁钙型）	$CaO + MgO$	5~50
	CO_2	≥2
	Fe	≤10
CB（镁钙碱型）	$CaO + MgO$	30~80
	CO_2	≥2
	Fe	≤10
CG – I（铁粉镁钙型）	$CaO + MgO$	5~45
	CO_2	≥2
	Fe	15~60
CB – I（铁粉镁钙碱型）	$CaO + MgO$	10~70
	CO_2	≥2
	Fe	15~60
GS（硅镁型）	$MgO + SiO_2$	≥42
	Al_2O_3	≤20
	$CaO + CaF_2$	≤14
ZS（硅锆型）	$ZrO_2 + SiO_2 + MnO$	≥45
	ZrO_2	≥15
RS（硅钛型）	$TiO_2 + SiO_2$	≥50
	TiO_2	≥20
AR（铝钛型）	$Al_2O_3 + TiO_2$	≥40
BA（碱铝型）	$Al_2O_3 + CaF_2 + SiO_2$	≥55
	CaO	≥8
	SiO_2	≤20
AAS（硅铝酸型）	$Al_2O_3 + SiO_2$	≥50
	$CaF_2 + MgO$	≥20

（续）

焊剂类型代号	主要化学成分（质量分数,%）	
AB（铝碱型）	$Al_2O_3 + CaO + MgO$	≥40
	Al_2O_3	≥20
	CaF_2	≤22
AS（硅铝型）	$Al_2O_3 + SiO_2 + ZrO_2$	≥40
	$CaF_2 + MgO$	≥30
	ZrO_2	≥5
AF（铝氟碱型）	$Al_2O_3 + CaF_2$	≥70
FB（氟碱型）	$CaO + MgO + CaF_2 + MnO$	≥50
	SiO_2	≤20
	CaF_2	≥15
G	其他协定成分	

表3-8　焊剂适用范围代号

代号	适用范围
1	用于非合金钢及细晶粒钢、高强钢、热强钢和耐候钢，适合于焊接接头和/或堆焊，在接头焊接时，一些焊剂可应用于多道焊和单/双道焊
2	用于不锈钢和/或镍及镍合金，主要适用于接头焊接，也能用于带板堆焊
2B	用于不锈钢和/或镍及镍合金，主要适用于带板堆焊
3	主要用于耐磨堆焊
4	1类~3类都不适用的其他焊剂，例如铜合金用焊剂

示例如下：

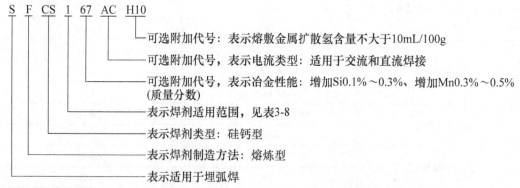

3. 焊剂牌号

（1）熔炼焊剂牌号　焊剂牌号表示为"HJ×××"，HJ后面有三位数字，具体内容如下：

1）第一位数字表示焊剂中氧化锰的平均质量分数，见表3-9。

2）第二位数字表示焊剂中二氧化硅、氟化钙的平均质量分数，见表3-10。

表 3-9　氧化锰的平均质量分数

焊剂牌号	焊剂类型	氧化锰的平均质量分数
HJ1××	无　锰	MnO < 2%
HJ2××	低　锰	MnO = 2% ~ 15%
HJ3××	中　锰	MnO = 2% ~ 30%
HJ4××	高　锰	MnO > 30%

表 3-10　二氧化硅、氧化钙的平均质量分数

焊剂牌号	焊剂类型	氧化锰、氟化钙平均质量分数
HJ×1×	低硅低氟	$SiO_2 < 10\%$　　$CaF_2 < 10\%$
HJ×2×	中硅低氟	$SiO_2 = 10\% ~ 30\%$　　$CaF_2 < 10\%$
HJ×3×	高硅低氟	$SiO_2 > 30\%$　　$CaF_2 < 10\%$
HJ×4×	低硅中氟	$SiO_2 < 10\%$ $CaF_2 = 10\% ~ 30\%$
HJ×5×	中硅中氟	$SiO_2 = 10\% ~ 30\%$ $CaF_2 = 10\% ~ 30\%$
HJ×6×	高硅中氟	$SiO_2 > 30\%$　　$CaF_2 = 10\% ~ 30\%$
HJ×7×	低硅高氟	$SiO_2 < 10\%$　　$CaF_2 > 30\%$
HJ×8×	中硅高氟	$SiO_2 = 10\% ~ 30\%$　　$CaF_2 > 30\%$

3）第三位数字表示同一类型焊剂的不同牌号。对同一种牌号焊剂生产两种颗粒度，则在细颗粒产品后面加 "×"。

例如：

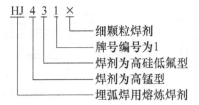

HJ 4 3 1 ×
细颗粒焊剂
牌号编号为1
焊剂为高硅低氟型
焊剂为高锰型
埋弧焊用熔炼焊剂

（2）烧结焊剂的牌号　焊剂牌号表示为 "SJ×××"，SJ 后面有三位数字，具体内容如下：

1）第一位数字表示焊剂熔渣的渣系类型，见表 3-11。

表 3-11　烧结焊剂牌号及其渣系类型

焊剂牌号	熔渣的渣系类型	主要组分范围（质量分数）
SJ1××	氟碱型	$CaF_2 \geqslant 15\%$　　$(CaO + MgO + CaF_2) > 50\%$　　$SiO_2 \leqslant 20\%$
SJ2××	高铝型	$Al_2O_3 \geqslant 20\%$　　$(Al_2O_3 + CaO + MgO) > 45\%$
SJ3××	硅钙型	$(CaO + MgO + SiO_2) > 60\%$
SJ4××	硅锰型	$(MnO + SiO_2) > 50\%$
SJ5××	铝钛型	$(Al_2O_3 + TiO_2) > 45\%$
SJ6××	其他型	

2）第二、第三位数字表示同一渣系类型焊剂中的不同牌号，按 01、02、…、09 顺序排列。

例如：

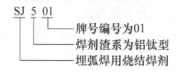

SJ 5 01
- 牌号编号为01
- 焊剂渣系为铝钛型
- 埋弧焊用烧结焊剂

二、埋弧焊操作技术

1. 对接焊缝焊接技术

埋弧焊主要应用于对接直焊缝焊接和对接环焊缝焊接。对接焊缝的焊接工艺方法有两种基本类型，即单面焊和双面焊。它们又可分为有坡口和无坡口（Ⅰ形坡口）。同时，根据钢板厚薄不同，又可分成单层焊和多层焊；根据防止熔池金属泄漏的不同情况，又有各种衬垫法或无衬垫法。

（1）Ⅰ形坡口预留间隙对接双面埋弧焊　Ⅰ形坡口预留间隙对接双面埋弧焊，为保证焊透，必须预留间隙，钢板厚度越大，其间隙也应越大。焊接顺序是：先在焊剂垫（图3-22）上焊接第一面焊缝，且保证第一面焊缝的厚度达焊件厚度的60%～70%，然后在背面碳弧气刨清根后（清根与否视具体情况而定），再进行第二面焊缝焊接，第二面焊缝使用的焊接参数可与第一面焊缝相同或稍许减小。为了保证焊接质量，焊前需在焊件两端装焊引弧板和引出板，如图3-23所示。

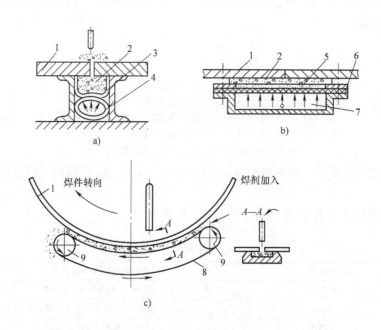

图 3-22　焊剂垫

a）软管气压式　b）皮膜气压式　c）平带张紧式

1—焊件　2—焊剂　3—帆布　4—充气软管

5—橡皮膜　6—压板　7—气室　8—平带　9—带轮

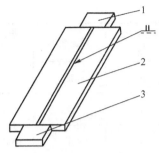

图 3-23 焊件两端装焊引弧板和引出板

1—引弧板 2—焊件 3—引出板

I 形坡口预留间隙双面埋弧焊的焊接参数的选用见表 3-12。

表 3-12 I 形坡口预留间隙双面埋弧焊的焊接参数

焊件厚度/mm	装配间隙/mm	焊丝直径/mm	焊接电流/A	电弧电压/V	焊接速度/（m/h）
10	2~3	4	550~600	32~34	32
12	2~3	4	600~650	32~34	32
14	3~4	4	650~700	34~36	30
16	3~4	5	700~750	34~36	28
20	4~5	5	850~900	36~40	27
24	4~5	5	900~950	38~42	25
28	5~6	5	900~950	38~42	20

 师傅点拨

I 形坡口预留间隙双面埋弧焊的焊接电流与电弧电压值，可参考以下经验公式选用：

$$I = 25\delta + 325 , \quad U = 0.5\delta + 28$$

式中，I 为焊接电流（A），U 为电弧电压（V），δ 为板厚（mm）。

需要注意的是，埋弧焊由于焊接电流较大，除背面采取焊剂垫防漏外，还可采用临时工艺衬垫。焊完第一面焊缝后，去除临时工艺衬垫，再焊第二面焊缝。

（2）开坡口预留间隙对接双面埋弧焊 对于厚度较大的焊件，由于材料或其他原因，当不允许使用较大的热输入焊接，或不允许焊缝有较大的余高时，采用开坡口焊接，坡口形式由板厚决定。表 3-13 为这类焊缝单道焊常用的焊接参数。

表 3-13 开坡口预留间隙对接双面埋弧焊参数

焊件厚度/mm	坡口形式	焊丝直径/mm	焊缝顺序	焊接电流/A	电弧电压/V	焊接速度/（m/h）
14		5	正	830~850	36~38	25
		5	反	600~620	36~38	45
16		5	正	830~850	36~38	20
		5	反	600~620	36~38	45
18		5	正	830~860	36~38	20
		5	反	600~620	36~38	45
22		6	正	1050~1150	38~40	18
		5	反	600~620	36~38	45

（续）

焊件厚度 /mm	坡口形式	焊丝直径 /mm	焊缝顺序	焊接电流 /A	电弧电压 /V	焊接速度 / (m/h)
24		6	正	1100	38 ~ 40	24
		5	反	800	36 ~ 38	28
30		6	正	1000 ~ 1100	36 ~ 40	18
		6	反	900 ~ 1000	36 ~ 38	20

（3）对接环焊缝焊接技术　焊接圆形筒体结构的对接环焊缝时，可以用辅助装置和可调速的焊接滚轮架，在焊接小车固定、筒体转动的情况下进行埋弧焊。

筒体内、外环缝的焊接一般先焊内环缝，后焊外环焊缝。焊接内环焊缝时，焊机可放在筒体底部，配合滚轮架，或使用内伸式焊接小车配合滚轮架进行焊接，如图3-24所示。焊接操作时，一般要两人同时进行，一人操纵焊机，另一人负责清渣。

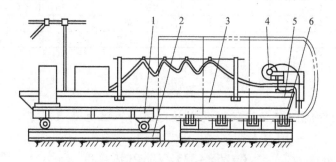

图3-24　内伸式焊接小车配合滚轮架进行焊接

1—行车　2—行车导轨　3—悬架梁
4—焊接小车　5—小车导轨　6—滚轮架

焊接环焊缝时，除了主要焊接参数对焊缝质量有直接影响外，焊丝与焊件间的相对位置也起着重要的作用。焊丝应逆筒体旋转方向相对于筒体圆形断面中心一个偏移量，如图3-25所示。焊接内环焊缝时，焊丝的偏移是使焊丝处于"上坡焊"的位置，其目的是使焊缝有足够的熔透程度；焊接外环焊缝时，焊丝的偏移是使焊丝处于下坡焊的位置，这样，一方面可以避免烧穿，另一方面可以使焊缝成形美观。

环焊缝自动焊焊丝的偏移量与筒体焊件的直径、焊接速度有关。一般筒体直径越大，焊接速度越大，焊丝偏移量越大。焊丝偏移量根据筒体直径选用见表3-14。

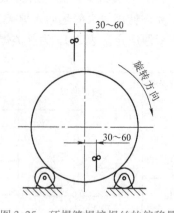

图3-25　环焊缝焊接焊丝的偏移量

表 3-14 焊丝偏移量的选择

筒体直径/mm	800~1000	1000~1500	1500~2000	2000~3000
焊丝偏移量/mm	25~30	30~35	35~40	40~60

（4）永久性垫板、锁底接头及焊条电弧焊打底单面埋弧焊 对于无法使用焊剂垫或不便进行双面埋弧焊的焊件，可采用永久性垫板、锁底接头上焊接及焊条电弧焊打底焊等工艺方法进行单面焊。

当焊接结构允许焊后保留永久性垫板时，厚度 10mm 以下的焊件可采用永久性垫板单面焊工艺。对于厚度大于 10mm 的焊件，可采用锁底接头焊接，如图 3-26 所示。此法常用于小直径圆筒形焊件的环焊缝焊接。此外生产中也常采用焊条电弧焊打底，背面清根后再进行埋弧焊的方法进行焊接。

（5）单面焊双面成形埋弧焊 单面焊双面成形埋弧焊是使用较大的焊接电流，将焊件一次熔透，在强制成形背面衬垫的作用下，使熔池在衬垫上冷却凝固，从而达到一次成形形成焊缝。根据衬垫材料不同，单面焊双面成形埋弧焊有铜衬垫法和热固化焊剂法两种。

1）铜衬垫法。这种方法采用带沟槽的铜垫板，沟槽起背面成形作用。焊接时沟槽中铺撒一层薄焊剂，这部分焊剂既可避免因局部区段铜垫板没有贴紧而使熔池金属流溢，又可保护铜垫板免受电弧直接作用。铜垫板截面形状如图 3-27 所示。

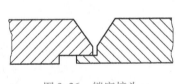

图 3-26 锁底接头

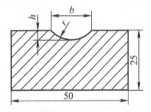

图 3-27 铜垫板截面形状

2）热固化焊剂法。这种方法是将热固化焊剂制成柔性板条，使用时将此板条紧贴在焊件接缝的背面，并用磁铁夹具等固定。焊接时，当温度升高到 100~150℃ 时，焊剂固化成具有一定刚度的板条，以支承熔池和帮助焊缝成形。此法常用于焊件位置不固定的曲面焊缝。

2. 角接焊缝焊接技术

埋弧焊的角接焊缝主要出现在 T 形接头和搭接接头中。角焊缝的自动焊一般可采取船形焊和平角焊两种形式，当焊件易于翻转时多采用船形焊，对于一些不易翻转的焊件则都使用平角焊。

（1）船形焊 船形焊时由于焊丝为垂直状态，熔池处于水平位置，容易保证焊缝质量。但当焊件间隙大于 1.5mm 时，则易出现烧穿或熔池金属溢漏的现象，故船形焊要求严格的装配质量，或者在焊缝背面设衬垫。在确定焊接参数时，电弧电压不宜过高，以免产生咬边。另外，焊缝的成形系数应保证不大于 2，这样可避免焊缝根部的未焊透。

（2）平角焊 当焊件不便采用船形焊时，对角焊缝采用平角焊的方法，即焊丝倾斜。这种方法的优点是对装配间隙要求比较低，即使间隙较大，一般也不致产生流渣和熔池金属溢流现象。但其缺点是单道焊缝的焊脚最大不能超过 8mm。所以当要求焊脚大于 8mm 时，只能采用多道焊。

任务三 低合金高强度钢的埋弧焊

【学习目标】

1）理解低合金高强度结构钢的埋弧焊工艺。

2）了解高效埋弧焊技术。

3）了解不锈钢的埋弧焊。

【任务描述】

图3-28为一热水锅炉锅壳筒体图，材料为Q355R，筒体是由钢板卷制而成，有纵焊缝一条。根据有关标准和技术要求，采用埋弧焊进行焊接，请制定正确的焊接工艺，并填写焊接操作工单（表3-15）。

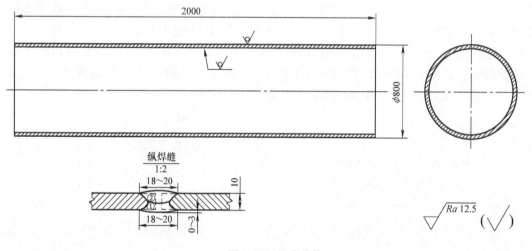

图3-28 锅壳筒体

【工艺分析】

本任务工艺分析主要包括材料的焊接性分析，焊丝、焊剂的选用，焊接参数及预热、焊后热处理选择等内容，焊接参数的选择原则参见本模块的任务二。

一、材料的焊接性分析

在低合金高强度结构钢中，强度级别较低及碳的质量分数较低的一些钢种，焊接热影响区淬硬倾向不大，埋弧焊焊接性较好。但随着强度级别的提高，焊接热影响区淬硬倾向增加，冷裂纹倾向增大，冷裂纹常发生在厚板焊接结构中。此外焊接热影响区脆化问题也需引起注意。因此，低合金高强度结构钢焊接时，有时需采取预热及焊后热处理等措施。低合金高强度结构钢的焊接性分析可见模块二的任务三。

二、焊丝和焊剂的选用

一般按等强度原则选择与母材强度相当的焊接材料，并综合考虑焊缝金属的韧性、塑性及抗裂性。常用低合金高强度结构钢焊丝与焊剂的选择见表3-16。

表3-15 焊接操作工单

焊接操作工单

中华制造厂			工单号	HGYK-××-××
焊缝及编号				要 求
焊接位置				
焊工持证项目	接头简图			
焊评报告编号				
预热温度/℃				
道间温度/℃		母材材质	规格/mm	焊缝宽度/mm	焊缝余高/mm
焊后热处理				

焊接方法	焊接材料		焊接电流		电弧电压/V	焊接速度/(m/h)	焊机	焊剂或气体	保护气流量/(L/min)	钨极直径/mm
	型号	直径/mm	极性	电流/A						
层/道										

表 3-16　常用低合金高强度结构钢焊丝与焊剂的选择

钢号	埋弧焊		
	焊丝		焊剂
Q355	不开坡口	H08A、H08MnA	HJ431
	中板开坡口	H08MnA	HJ431
		H10Mn2	HJ431
		H10MnSi	HJ431
	厚板开坡口	H10Mn2	HJ350
Q390	不开坡口	H08MnA	HJ431
	中板开坡口	H10MnSi	HJ431
		H10Mn2	HJ431
		H08Mn2Si	HJ431
	厚板开坡口	H08MnMoA	HJ350、HJ250
Q420	H08MnMoA		HJ431
	H08Mn2MoA		HJ350
Q460	H08Mn2MoA		HJ350
	H08MnMoVA		HJ250
			SJ101
Q500	H08Mn2MoA		HJ350
	H08MnMoVA		HJ250
	H08Mn2NiMoA		SJ101

 小提示

　　焊丝和焊剂的选用，有时还需考虑坡口、接头形式等因素。当焊剂确定后，对于同种母材由于坡口和接头形式不同，焊丝的匹配也应有所改变。如用 HJ431 配 H08A 焊接不开坡口的 Q355（16Mn）时，可满足力学性能要求；若焊接开坡口的板 Q355（16Mn）时，由于熔合比较小，焊缝强度就会偏低，此时应采用合金元素较多的 H08MnA 或 H10Mn2 焊丝，才能满足强度要求。

三、埋弧焊机的选用

　　埋弧焊机既可变速送丝式埋弧焊机，也可选用等速送丝式埋弧焊机，但应优先选用变速送丝式埋弧焊机，如常见的 MZ－1000 及其改进型 MZ－1－1000 等。

四、焊接参数的选择原则

　　低合金高强度结构钢埋弧焊焊接参数选择详见本模块任务二，低合金高强度结构钢预热及焊后热处理工艺可参见模块二任务三的表 2-20。

【工艺确定】

　　通过分析，Q355R 锅壳筒体焊缝埋弧焊工艺如下，焊接操作工单见表 3-17。

表 3-17 锅壳筒体焊缝埋弧焊焊接操作工单

焊接操作工单

中华制造厂				工单号	HGYK - × × × - × ×
焊缝及编号	FH005			要　求	
焊接位置	平焊			1. 焊前清理：将焊接坡口及两侧表面 20mm 范围内的杂质清理干净，露出金属光泽。	
焊工持证项目	SAW - Fe Ⅱ - 1G - 10 - Fefs			2. 焊丝表面应光洁，无油、锈等；焊剂 HJ431，焊前 250℃烘干 2h。	
焊评报告编号	HP11 - 13 - B			3. 焊缝表面质量要求。 1) 焊缝外形尺寸应符合设计图样和工艺文件的要求，焊缝与母材应圆滑过渡。	
预热温度/℃	室温			2) 焊缝及其热影响区表面无裂纹、未熔合、夹渣、弧坑、气孔。	
道间温度/℃	—			4. 焊后焊工自检合格后，在规定位置打上焊工代号钢印。	
焊后热处理	—			5. 焊缝至少进行 25% RT 无损检测，不低于 Ⅱ级合格。	
				6. 碳弧气刨按《碳弧气刨工艺守则》执行。	

接头简图

层/道	焊接方法	焊接材料 牌号	焊接材料 直径 /mm	焊接电流 极性	焊接电流 电流 /A	电弧电压 /V	板厚 δ/mm	焊接速度 /(m/h)	焊机	焊剂或气体	保护气流量 /(L/min)	焊缝宽度 /mm	焊缝余高 /mm	钨极直径 /mm
							10				18~20	0~3	
1（正）	SAW	H08MnA	φ4.0	直流反接	580~600	31~33		30~32	MZ-1000	HJ431				
2（反）	SAW	H08MnA	φ4.0	直流反接	570~590	31~33		30~32	MZ-1000	HJ431				

母材材质 Q355R

一、焊接性

由于锅壳筒体材质为Q355R，其碳的质量分数≤0.18%，抗拉强度约为500MPa，且结构简单，板厚为10mm，故焊接性良好，焊接时不需要采取预热、后热及焊后热处理等工艺措施。

二、焊接工艺

（1）焊丝和焊剂　Q355R的抗拉强度为500MPa左右，且接头未开坡口，根据等强度原则，选用H08MnA焊丝配HJ431焊剂。

（2）电源与极性　选用MZ-1000焊机，直流反接。

（3）焊接参数　双面单层（道）焊，正面焊后，碳弧气刨清根，再焊反面。

正面，ϕ4mm焊丝，电流580~600A，电弧电压31~33V，焊接速度30~32m/h；反面，ϕ4mm焊丝，电流570~590A，电弧电压31~33V，焊接速度30~32m/h。

（4）碳弧气刨参数　碳棒直径ϕ6mm，电流280~310A，气压0.45~0.5MPa，槽深4~5mm、槽宽8~9mm。

（5）其他　用E5015、ϕ3.2mm焊条进行定位焊，焊前装引出板和引弧板。

【拓展与提高】

一、高效埋弧焊

传统的埋弧焊是单丝的，焊接厚板时，一般开坡口双面焊。人们在长期的应用中，在不断改进常规埋弧焊的基础上，又研究和发展了一些新的、高效率的埋弧焊方法，如多丝埋弧焊、带极埋弧焊和窄间隙埋弧焊等。这些高效埋弧焊工艺方法拓宽了埋弧焊的应用领域。

1. 多丝埋弧焊

使用两根以上焊丝完成同一条焊缝的埋弧焊称为多丝埋弧焊，是一种高生产率的焊接方法。按照所用焊丝数目有双丝埋弧焊、三丝埋弧焊等，在一些特殊应用中焊丝数目多达14根。目前工业中应用最多的是双丝埋弧焊、三丝埋弧焊。多丝埋弧焊按焊丝排列方式有纵列式、横列式和直列式3种，如图3-29所示。

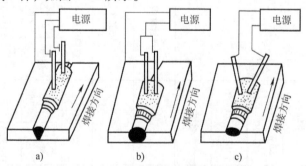

图3-29　双丝埋弧焊原理图
a）纵列式　b）横列式　c）直列式

双丝埋弧焊多采用纵列式，即两根焊丝沿着焊接方向顺序排列。焊接过程中，每根焊丝所用的电流和电压各不相同，因而它们在焊缝成形过程中所起的作用也不同。一般由前列的电弧获得足够的熔深，后列电弧调节熔宽或起改善成形作用。

多丝埋弧焊主要用于厚板的焊接，通常采用在焊件背面使用衬垫的单面焊双面成形工艺，与常规埋弧焊相比具有焊接速度快、耗能低、填充金属少等优点。

2. 带极埋弧焊

带极埋弧焊是由横列式多丝埋弧焊发展而成的。由于它是用矩形截面的钢带取代圆形截面的焊丝作电极，所以不仅可提高填充金属的熔化量，提高焊接生产率，而且可增大成形系数，即在熔深较小的情况下大大增加焊道宽度，很适合多层焊时表面焊缝的焊接，尤其适合于埋弧焊堆焊，因此是表面堆焊的理想方法。带极埋弧焊和带极示意图如图3-30所示。

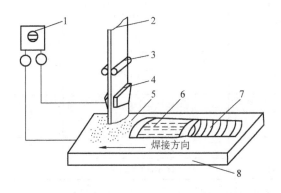

图3-30　带极埋弧焊和带极示意图

1—电源　2—带极　3—带极送进装置　4—导电嘴　5—焊剂　6—渣壳　7—焊道　8—焊件

3. 窄间隙埋弧焊

厚板对接时，焊前不开坡口或只开小角度坡口，并留有窄而深的间隙，采用埋弧焊而完成整条焊缝的高效率焊接方法称为窄间隙埋弧焊。

由于窄间隙埋弧焊避免了常规埋弧焊焊接厚板（如50mm以上）时需开V形或U形坡口，致使焊接层数多、填充金属量大、焊接时间长及焊接变形大且难以控制等缺点。所以20世纪80年代窄间隙埋弧焊一出现，很快就被应用于工业生产，现主要应用领域是低合金钢厚壁容器及其他重型焊接结构的焊接。

窄间隙埋弧焊已有各种单丝、双丝和多丝的成套设备出现，但多为单丝焊，主要用于水平或接近水平位置的焊接。

二、不锈钢埋弧焊工艺

不锈钢埋弧焊一般用于中等厚度以上的钢板，直流反接。埋弧焊由于热输入大，金属容易过热，对不锈钢的耐蚀性有一定影响。因此在奥氏体不锈钢焊接中，埋弧焊不如在低合金钢焊接中那样普遍。

奥氏体不锈钢的焊接材料，应使焊缝的合金成分与母材基本相同（一般碳的质量分数不高于母材，铬镍含量稍高于母材）。常用奥氏体不锈钢埋弧焊焊接材料的选用见表3-18。18−8型奥氏体不锈钢双面埋弧焊参数选用见表3-19。

表3-18 奥氏体不锈钢埋弧焊焊接材料的选用

钢号	埋弧焊	
	焊丝	焊剂
022Cr19Ni10 (00Cr19Ni10)	H03Cr21Ni10	HJ151 SJ601
06Cr19Ni10 (0Cr18Ni9) 12Cr18Ni9 (1Cr18Ni9)	H06Cr21Ni10	HJ260 SJ601 SJ608 SJ701
07Cr19Ni11Ti (1Cr18Ni11Ti) 06Cr18Ni11Ti (0Cr18Ni10Ti)	H08Cr19Ni10Ti	HJ260 HJ151 SJ608 SJ701
06Cr18Ni11Nb (0Cr18Ni11Nb)	H08Cr20Ni10Nb	HJ260 HJ172
10Cr18Ni12 (1Cr18Ni12)	H08Cr21Ni10 H08Cr21Ni10Si	HJ260
06Cr23Ni13 (0Cr23Ni13)	H03Cr24Ni13	HJ260
06Cr25Ni20 (0Cr25Ni20)	H08Cr26Ni21	HJ260

注：表中括号中的牌号为旧标准牌号。

表3-19 18-8型奥氏体不锈钢双面埋弧焊参数

焊件厚度 /mm	装配间隙 /mm	焊丝直径 /mm	焊接电流 /A	电弧电压 /V	焊接速度 /(m/h)
8	≤1.5	5	500~600	32~34	46
10	≤1.5	5	600~650	34~36	42
12	≤1.5	5	650~700	36~38	36
16	≤2	5	750~800	38~40	31
20	2~3	5	800~850	38~40	25

【1+X考证训练】

一、填空题

1. 埋弧焊机按送丝方式不同，可分为_____和_____两种；前者适用_____于条件的焊接，后者适用于_____条件的焊接。

2. 焊剂按其制造方法主要有_____和_____。

3. 埋弧焊时，电流是决定_____的主要因素，电压是影响_____的主要因素，为了获得良好的焊缝成形，_____与_____必须进行良好的匹配。

4. 埋弧焊主要适用于_____、_____、_____等材料的焊接，并且适用于_____位置焊接。

5. MZ-1000是_____式的埋弧焊机，是根据_____原理设计而成的，该机主要是由_____、_____、_____三部分组成。

6. 在"HJ431细"牌号中，"HJ"是表示_____，"4"表示_____，"3"表示_____，"1"表示_____，"细"表示_____。

7. 熔炼焊剂的烘干温度一般为_____，保温时间是_____；烧结焊剂的烘干温度为_____，保温时间为_____。

8. 埋弧焊机电弧自动调节方法有_____和_____两种。

9. 埋弧焊的焊接材料是_____和_____。

10. 变速送丝式埋弧焊机，要求焊接电源具有_____的外特性曲线。

11. Q345钢属于_____级的低合金高强度结构钢，埋弧焊不开坡口时，可选用_____焊丝配合_____焊剂，开坡口时，可选用_____焊丝配合_____焊剂，对于厚板深坡口焊件可选用_____焊丝配合_____焊剂。

12. Q390属于_____级的低合金高强度结构钢，埋弧焊时不开坡口的焊件，采用_____焊丝配合_____焊剂；对于中板开坡口则需采用_____焊丝配合_____焊剂；对于厚板深坡口的焊件可采用_____焊丝配合焊剂_____进行焊接。

二、判断题（正确的画"√"，错误的画"×"）

1. 等速送丝式自动焊机的焊丝送给度是恒定不变的，与焊接电流、电弧电压无关，当电弧长度发生变化时，是通过改变焊丝的熔化速度来消除电弧长度变化的。（　　）

2. 变速送丝式自动焊机的焊丝送给速度与电弧电压有关，随着电弧电压的变化来改变送丝速度，从而消除电弧长度变化的干扰。（　　）

3. 由于埋弧焊焊丝通常处于竖直位置，所以不能进行环焊缝焊接。（　　）

4. 埋弧焊焊接环焊缝时，常使焊丝偏移焊件断面中心线一定距离，以保证焊接质量。（　　）

5. 埋弧焊与焊条电弧焊一样都是靠人工调节作用来保证焊接参数稳定的。（　　）

6. 焊接低碳钢和低合金钢常用的埋弧焊焊剂牌号为HJ431。（　　）

7. HJ431的前两位数字表示焊缝金属的抗拉强度。（　　）

8. 埋弧焊时，保持电弧稳定燃烧的条件是焊丝的送丝速度等于焊丝的熔化速度。（　　）

9. 变速送丝式埋弧焊机焊成的焊缝质量，要优于等速送丝埋弧焊机焊成的焊缝质量。（　　）

10. 埋弧焊时，若其他焊接参数不变，则随着焊丝直径的增加，焊缝熔宽减少，焊缝有效厚度增加。（　　）

11. 埋弧焊时，焊接电流主要影响焊缝的熔宽，而电弧电压主要影响焊缝的有效厚度。（　　）

12. HJ431属高锰高硅低氟焊剂。（　　）

三、问答题

1. 何谓电弧自身调节作用和电弧电压自动调节作用？

2. 埋弧焊的主要焊接参数对焊缝形状及质量有何影响？

3. 低碳钢埋弧焊时，焊丝与焊剂的选配原则是什么？

【焊接名人名事】

焊接专家：林尚扬

林尚扬（1932.03.16— ），中国工程院院士，焊接专家，福建省厦门市人，1961年毕业于哈尔滨工业大学，哈尔滨焊接研究所高级工程师（研究员级）。曾任哈尔滨焊接研究所副总工程师、技术委员会主任；曾兼任机械科学研究总院技术委员会副主任，哈尔滨市科协主席，黑龙江省老年科协第一副主席，中国机械工程学会焊接学会秘书长。

多年来针对国家的需要，一直工作在科研第一线。20世纪60年代研发的4种强度级钢焊丝，用于大型电站锅炉汽包和化工设备的焊接；20世纪70年代发明的水下局部排水气体保护半自动焊技术，用于海上钻井/采油平台等海工设施的水下焊接，焊接的最大水深达43m；20世纪80年代发明的双丝窄间隙埋弧焊技术，曾用于世界最重的加氢反应器（2050t）和世界最大的8万t水压机主工作缸的焊接，焊接最大厚度达600mm；20世纪90年代研发了推土机台车架的首台大型弧焊机器人工作站，并积极推进焊接生产低成本自动化的技术改造；2000年以来在大功率固体激光 - 电弧复合热源焊接技术方面取得5项发明专利，用激光技术为企业解决诸多部件的焊接难题，促进企业产品的升级换代，焊接的超高强度钢的屈服强度超1000MPa。

曾获全国劳动模范、全国五一劳动奖章、全国优秀科技工作者、中国机械工程学会技术成就奖、国际焊接学会巴顿奖（终身成就奖）。

熔化极气体保护焊及工艺

随着工业生产和科学技术的迅速发展，各种非铁金属、高合金钢、稀有金属的应用日益增多，对于这些金属材料的焊接，以渣保护为主的焊接方法（焊条电弧焊、埋弧焊）是难以适应的，然而使用气保护形式的气体保护电弧焊不仅能够弥补它们的局限性，而且还具备独特的优越性，因此气体保护电弧焊，特别是熔化极气体保护焊，已在国内外焊接生产中得到了广泛的应用。

任务一　认识熔化极气体保护焊

【学习目标】

1）了解熔化极气体保护焊的原理、特点及分类。

2）了解熔化极气体保护焊设备。

【任务描述】

使用熔化电极，用外加气体作为电弧介质并保护电弧和焊接区的电弧焊方法，称为熔化极气体保护焊。图4-1为熔化极气体保护焊及应用。本任务就是认识熔化极气体保护焊，即了解熔化极气体保护焊的原理、特点、分类及设备等。

熔化极气体
保护焊

图4-1　熔化极气体保护焊及应用

【相关知识】

一、熔化极气体保护焊原理

熔化极气体保护电弧焊时，连续送进的可熔化的焊丝与焊件之间产生电弧作为热源来熔化焊丝和焊件，形成熔滴和熔池，同时一定流量的外加气体从喷嘴喷出作为电弧介质并保护熔滴、熔池和焊接区金属免受周围空气的有害作用。随着热源的移动，焊接熔池冷却形成焊缝。图4-2所示为熔化极气体保护焊工作原理。

二氧化碳保护焊

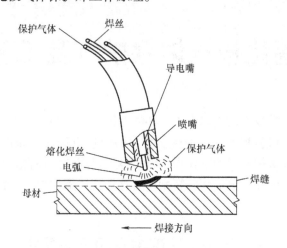

图4-2　熔化极气体保护焊工作原理

二、熔化极气体保护焊的分类

熔化极气体保护焊按保护气体的成分可分为熔化极惰性气体保护焊（MIG）、熔化极活性气体保护焊（MAG）、CO_2气体保护焊（CO_2焊）三种，如图4-3所示。

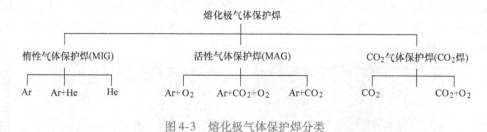

图4-3　熔化极气体保护焊分类

熔化极气体保护焊按所用的焊丝类型不同分为实心焊丝气体保护焊和药芯焊丝气体保护焊。

熔化极气体保护焊按操作方式不同，可分为半自动气体保护焊和自动气体保护焊。

三、熔化极气体保护焊的常用气体

熔化极气体保护焊常用的气体有氩气（Ar）、氦气（He）、氮气（N_2）、氢气（H_2）、二氧化碳气体（CO_2）及混合气体。常用的保护气体的应用见表4-1。

1. 氩气（Ar）和氦气（He）

氩气、氦气是惰性气体，对化学性质活泼而易与氧起反应的金属，是非常理想的保护气体，故常用于铝、镁、钛等金属及其合金的焊接。由于氦气的消耗量很大，而且价格昂贵，所以很少用单一的氦气，常和氩气等混合起来使用。

表 4-1 常用保护气体的应用

被焊材料	保护气体	混合比(体积分数,%)	化学性质	焊接方法
铝及铝合金	Ar	—	惰性	熔化极
	Ar + He	He10		
铜及铜合金	Ar	—	惰性	熔化极
	Ar + N_2	$N_2$20		
	N_2	—	还原性	
不锈钢	Ar + O_2	$O_2$1 ~ 2	氧化性	熔化极
	Ar + O_2 + CO_2	$O_2$2;$CO_2$5		
碳钢及低合金钢	CO_2	—	氧化性	熔化极
	Ar + CO_2	$CO_2$20 ~ 30		
	CO_2 + O_2	$O_2$10 ~ 15		
钛锆及其合金	Ar	—	惰性	熔化极
	Ar + He	He25		
镍基合金	Ar + He	He15	惰性	熔化极

2. 氮气(N_2)和氢气(H_2)

氮气、氢气是还原性气体。氮可以同多数金属起反应,是焊接中的有害气体,但不溶于铜及铜合金,故可作为铜及其合金焊接的保护气体。氢气已很少单独应用。氮气、氢气常和其他气体混合起来使用。

3. 二氧化碳(CO_2)

二氧化碳是氧化性气体。由于二氧化碳气体来源丰富,而且成本低,因此值得推广应用,目前主要用于碳素钢及低合金钢的焊接。

4. 混合气体

混合气体是在一种保护气体中加入适量的另一种(或两种)其他气体。应用最广的是在惰性气体氩(Ar)中加入少量的氧化性气体(CO_2、O_2或其混合气体),用这种气体作为保护气体的焊接方法称为熔化极活性气体保护焊(MAG 焊)。由于混合气体中氩气所占比例大,故常称为富氩混合气体保护焊,常用来焊接碳钢、低合金钢及不锈钢。

四、熔化极气体保护焊焊丝

碳钢、低合金钢熔化极气体保护电弧焊(MIG 焊、MAG 焊及 CO_2 焊)用焊丝根据 GB/T 8110—2008《气体保护电弧焊用碳钢、低合金钢焊丝》选用;不锈钢熔化极惰性气体保护电弧焊(MIG 焊)用焊丝根据 YB/T 5091—2016《惰性气体保护焊用不锈钢丝》选用;铜及铜合金焊丝根据 GB/T 9460—2008《铜及铜合金焊丝》选用;铝及铝合金焊丝根据 GB/T 10858—2008《铝及铝合金焊丝》选用。熔化极气体保护焊焊丝如图 4-4 所示。

目前,碳钢、低合金钢最常用的焊丝是 ER49 - 1、ER50 - 6 和 ER50 - 3 等,ER50 - 6 焊丝的应用最广。

五、熔化极气体保护焊机的组成

熔化极气体保护焊机分为半自动焊机和自动焊机，其中半自动焊机在生产中应用较广，自动焊机与半自动焊机相比仅多了焊车行走机构。熔化极气体保护焊半自动焊机如图4-5所示，主要由焊接电源、焊枪及送丝系统、供气系统及控制系统等部分组成。

图4-4 熔化极气体保护焊焊丝

1. 焊接电源

熔化极气体保护焊通常使用直流电源，如晶闸管弧焊整流器及逆变弧焊整流器等。焊丝直径小于1.6mm的细丝焊接，通常选用平外特性的直流电源。因为平外特性电源配合等速送丝系统，电弧自身调节作用最好。实际使用的平外特性电源并不都是平直的，而是带有一定倾斜的，其下降率不大于4V/100A。对于粗丝焊接，采用下降外特性焊接电源配用变速送丝系统，以保证自动调节作用及焊接过程的稳定性。

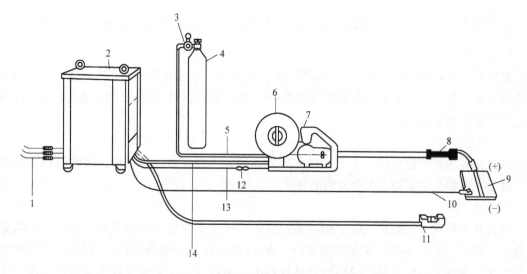

图4-5 熔化极气体保护焊半自动焊机

1——次侧电缆 2—焊接电源 3—气体流量调节器 4—气瓶 5—通气软管 6—焊丝 7—送丝机 8—焊枪
9—母材 10—母材侧电缆 11—遥控盒 12—电缆接头 13—焊接电缆 14—控制电缆

2. 送丝系统及焊枪

（1）送丝系统 送丝系统由送丝机（包括电动机、减速器、校直轮和送丝滚轮）、送丝软管及焊丝盘等组成。送丝系统根据送丝方式不同，主要有推丝式、拉丝式和推拉式3种，如图4-6所示。

1）推丝式。焊丝盘、送丝机构与焊枪分离，焊丝通过一段软管送入焊枪，因而焊枪结构简单、重量轻、操作与维修方便，但焊丝通过软管时会受到阻力作用，故软管长度受到限制，通常推丝式所用的焊丝直径宜在0.8mm以上，送丝软管长度一般为3~5m，如图4-6a所示。目前半自动焊多采用推丝式焊枪。

2）拉丝式。拉丝式主要用于直径小于或等于0.8mm的细焊丝，因为细焊丝刚度小，难

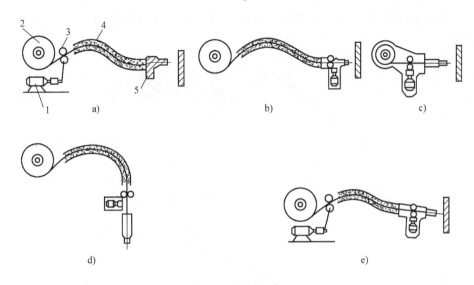

图 4-6　送丝方式

a）推丝式　b）~d）拉丝式　e）推拉式

1—电动机　2—焊丝盘　3—送丝滚轮　4—送丝软管　5—焊枪

以推丝。拉丝式可分为三种形式，第一种是焊丝盘和焊枪分开，两者用送丝软管连接，如图 4-6b、d 所示；第二种是将焊丝盘直接装在焊枪上，如图 4-6c 所示，这两种适用细丝半自动焊。第三种是不但焊丝盘与焊枪分开，而且送丝电动机也与焊枪分开，这种形式可用于自动焊。

3）推拉式。推拉式具有前两种送丝方式的优点，焊丝送给时以推丝为主，而焊枪内的送丝机构，起着将焊丝拉直的作用，可使软管中的送丝阻力减小，因此增加了送丝距离（送丝软管可增长到 15m 左右）和操作的灵活性，但焊枪及送丝机构较为复杂，如图 4-6e 所示。

熔化极气体保护焊焊接电源及送丝机如图 4-7 所示。

（2）焊枪　焊枪的作用是导电、导丝、导气。焊枪焊接时，由于焊接电流通过导电嘴将产生电阻热和电弧的辐射热，会使焊枪发热，所以焊枪常需冷却，冷却方式有空气冷却和用内循环水冷却两种。气冷焊枪 CO_2 焊可使用 600A 以内电流，MIG 焊则限于 200A 以内，否则应使用水冷焊枪。

焊枪按送丝方式可分为推丝式焊枪和拉丝式焊枪；按结构可分为鹅颈式焊枪和手枪式焊枪。鹅颈式气冷焊枪应用最广，如图 4-8 所示。手枪式水冷焊枪如图 4-9 所示。焊枪上的喷嘴和导电嘴是焊枪的主要零件，直接影响焊接工艺性能。喷嘴一般为圆柱形，内孔直径为 12~25mm。为了

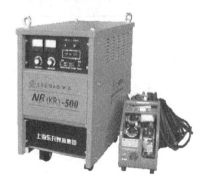

图 4-7　熔化极气体保护焊
焊接电源及送丝机

防止飞溅物的黏附并使飞溅物易清除，焊前最好在喷嘴的内外表面上喷一层防飞溅喷剂或刷硅油。

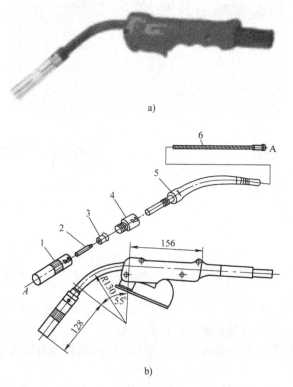

图 4-8 鹅颈式焊枪

a）外形 b）结构

1—喷嘴 2—导电嘴 3—分流器 4—接头 5—枪体 6—弹簧软管

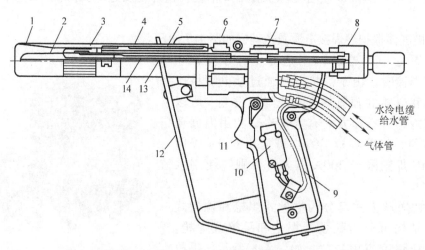

图 4-9 手枪式水冷焊枪

1—焊枪 2—焊嘴 3—喷管 4—水筒装配件 5—冷却水通路 6—焊枪架 7—焊枪主体装配件

8—螺母 9—控制电缆 10—开关控制杆 11—微型开关 12—防弧盖 13—金属丝通路 14—喷嘴内管

导电嘴常用纯铜、铬青铜或磷青铜制造。通常导电嘴的孔径比焊丝直径大 0.13 ~

0.25mm，孔径太小，送丝阻力大；孔径太大则送出的焊丝摆动严重，致使焊缝宽窄不一，严重时使焊丝与导电嘴间起弧造成粘结或烧损。

3. 供气系统

供气系统是由气源（气瓶）、减压器、流量计和气阀等组成，CO_2 焊还需预热器。如气体不纯，还需串接高压和低压干燥器。供气系统示意图如图 4-10 所示。

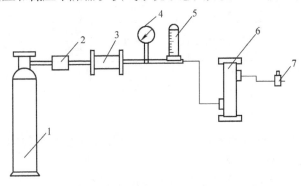

图 4-10　供气系统示意图

1—气源　2—预热器　3—高压干燥器　4—气体减压阀
5—气体流量计　6—低压干燥器　7—气阀

减压器的作用是将瓶内高压气体降为低压（工作压力）的气体，流量计的作用是控制和测量气体的流量，以形成良好的保护气流。电磁气阀起控制气的接通与关闭作用。现在生产的减压流量调节器将预热器、减压器和流量计合为一体，使用起来很方便。

 小提示

CO_2 焊时，瓶装的液态 CO_2 汽化时要吸热，吸热反应可使瓶阀及减压器冻结，所以，在减压器之前，需经预热器（75～100W）加热。

4. 控制系统

控制系统的作用是对供气、送丝和供电系统实现控制。一般熔化极气体保护焊的控制程序如图 4-11 所示。对于水冷焊枪，还需控制水压开关动作，保证冷却水未流经焊枪时，焊接系统不能启动焊接，以保护焊枪避免过热而烧坏。

六、熔化极气体保护焊的特点及应用

熔化极气体保护焊与其他电弧焊方法相比具有以下特点：

1）采用明弧焊，一般不必用焊剂，没有熔渣，熔池可见度好，便于操作。而且，保护气体是喷射的，适宜进行全位置焊接，不受空间位置的限制，有利于实现焊接过程的机械化和自动化。

2）由于电弧在保护气流的压缩下热量集中，焊接熔池和热影响区很小，因此焊接变形小、焊接裂纹倾向不大，尤其适用于薄板焊接。

3）采用氩、氦等惰性气体保护，焊接化学性质较活泼的金属或合金时，可获得高质量

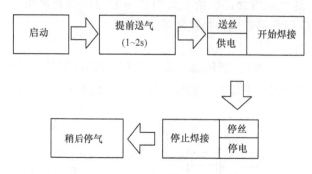

图 4-11 控制程序框图

的焊接接头。

4）气体保护焊不宜在有风的地方施焊，在室外作业时须有专门的防风措施，此外，电弧光的辐射较强，焊接设备较复杂。

不同熔化极气体保护电弧焊方法的特点及应用见表 4-2。

表 4-2 不同熔化极气体保护电弧焊方法的特点及应用

焊接方法	保护气体	特点	应用范围
CO_2 焊	CO_2、$CO_2 + O_2$	优点是生产效率高，对油、锈不敏感，冷裂倾向小，焊接变形和焊接应力小，焊接质量高，操作简便、成本低，可全位置焊。缺点是飞溅较多，弧光较强，很难以交流电源焊接及在有风的地方施焊等。熔滴过渡形式主要有短路过渡和滴状过渡	广泛应用于焊接低碳钢、低合金钢，与药芯焊丝配合可以焊接耐热钢、不锈钢及堆焊等。特别适宜于薄板焊接
MIG	Ar、Ar + He、He	几乎可以焊接所有金属材料，生产效率比钨极氩弧焊高，飞溅小，焊缝质量好，可全位置焊。缺点是成本较高，对油、锈很敏感，易产生气孔，抗风能力弱等。熔滴过渡形式有喷射过渡、短路过渡	几乎可以焊接所有金属材料，主要用于焊接非铁金属、不锈钢和合金钢或用于碳钢及低合金钢管道及接头打底焊道的焊接。能焊薄板、中板和厚板焊件
MAG	Ar + O_2 + CO_2、Ar + CO_2、Ar + O_2	MAG 熔化极活性气体保护焊克服了 CO_2 气体保护焊和熔化极惰性气体保护焊的主要缺点。飞溅减小、熔敷系数提高，合金元素烧损较 CO_2 焊小，焊缝成形、力学性能好，成本较惰性气体保护焊低、比 CO_2 焊高。熔滴过渡形式主要有喷射过渡、短路过渡	可以焊接碳钢、低合金钢、不锈钢等，能焊薄板、中板和厚板焊件

【任务实施】

通过参观焊接车间，达到对熔化极气体保护弧焊的原理、设备以及焊丝等的认识和了解，并填写参观记录表（见表4-3）。

表4-3 参观记录表

姓 名		参观时间			
参观企业、车间	CO₂焊/MAG/MIG	焊机		焊丝	保护气体
观后感					

【知识拓展】

GB/T 8110—2008《气体保护电弧焊用碳钢、低合金钢焊丝》规定了碳钢、低合金钢气体保护电弧焊所用实心焊丝和填充焊丝的化学成分和力学性能，适用于熔化极气体保护电弧焊（MIG焊、MAG焊及CO_2焊），同时也适用于TIG焊及等离子弧焊。

GB/T 8110—2008《气体保护电弧焊用碳钢、低合金钢焊丝》规定，焊丝型号由三部分组成。ER表示焊丝；ER后面的两位数字表示熔敷金属的最低抗拉强度；短线"-"后面的字母或数字表示焊丝化学成分代号，碳钢焊丝用一位数字表示，有1、2、3、4、6、7共6个型号；锰钼钢焊丝用字母D表示，它们后面的数字表示同一合金系统的不同编号。如还附加其他化学成分时，直接用元素符号表示，并以短线"-"与前面的数字分开。型号最后加字母L表示含碳量低的焊丝（$w_C \leq 0.05\%$）。根据供需双方协商，可在型号后附加扩散氢代号H×，×为5、10、15，分别代表熔敷金属扩散氢含量不大于5mL/100g、10mL/100g、15mL/100g。

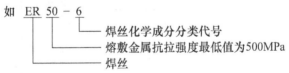

如 ER 50-6
焊丝化学成分分类代号
熔敷金属抗拉强度最低值为500MPa
焊丝

任务二 低碳钢的 CO₂ 焊

【学习目标】

1）理解低碳钢CO_2焊工艺。

2）了解CO_2焊的冶金特点。

【任务描述】

图4-12为低碳钢筒节图，材料为20钢。为了提高劳动生产率，降低成本，现改用CO_2焊。根据有关标准和技术要求，请制订正确的焊接工艺，并填写焊接操作工单（见表4-4）。

表4-4 焊接操作工单

焊接操作工单

中华制造厂			焊接操作工单			工单号	HGYK-××-××
焊缝及编号						要　求	
焊接位置							
焊工持证项目		接头简图					
焊评报告编号							
预热温度/℃							
道间温度/℃							
焊后热处理			母材材质	规格/mm	焊缝宽度/mm	焊缝余高/mm	

层/道	焊接方法	焊接材料		焊接电流		电弧电压/V	焊接速度/(m/h)	焊机	焊剂或气体	保护气流量/(L/min)	钨极直径/mm
		型号	直径/mm	极性	电流/A						

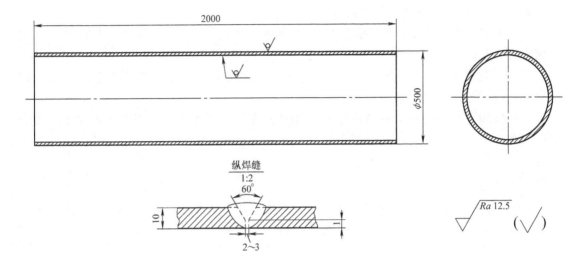

图 4-12　CO_2 焊的低碳钢筒节

【工艺分析】

任务工艺分析主要包括材料的焊接性分析、焊接材料的选用、焊机的选用及焊接参数（焊接电流、电弧电压、焊接速度等）选择等内容。

一、材料的焊接性分析

由于低碳钢含碳量较低、塑性好，淬硬倾向小，所以采用 CO_2 焊可获得良好质量的焊接接头，焊接过程中一般不需要采取预热、后热、控制道间温度及焊后热处理等工艺措施。

二、焊接材料的选用

CO_2 焊所用的焊接材料是 CO_2 气体和焊丝。

1. CO_2 气体

焊接用的 CO_2 一般是将其压缩成液体储存于钢瓶内。CO_2 气瓶的容量为 40L，可装 25kg 的液态 CO_2，占容积的 80%，满瓶压力为 5～7MPa，气瓶外表涂铝白色，并标有黑色"液化二氧化碳"的字样。

液态 CO_2 在常温下容易汽化。溶于液态 CO_2 中的水分易蒸发成蒸汽混入 CO_2 气体中，影响 CO_2 气体的纯度。气瓶内汽化的 CO_2 气体中的含水量与瓶内的压力有关，随着使用时间的增长，瓶内压力降低，水蒸气增多。当压力降低到 0.98MPa 时，CO_2 气体中的含水量大为增加，不能继续使用。

焊接用 CO_2 气体的纯度应大于 99.5%（体积分数），含水量不超过 0.05%（体积分数），否则会降低焊缝的力学性能，焊缝也易产生气孔。如果 CO_2 气体的纯度达不到标准，可进行提纯处理。

生产中提高 CO_2 气体纯度的措施有以下方面：

（1）倒置排水　将 CO_2 气瓶倒置 1~2h，使水分下沉，然后打开阀门放水 2~3 次，每次放水间隔 30min。

（2）正置放气　更换新气前，先将 CO_2 气瓶正立放置 2h，打开阀门放气 2~3min，以排出混入瓶内的空气和水分。

（3）使用干燥剂　在 CO_2 气路中可以串联几个过滤式干燥器，用以干燥含水较多的 CO_2 气体。

　小提示

　　CO_2 气瓶内的压力与外界温度有关，其压力随着外界温度的升高而增大，因此，CO_2 气瓶严禁靠近热源或置于烈日下曝晒，以免压力增大发生爆炸。

2. 焊丝

CO_2 焊对焊丝的要求如下：

1）CO_2 焊焊丝必须比母材含有较多的 Mn 和 Si 等脱氧元素，以防止焊缝产生气孔，减少飞溅，保证焊缝金属具有足够的力学性能。

2）限制焊丝中 C 的质量分数在 0.10% 以下，并控制 S、P 含量。

3）焊丝表面镀铜，镀铜可防止生锈，有利于保存，并可改善焊丝的导电性及送丝的稳定性。

目前常用的 CO_2 焊焊丝有 ER49-1 和 ER50-6 等，其中 ER50-6 应用更广。CO_2 焊所用的焊丝直径在 0.5~5mm 范围内，CO_2 半自动焊常用的焊丝有 $\phi0.6mm$、$\phi0.8mm$、$\phi1.0mm$、$\phi1.2mm$ 等几种，CO_2 自动焊除上述细焊丝外大多采用 $\phi2.0mm$、$\phi3.0mm$、$\phi4.0mm$、$\phi5.0mm$ 的焊丝。一般焊丝直径 ≤1.2mm 称为细丝 CO_2 焊，焊丝直径 ≥1.6mm 称为粗丝 CO_2 焊。

三、焊接参数的选择原则

CO_2 焊的主要焊接参数有焊丝直径、焊接电流、电弧电压、焊接速度、焊丝伸出长度、气体流量、电源极性、回路电感、装配间隙与坡口尺寸、喷嘴至焊件的距离等。

1. 焊丝直径

焊丝直径应根据焊件厚度、焊接空间位置及生产率的要求来选择。当焊接薄板或中厚板的立、横、仰焊时，多采用直径 1.6mm 以下的焊丝；在平焊位置焊接中厚板时，可以采用直径 1.2mm 以上的焊丝。焊丝直径的选择见表 4-5。

2. 焊接电流

焊接电流的大小应根据焊件厚度、焊丝直径、焊接位置及熔滴过渡形式来确定。焊接电流越大，焊缝厚度、焊缝宽度及余高都相应增加。通常直径为 0.8~1.6mm 的焊丝，在短路过渡时，焊接电流在 50~250A 内选择。短路过渡焊丝直径与焊接电流的关系见表 4-6。细滴过渡时，对于不同的焊丝直径，焊接电流必须达到不同的临界值后才可实现。一般焊接电流在 250~500A 内选择。

表 4-5　焊丝直径的选择

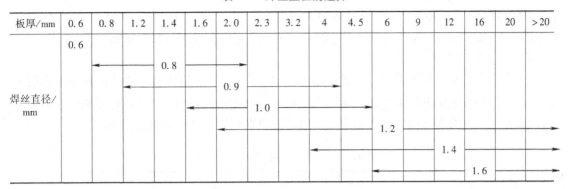

板厚/mm	0.6	0.8	1.2	1.4	1.6	2.0	2.3	3.2	4	4.5	6	9	12	16	20	>20
焊丝直径/mm	0.6															
		←—	0.8	—→												
		←——		0.9		—→										
			←——		1.0		—————→									
							←———		1.2			———→				
									←———			1.4		———→		
											←———		1.6		——→	

表 4-6　焊丝直径与焊接电流的关系

焊丝直径/mm	焊接电流/A
0.8	60 ~ 100
1.0	70 ~ 120
1.2	100 ~ 200
1.6	140 ~ 250

3. 电弧电压

电弧电压必须与焊接电流配合恰当，否则会影响到焊缝成形及焊接过程的稳定性。电弧电压随着焊接电流的增加而增大。短路过渡焊接时，通常电弧电压在 16 ~ 24V 范围内。细滴过渡焊接时，对于直径为 1.2 ~ 2.0mm 的焊丝，电弧电压可在 34 ~ 45V 范围内选择。

 小提示

生产中，常用经验公式来确定电弧电压值。当焊接电流≤250A 时，电弧电压 = $[0.04 \times 焊接电流(A) + 16 \pm 1.5]V$；当焊接电流 >250A 时，电弧电压 = $[0.04 \times 焊接电流(A) + 20 \pm 2.0]V$。

4. 焊接速度

在一定的焊丝直径、焊接电流和电弧电压条件下，随着焊接速度增加，焊缝宽度与焊缝厚度减小。焊接速度过快，不仅气体保护效果变差，可能出现气孔，而且还易产生咬边及未熔合等缺陷；但焊接速度过慢，则焊接生产率降低，焊接变形增大。一般 CO_2 半自动焊时的焊接速度为 15 ~ 40m/h。

5. 焊丝伸出长度

焊丝伸出长度取决于焊丝直径，一般等于焊丝直径的 10 ~ 12 倍为宜。焊丝伸出长度过大，焊丝会成段熔断，飞溅严重，气体保护效果差；焊丝伸出长度过小，不但易造成飞溅物堵塞喷嘴，影响保护效果，也影响焊工视线。

6. CO_2 气体流量

CO_2 气体流量应根据焊接电流、焊接速度、焊丝伸出长度及喷嘴直径等选择。气体流量过小电弧不稳定，有密集气孔产生，焊缝表面易被氧化成深褐色；气体流量过大会出现气体素流，也会产生气孔，焊缝表面呈浅褐色。

通常在细丝 CO_2 焊时，CO_2 气体流量一般为 8~15L/min；粗丝 CO_2 焊时，CO_2 气体流量一般为 15~25L/min；若采用粗丝大电流，气体流量可提高到 25~50L/min。

7. 电源极性与回路电感

为了减少飞溅，保证焊接电弧的稳定性，CO_2 焊应选用直流反接。焊接回路的电感值应根据焊丝直径和电弧电压来选择，不同直径焊丝的合适电感值见表4-7。对于细滴过渡 CO_2 焊，回路电感对抑制飞溅的作用不大，一般不要求在焊接回路中加电感元件。

表4-7 不同直径焊丝合适的电感值

焊丝直径/mm	0.8	1.2	1.6
电感值/mH	0.01~0.08	0.10~0.16	0.30~0.70

 小提示

在焊接生产中，有时焊接电缆较长，常常将一部分电缆盘绕起来，这相当于在焊接回路中串入了一个附加电感，由于回路电感值的改变，使飞溅等发生变化，因此焊接过程正常后，电缆盘绕的圈数就不宜变动了。

8. 装配间隙及坡口尺寸

由于 CO_2 焊的焊丝直径较细，电流密度大，电弧穿透力强，电弧热量集中，一般对于厚度为 12mm 以下的焊件不开坡口也可焊透，对于必须开坡口的焊件，一般坡口角度可由焊条电弧焊的 60° 左右减为 30°~40°，钝边可相应增大 2~3mm，根部间隙可相应减少 1~2mm。

9. 喷嘴至焊件间的距离

喷嘴至焊件间的距离应根据焊接电流来选择，如图4-13所示。

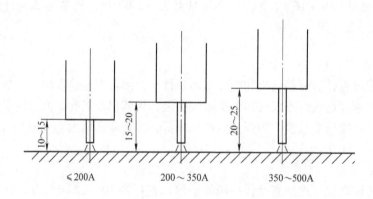

图4-13 喷嘴至焊件间的距离与焊接电流的关系

10. 焊枪倾角

焊枪倾角也是不容忽视的因素，焊枪倾角过大（如前倾角大于25°）时，将加大熔宽并减少熔深，还会增加飞溅。当焊枪与焊件成后倾角时（电弧指向已焊焊缝），焊缝窄，熔深较大，余高较高。

焊枪倾角对焊缝成形的影响如图 4-14 所示。通常焊工习惯用右手持枪，采用左向焊法，采用前倾角（焊件的垂线与焊枪轴线的夹角）10°~15°，不仅能够清楚地观察和控制熔池，而且还可得到较好的焊缝成形。

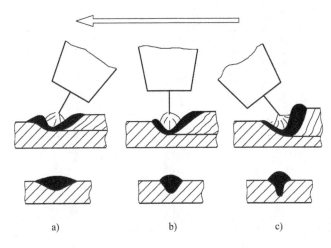

图 4-14　焊枪倾角对焊缝成形的影响

a）前倾　b）垂直　c）后倾

【工艺确定】

通过分析，低碳钢筒节焊缝 CO_2 焊焊接工艺如下，焊接操作工单见表 4-8。

一、焊接性

由于 20 钢是碳的质量分数平均值为 0.2% 的优质碳素结构钢，并且筒节结构简单，板厚为 10mm，所以焊接性好，焊接时不需要采取预热、后热及焊后热处理等工艺措施。

二、焊接工艺

（1）焊丝　常用的 CO_2 焊焊丝有 ER49-1 和 ER50-6 两种，均能满足焊接要求，但 ER50-6 的塑性、韧性要优于 ER49-1，故常选用 ER50-6。

（2）电源与极性　CO_2 焊采用交流电源电弧不稳定，故采用直流焊机，为减少飞溅，采用直流反接，所以选用半自动 NBC-350 焊机，直流反接。

（3）焊接参数　板厚为 10mm，需多层焊；第一层，焊丝直径 ϕ1.2mm，焊接电流 90~100A，电弧电压 17~19V，气体流量 10~14L/min，焊丝伸出长度 12~13mm；填充层，焊丝直径 ϕ1.2mm，焊接电流 160~170A，电弧电压 20~22V，气体流量 12~15L/min，焊丝伸出长度 12~14mm；盖面层，焊丝直径 ϕ1.2mm，焊接电流 150~160A，电弧电压 20~22V，气体流量 12~15L/min，焊丝伸出长度 12~14mm。

【相关知识】

CO_2 焊的冶金特性

表 4-8　低碳钢筒节 CO₂ 焊焊接操作工单

焊接操作工单

| 中华制造厂 | | | | | | 焊接操作工单 | | | | 工单号 | HGYK-××-×× |

焊缝及编号	FH006		母材材质	20	规格/mm	δ10	焊缝宽度/mm	16~18	焊缝余高/mm	0~3	要　求
焊接位置	平焊										1. 焊前清理：将焊接坡口及两侧表面20mm范围内的杂质清理干净，露出金属光泽。
焊工持证项目			接头简图								2. 焊丝表面应光洁，无油锈等，气体纯度达到要求。
焊评报告编号											3. 焊缝表面质量要求：
预热温度/℃	室温										1) 焊缝外形尺寸应符合设计图样和工艺文件的要求，焊缝与母材应圆滑过渡。
道间温度/℃											2) 焊缝及其热影响区表面无裂纹、未熔合、夹渣、弧坑、气孔。
焊后热处理	—										

接头简图（60°坡口，δ10，间隙 2~3）

层/道	焊接方法	焊接材料		焊接电流		电弧电压/V	焊接速度/(m/h)	焊机	焊剂或气体	保护气流量/(L/min)	钨极直径/mm
		牌号	直径/mm	极性	电流/A						
1	CO₂ 焊	ER50-6	φ1.2	直流反接	90~100	17~19	15~18	NBC-350	CO₂	10~14	
2	CO₂ 焊	ER50-6	φ1.2	直流反接	160~170	20~22	18~20	NBC-350	CO₂	12~15	
3	CO₂ 焊	ER50-6	φ1.2	直流反接	150~160	20~22	18~20	NBC-350	CO₂	12~15	

CO₂焊板对接立焊动画

在常温下，CO_2 气体的化学性能呈中性，但在电弧高温下，CO_2 气体被分解而呈很强的氧化性，能使合金元素氧化烧损，降低焊缝金属的力学性能，还可成为产生气孔和飞溅的根源。因此，CO_2 焊的焊接冶金具有特殊性。

1. 合金元素的氧化与脱氧

（1）合金元素氧化　CO_2 在电弧高温作用下，易分解为一氧化碳和氧，使电弧气氛具有很强的氧化性。其中 CO 在焊接条件下不溶于金属，也不与金属发生反应，而原子状态的氧使铁及合金元素迅速氧化。结果使铁、锰、硅等焊缝有用的合金元素大量氧化烧损，降低力学性能。同时溶入金属的 FeO 与 C 元素作用产生的 CO 气体，一方面使熔滴和熔池金属发生爆破，产生大量的飞溅；另一方面结晶时来不及逸出，导致焊缝产生气孔。

（2）脱氧　CO_2 焊通常的脱氧方法是采用具有足够脱氧元素的焊丝。常用的脱氧元素是锰、硅、铝、钛等。对于低碳钢及低合金钢的焊接，主要采用锰、硅联合脱氧的方法，因为锰和硅脱氧后生成的 MnO 和 SiO_2 能形成复合物浮出熔池，形成一层微薄的渣壳覆盖在焊缝表面。

2. CO_2 焊的气孔

焊缝金属中产生气孔的根本原因是熔池金属中的气体在冷却结晶过程中来不及逸出造成的。CO_2 焊时，熔池表面没有熔渣覆盖，CO_2 气流又有冷却作用，因此，结晶速度较快，容易在焊缝中产生气孔。CO_2 焊时可能产生的气孔有以下 3 种。

（1）一氧化碳气孔　当焊丝中脱氧元素不足，使大量的 FeO 不能还原而溶于金属中，在熔池结晶时发生下列反应：

$$FeO + C \rightarrow Fe + CO \uparrow$$

这样，所生成的 CO 气体若来不及逸出，就会在焊缝中形成气孔。因此，应保证焊丝中含有足够的脱氧元素 Mn 和 Si，并严格限制焊丝中的含 C 量，就可以减小产生 CO 气孔的可能性。CO_2 焊时，只要焊丝选择得适当，产生 CO 气孔的可能性不大。

（2）氢气孔　氢的来源主要是焊丝、焊件表面的铁锈、水分和油污及 CO_2 气体中含有的水分。如果熔池金属溶入大量的氢，就可能形成氢气孔。

因此，为防止产生氢气孔，应尽量减少氢的来源，焊前要适当清除焊丝和焊件表面的杂质，并需对 CO_2 气体进行提纯与干燥处理。此外，由于 CO_2 焊的保护气体氧化性很强，可减弱氢的不利影响，所以 CO_2 焊时形成氢气孔的可能性较小。

（3）氮气孔　当 CO_2 气流的保护效果不好，如 CO_2 气体流量太小、焊接速度过快、喷嘴被飞溅堵塞等，以及 CO_2 气体纯度不高，含有一定量的空气时，空气中的氮就会大量溶入熔池金属内。当熔池金属结晶凝固时，若氮来不及从熔池中逸出，便形成氮气孔。

应当指出，CO_2 焊最常发生的是氮气孔，而氮主要来自于空气。所以必须加强 CO_2 气流的保护效果，这是防止 CO_2 焊的焊缝中产生气孔的重要途径。

3. CO_2 焊的熔滴过渡

CO_2 焊熔滴过渡主要有两种形式：短路过渡和滴状过渡。喷射过渡在 CO_2 焊时很难出现。

（1）短路过渡　CO_2 焊在采用细焊丝、小电流和低电弧电压焊接时，可获得短路过渡。短路过渡时，电弧长度较短，焊丝端部熔化的熔滴尚未成为大滴时便与熔池表面接触而短路。此时电弧熄灭，熔滴在电磁收缩力和熔池表面张力的共同作用下，迅速脱离焊丝端部过

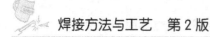
渡到熔池。随后电弧又重新引燃，重复上述过程。CO_2 焊短路过渡的电流、电压波形变化和熔滴过渡情况如图 4-15 所示。

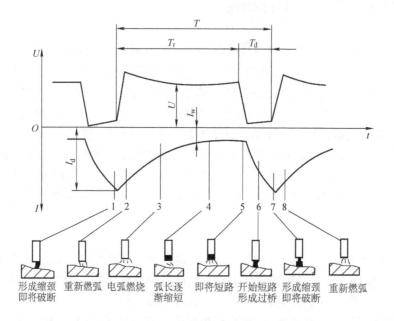

形成缩颈　重新燃弧　电弧燃烧　弧长逐　即将短路　开始短路　形成缩颈　重新燃弧
即将破断　　　　　　　　　渐缩短　　　　　　形成过桥　即将破断

图 4-15　CO_2 焊短路过渡过程及焊接电流、电弧电压波形图

T——一个短路过渡周期的时间　T_r—电弧燃烧时间　T_d—短路时间

U—电弧电压　I_d—短路最大电流　I_w—稳定的焊接电流

　　CO_2 焊的短路过渡，由于过渡频率高，电弧非常稳定，飞溅小，焊缝成形良好，同时焊接电流较小，焊接热输入低，故适宜于薄板及全位置焊缝的焊接。

　　（2）滴状过渡　CO_2 焊在采用粗焊丝、较大电流和较高电压时，会出现滴状过渡。CO_2 焊滴状过渡时，由于焊接电流较大，电弧穿透力强，母材的焊缝厚度较大，多用于中、厚板的焊接。滴状过渡有两种形式：

　　1）大颗粒过渡。这时的电流电压比短路过渡稍高，电流一般在 400A 以下，熔滴较大且不规则，过渡频率较低，易形成偏离焊丝轴线方向的非轴向过渡，如图 4-16 所示。这种大颗粒非轴向过渡，电弧不稳定，飞溅很大，成形差，在实际生产中不宜采用。

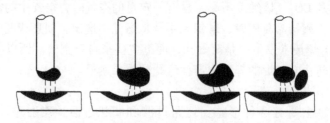

图 4-16　非轴线方向颗粒过渡示意图

　　2）细滴过渡。这时焊接电流、电弧电压进一步增大，焊接电流在 400A 以上。此时，由于电磁收缩力的加强，熔滴细化，过渡频率也随之增加。虽然仍为非轴向过渡，但飞溅相

对较少，电弧较稳定，焊缝成形较好，故在生产中应用较广泛。

4. CO_2焊的飞溅

飞溅是CO_2焊的主要缺点，颗粒过渡的飞溅程度要比短路过渡时严重得多。一般金属飞溅损失占焊丝熔化金属的10%左右，严重时可达30%～40%，在最佳情况下，飞溅损失可控制在2%～4%的范围内。

（1）CO_2焊飞溅的有害影响

1）CO_2时，飞溅增大，会降低焊丝的熔敷系数，从而增加焊丝及电能的消耗，降低焊接生产率和增加焊接成本。

2）飞溅金属粘到导电嘴端面和喷嘴内壁上，会使送丝不畅而影响电弧稳定性，或者降低保护气体的保护作用，容易使焊缝产生气孔，影响焊缝质量。并且，飞溅金属粘到导电嘴、喷嘴、焊缝及焊件表面上，需待焊后进行清理，这就增加了焊接的辅助工时。

3）焊接过程中飞溅出的金属，还容易烧坏焊工的工作服，甚至烫伤皮肤、恶化劳动条件。

（2）CO_2焊产生飞溅的原因及防止措施

1）由冶金反应引起的飞溅。这种飞溅主要由CO气体造成。焊接过程中，熔滴和熔池中的碳氧化成CO，CO在电弧高温作用下，体积急速膨胀，压力迅速增大，使熔滴和熔池金属产生爆破，从而产生大量飞溅。减少这种飞溅的方法是采用含有锰、硅脱氧元素的焊丝，并降低焊丝中的含碳量。

2）由极点压力产生的飞溅。这种飞溅主要取决于焊接时的极性。当使用正极性焊接时（焊件接正极、焊丝接负极），正离子飞向焊丝端部的熔滴，机械冲击力大，形成大颗粒飞溅。而反极性焊接时，飞向焊丝端部的电子撞击力小，致使极点压力大为减小，因而飞溅较小。所以CO_2焊应选用直流反接。

3）熔滴短路时引起的飞溅。这种飞溅发生在短路过渡过程中，当焊接电源的动特性不好时，则更显得严重。当熔滴与熔池接触时，若短路电流增长速度过快，或者短路最大电流值过大时，会使缩颈处的液态金属发生爆破，产生较多的细颗粒飞溅；若短路电流增长速度过慢，则短路电流不能及时增大到要求的电流值，此时，缩颈处就不能迅速断裂，使伸出导电嘴的焊丝在电阻热的长时间加热下，成段软化和断落，并伴随着较多的大颗粒飞溅。减少这种飞溅的方法，主要是通过调节焊接回路中的电感来调节短路电流增长速度。

4）非轴向颗粒过渡造成的飞溅。这种飞溅是在颗粒过渡时由于电弧的斥力作用而产生的。当熔滴在极点压力和弧柱中气流的压力共同作用下，熔滴被推到焊丝端部的一边，并抛到熔池外面去，产生大颗粒飞溅。

5）焊接参数选择不当引起的飞溅。这种飞溅是因焊接电流、电弧电压和回路电感等焊接参数选择不当而引起的。如随着电弧电压的增加，电弧拉长，熔滴易长大，且在焊丝末端产生无规则摆动，致使飞溅增大。焊接电流增大，熔滴体积变小，熔敷率增大，飞溅减少。因此必须正确地选择CO_2焊的焊接参数，才会减少产生这种飞溅的可能性。

另外，还可以从焊接技术上采取措施，如采用CO_2潜弧焊。该方法是采用较大焊接电流、较小的电弧电压，把电弧压入熔池形成潜弧，使产生的飞溅落入熔池，从而使飞溅大大减少。这种方法熔深大、效率高，现已广泛应用于厚板的焊接，如图4-17所示。

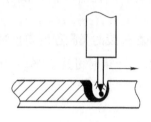

图 4-17　CO_2潜弧焊

小提示

在 CO_2 焊焊前使用飞溅防粘剂涂抹在焊缝两侧 $100 \sim 150mm$ 范围内，使用喷嘴防堵剂涂在喷嘴内壁和导电嘴端面，可消除飞溅带来的不利影响。

任 务 三　低合金高强度钢的 MAG 焊

【学习目标】

1）理解低合金高强度结构钢的 MAG 焊工艺。

2）了解熔化极氩弧焊工艺。

3）了解药芯焊丝气体保护电弧焊工艺。

【任务描述】

图 4-18 为一 T 形梁钢结构图，材料为 Q355。根据有关标准和技术要求，采用 MAG 焊进行焊接，请制定正确的焊接工艺，并填写焊接操作工单（表4-9）。

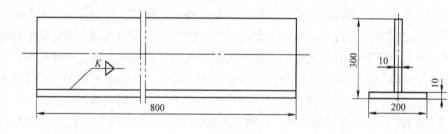

技术要求

1. 焊脚$K=(11\pm1)mm$。
2. 焊后立板与平板垂直。

图 4-18　T 形梁钢结构图

【工艺分析】

工艺分析主要包括材料的焊接性、焊丝及设备选用、混合气体选用、焊接参数选择等内容。

表 4-9　焊接操作工单

焊接操作工单

中华制造厂						工单号	HGYK－××－××
焊缝及编号							要　求
焊接位置							
焊工持证项目							
焊评报告编号							
预热温度/℃							
道间温度/℃		母材材质		规格/mm	焊缝宽度/mm	焊缝余高/mm	
焊后热处理							

层/道	焊接方法	焊接材料		焊接电流		电弧电压/V	焊接速度/(m/h)	焊机	焊剂或气体	保护气流量/(L/min)	钨极直径/mm
		型号	直径/mm	极性	电流/A						

接头简图

117

一、材料的焊接性

低合金高强度结构钢由于含碳量（$w_C \leqslant 0.2\%$）及合金元素含量均较低，因此 MAG 焊焊接性较好，一般均能保证焊接质量。但由于这类钢中含有一定量的合金元素及微合金化元素，随着强度级别的提高，板厚增加，焊接性将变差，焊接时可能会出现焊接裂纹和产生焊接热影响区脆化，这时需采取一定的焊接工艺措施（如预热、后热、控制热输入等）。低合金高强度结构钢的焊接性分析详见模块二的任务三。

二、MAG 焊常用混合气体

1. $Ar + O_2$

$Ar + O_2$ 活性混合气体可用于碳钢、低合金钢、不锈钢等高合金钢及高强钢的焊接。焊接不锈钢等高合金钢及高强钢时，O_2 的含量（体积分数）应控制在 $1\% \sim 5\%$；焊接碳钢、低合金钢时，O_2 的含量（体积分数）可达 20%。

2. $Ar + CO_2$

$Ar + CO_2$ 混合气体既具有 Ar 的优点，如电弧稳定性好、飞溅小、很容易获得轴向喷射过渡等，同时又因为具有氧化性，克服了用单一 Ar 气焊接时产生的阴极漂移现象及焊缝成形不好等问题。Ar 与 CO_2 气体的比例通常为 $(70\% \sim 80\%)/(30\% \sim 20\%)$（体积分数）。这种比例既可用于喷射过渡电弧，也可用于短路过渡及脉冲过渡电弧。但在用短路过渡电弧进行垂直焊和仰焊时，Ar 和 CO_2 的比例最好是 $1:1$，这样有利于控制熔池。现在常用的是用 80% Ar $+20\%$ CO_2（体积分数）焊接碳钢及低合金钢。

3. $Ar + O_2 + CO_2$

$Ar + O_2 + CO_2$ 活性混合气体可用于焊接低碳钢、低合金钢，其焊缝成形、接头质量以及金属熔滴过渡和电弧稳定性都比 $Ar + O_2$、$Ar + CO_2$ 强。

三、MAG 焊焊丝

熔化极活性气体保护焊时，由于保护气体有一定氧化性必须使用含有 Si、Mn 等脱氧元素的焊丝。焊接低合金钢高强钢时常选用 ER50 - 3、ER50 - 6、ER49 - 1 焊丝，详见国家标准 GB/T 8110—2008《气体保护电弧焊用碳钢、低合金钢焊丝》。

焊丝直径的选择与 CO_2 焊相同，在使用半自动焊时，常使用 1.6mm 以下直径的焊丝进行施焊。当采用直径大于 2mm 的焊丝时，一般均采用自动焊。

四、MAG 焊设备

熔化极活性气体保护焊设备如图 4-19 所示。由于是混合气体保护，所以它比一般熔化极气体保护焊设备系统中多加入了气源（气瓶）和气体混合配比器。

为了有效地保证焊接时使用的混合气体组分配比正确、可靠和均匀，必须使用合适的混合气体配比装置。对于集中供气系统，则由整个系统的完善来保证；但对于单台焊机使用混合气体作为保护气体时，则必须使用专门的混合气体配比器。现在市场上已有瓶装的 Ar、CO_2 混合气体供应了，使用起来十分方便。

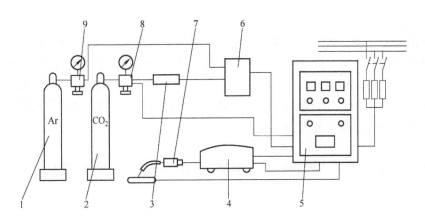

图 4-19　熔化极活性气体保护焊设备组成
1—Ar 气瓶　2—CO$_2$ 气瓶　3—干燥器　4—送丝小车
5—焊接电源　6—混合气体配比器　7—焊枪　8、9—减压流量计

五、焊接参数的选择原则

熔化极活性气体保护焊的焊接参数主要包括焊丝的选择、焊接电流、电弧电压、焊接速度、焊丝伸出长度、气体流量、电源种类及极性等。

1. 焊接电流

焊接电流是熔化极活性气体保护焊的重要焊接参数，焊接电流的大小应根据工件的厚度、坡口形状、所采用的焊丝直径以及所需要的熔滴过渡形式来选择。对于短路过渡，可参照 CO$_2$ 焊选用。对于喷射过渡，焊接电流通常比临界电流大 30～50A。表 4-10 列举了富氩混合气体保护焊平焊操作时的焊接电流值。

表 4-10 列举了生产实际中熔化极活性气体保护焊操作时的焊接参数值。

表 4-10　熔化极活性气体保护焊焊接参数

材质	板厚/mm	焊丝层次	焊丝直径/mm	焊接电流/A	电弧电压/V	气体流量/(L/min)	焊接速度/(mm/min)
Q235A	16	打底层	1.2	95～105	18～19	15	250～300
		中间层	1.2	200～220	23～25		250～300
		盖面层	1.2	190～210	22～24		250～300
Q355	16	打底层	1.6	250～275	30～31	25	300～350
		中间层	1.6	325～350	34～35		300～350
		盖面层	1.6	325～350	34～35		300～350
		封底层	1.6	325～350	34～35		300～350

焊接电流的选择除参照有关经验数据外还可通过工艺评定试验得出的焊接电流值进行

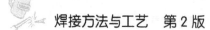
调节。

2. 电弧电压

电弧电压也是焊接工艺中的关键参数之一。电弧电压的高低决定了电弧长短与熔滴的过渡形式。只有当电弧电压与焊接电流有机地匹配，才能获得稳定的焊接过程。当电流与电弧电压匹配良好时，电弧稳定、飞溅少、声音柔和，焊缝熔合情况良好。表4-10列举了富氩混合气体保护焊平焊操作时的电弧电压值。其他位置操作时，其电弧电压和焊接电流的选择可按照平焊位置进行适当衰减调整。

3. 焊丝伸出长度

焊丝伸出长度与CO_2气体保护焊基本相同，一般为焊丝直径的10倍左右。

4. 气体流量

气体流量也是一个重要的参数。流量太小，起不到保护作用；流量太大，由于紊流的产生、保护效果也不好，而且气体消耗太大，成本升高。一般半自动焊时，气体流量为15～25L/min。

5. 焊接速度

半自动焊焊接速度全靠施焊者自行确定。因为焊接速度过快，可以产生很多缺陷，如未焊透、熔合情况不佳、焊道太薄、保护效果差、产生气孔等；但焊接速度太慢则又可能使焊缝过热、甚至烧穿、成形不良、生产率太低等。因此，焊接速度的确定应由操作者在综合考虑板厚、电弧电压及焊接电流、层次、坡口形状及大小、熔合情况和施焊位置等因素来确定并及时调整。

6. 电源种类及极性

熔化极活性气体保护焊与MAG焊一样，为了减少飞溅，一般均采用直流反极性焊接，即焊件接负极，焊枪接正极。

 师傅点拨

　　MAG焊与CO_2焊相比，尽管成本较高，但由于具有电弧稳定，易形成喷射过渡，飞溅小；大部分保护气为氩气，熔池保护好，力学性能高；焊缝成形好，焊波细密、均匀美观等优点，所以有不少企业已将原来用CO_2焊的焊接结构改为MAG焊代替。

【工艺确定】

通过分析，T形梁钢结构焊缝CO_2焊焊接工艺如下，焊接操作工单见表4-11。

一、焊接性

由于T形梁钢结构材质为Q355，其碳的质量分数≤0.18%，抗拉强度约为500MPa，且结构简单、板厚为10mm，故焊接性良好，焊接时不需要采取预热、后热及焊后热处理等工艺措施。

二、焊接工艺

（1）焊丝　常用的MAG焊焊丝有ER50-3、ER50-6、ER49-1等，强度均能满足焊接要求，但ER50-6的塑性、韧性要优于ER49-1，故常选用ER50-6。

表 4-11 T 形梁钢结构焊接操作工单

焊接操作工单

中华制造厂								工单号	HGYK-×××-××

接头简图

要求

1. 焊前清理：将焊接坡口及两侧表面 20mm 范围内的杂质清理干净，露出金属光泽。

2. 焊丝表面应光洁，无锈油等。气体纯度达到要求。

3. 焊缝表面质量要求：

1）焊缝外形尺寸应符合设计图样和工艺文件的要求，焊缝与母材应圆滑过渡。

2）焊缝及其热影响区表面无裂纹、未熔合、夹渣、弧坑、气孔。

焊缝及编号	HF007
焊接位置	平焊
焊工持证项目	
焊评报告单编号	
预热温度/℃	室温
道间温度/℃	
焊后热处理	

母材材质	Q355	规格 δ/mm	10	焊机	NB-500	焊缝宽度/mm	焊脚 10~12	焊缝余高/mm	

层/道	焊接方法	焊接材料 牌号	直径/mm	焊接电流 极性	电流/A	电弧电压/V	焊接速度/(m/h)	焊剂或气体(体积分数,%)	保护气流量/(L/min)	钨极直径/mm
1/1	MAG	ER50-6	φ1.2	直流反接	160~170	20~22	18~20	80Ar+20CO₂	15~16	
2/2	MAG	ER50-6	φ1.2	直流反接	190~200	22~24	18~20	80Ar+20CO₂	16~20	

（2）气体 80% Ar + 20% CO_2（体积分数）。

（3）电源与极性 MAG 焊采用交流电源电弧不稳，同时为减少飞溅，所以可选用 NB - 500、直流反接（现在生产的熔化极气体保护焊机大多是 MAG 焊 / CO_2 焊 / MAG 焊三合一焊机）。

（4）焊接参数 板厚为10mm，需二层三道焊；第一层（道），焊丝直径 ϕ1.2mm，焊接电流 160 ~ 170A，电弧电压 20 ~ 22V，气体流量 15 ~ 16L/min，焊丝伸出长度 12 ~ 14mm；盖面层（两道），焊丝直径 ϕ1.2mm，焊接电流 190 ~ 200A，电弧电压 22 ~ 24V，气体流量 16 ~ 20L/min，焊丝伸出长度 12 ~ 15mm。

【相关知识】

药芯焊丝是继电焊条、实心焊丝之后广泛应用的又一类焊接材料，使用药芯焊丝作为填充金属的各种电弧焊方法称为药芯焊丝电弧焊。药芯焊丝电弧焊根据外加保护方式不同有药芯焊丝气体保护电弧焊、药芯焊丝埋弧焊及药芯焊丝自保护焊。药芯焊丝气体保护焊又有药芯焊丝 CO_2 气体保护焊、药芯焊丝熔化极惰性气体保护焊和药芯焊丝混合气体保护焊等。其中应用最广的是药芯焊丝 CO_2 气体保护焊。

1. 药芯焊丝气体保护焊的原理及特点

（1）药芯焊丝气体保护焊的原理 药芯焊丝气体保护焊的基本工作原理与普通熔化极气体保护焊一样，是以可熔化的药芯焊丝作为电极及填充材料，在外加气体如 CO_2 保护下进行焊接的电弧焊方法。与普通熔化极气体保护焊的主要区别在于焊丝内部装有药粉，焊接时，在电弧热作用下熔化状态的药芯焊丝、母材金属和保护气体相互之间发生冶金作用，同时形成一层较薄的液态熔渣包覆熔滴并覆盖熔池，对熔化金属形成了又一层的保护。实质上这种焊接方法是一种气渣联合保护的方法，如图 4-20 所示。

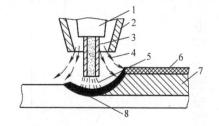

图 4-20 药芯焊丝气体保护焊示意图
1—导电嘴 2—喷嘴 3—药芯焊丝 4—CO_2 气体
5—电弧 6—熔渣 7—焊缝 8—熔池

（2）药芯焊丝气体保护焊的特点 药芯焊丝气体保护焊综合了焊条电弧焊和普通熔化极气体保护焊的优点。其主要优点如下：

1）采用气渣联合保护，保护效果好，抗气孔能力强，焊缝成形美观，电弧稳定性好，飞溅少且颗粒细小。

2）焊丝熔敷速度快，熔敷速度明显高于焊条，并略高于实心焊丝，熔敷效率和生产率都较高，生产率比焊条电弧焊高 3 ~ 4 倍，经济效益显著。

3）焊接各种钢材的适应性强，通过调整药粉的成分与比例，可焊接和堆焊不同成分的钢材。

4）由于药粉改变了电弧特性，对焊接电源无特殊要求，交、直流电源和平缓外特性均可。

药芯焊丝气体保护焊也有不足之处：焊丝制造过程复杂；送丝较实心焊丝困难，需要采用降低送丝压力的送丝机构等；焊丝外表易锈蚀、药粉易吸潮，故使用前应对焊丝外表进行清理和 250 ~ 300℃ 的烘烤。

2. 药芯焊丝

（1）药芯焊丝的组成 药芯焊丝是由金属外皮（如08A）和芯部药粉组成，即由薄钢带卷成圆形钢管或异形钢管的同时，填满一定成分的药粉后经拉制而成。其截面形状有 E 形、O 形和梅花形、中间填丝形、T 形等，各种药芯焊丝的截面形状如图 4-21 所示。药粉的成分与焊条的药皮类似，目前国产的 CO_2 气体保护焊药芯焊丝多为钛型药粉焊丝，规格有 $\phi2.0mm$、$\phi2.4mm$、$\phi2.8mm$、$\phi3.2mm$ 等几种。

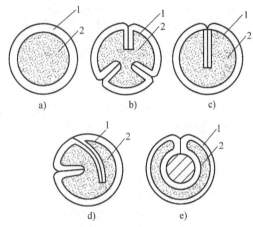

图 4-21 各种药芯焊丝的截面形状
a）O 形 b）梅花形 c）T 形 d）E 形 e）中间填丝形
1—钢带 2—药粉

（2）非合金钢及细晶粒钢药芯焊丝的型号 根据 GB/T 10045—2018《非合金钢及细晶粒钢药芯焊丝》标准规定，焊丝型号按力学性能、使用特性、焊接位置、保护气体类型、焊后状态和熔敷金属化学成分划分。仅适用于单道焊的焊丝，其型号划分中不包括焊后状态和熔敷金属化学成分。该标准适用于最小抗拉强度不大于 570MPa 的气体保护焊和自保护电弧焊用药芯焊丝。

焊丝型号由以下八部分组成。

第一部分：字母 T 表示药芯焊丝。

第二部分：表示用于多道焊时焊态或焊后热处理条件下，熔敷金属的抗拉强度代号（43、49、55、57），或者表示用于单道焊时焊态条件下焊接接头的抗拉强度代号（43、49、55、57）。

第三部分：表示冲击吸收能量不小于 27J 时的试验温度代号。仅适用于单道焊的焊丝无此代号。

第四部分：表示使用特性代号。

第五部分：表示焊接位置代号。0 表示平焊、平角焊，1 表示全位置焊。

第六部分：表示保护气体类型代号，自保护为 N，仅适用于单道焊的焊丝在该代号后添加字母 S。

第七部分：表示焊后状态代号。其中 A 表示焊态，P 表示焊后热处理状态，AP 表示焊态和焊后热处理两种状态均可。

第八部分：表示熔敷金属化学成分分类。

除以上强制代号外，可在其后依次附加可选代号：字母 U 表示在规定的试验温度下，冲击吸收能量应不小于 47J；扩散氢代号 HX，其中 X 可为数字 15、10 或 5，分别表示每 100g 熔敷金属中扩散氢含量最大值（mL）。

非合金钢及细晶粒钢药芯焊丝型号举例：

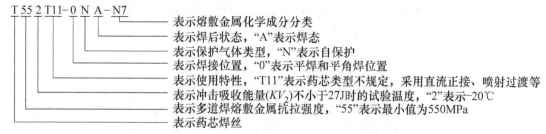

T 55 2 T11-0 N A-N7
- 表示熔敷金属化学成分分类
- 表示焊后状态，"A"表示焊态
- 表示保护气体类型，"N"表示自保护
- 表示焊接位置，"0"表示平焊和平角焊位置
- 表示使用特性，"T11"表示药芯类型不规定，采用直流正接、喷射过渡等
- 表示冲击吸收能量（KV_2）不小于27J时的试验温度，"2"表示-20℃
- 表示多道焊熔敷金属抗拉强度，"55"表示最小值为550MPa
- 表示药芯焊丝

（3）药芯焊丝的牌号　焊丝牌号以字母"Y"表示药芯焊丝，其后字母表示用途或钢种类别，见表4-12。字母后的第一、二位数字表示熔敷金属抗拉强度最小值，单位 MPa。第三位数字表示药芯类型及电流种类（与焊条相同）。第四位数字代表保护类型，见表4-13。

焊丝牌号举例：

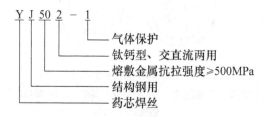

Y J 50 2-1
- 气体保护
- 钛钙型、交直流两用
- 熔敷金属抗拉强度≥500MPa
- 结构钢用
- 药芯焊丝

表 4-12　药芯焊丝类别

字母	钢类别	字母	钢类别
J	结构钢用	G	铬不锈钢
R	低合金耐热钢	A	奥氏体不锈钢
D	堆焊		

表 4-13　药芯焊丝的保护类型

牌号	焊接时保护类型	牌号	焊接时保护类型
YJ××-1	气保护	YJ××-3	气保护、自保护两用
YJ××-2	自保护	YJ××-4	其他保护形式

3. 药芯焊丝气体保护焊焊接参数

药芯焊丝 CO_2 气体保护电弧焊工艺与实心焊丝 CO_2 气体保护焊相似，其焊接参数主要有焊接电流、电弧电压、焊接速度、焊丝伸出长度等。电源一般采用直流反接，焊丝伸出长度一般为 15～25mm，焊接速度通常在 30～50cm/min。焊接电流与电弧电压必须恰当匹配，一般焊接电流增加电弧电压应适当提高。不同直径药芯焊丝 CO_2 气体保护电弧焊常用焊接电流、电弧电压见表4-14。药芯焊丝半自动 CO_2 气体保护电弧焊的焊接参数见表4-15。

表 4-14　不同直径药芯焊丝常用焊接电流、电弧电压范围

焊丝直径/mm	1.2	1.4	1.6
电流/A	110～350	130～400	150～450
电弧电压/V	18～32	20～34	22～38

表 4-15 药芯焊丝半自动 CO_2 气体保护电弧焊焊接参数

焊件厚度 /mm	坡口形式及尺寸		焊接电流 /A	电弧电压 /V	气体流量 /(L/min)	备注
	坡口形式	尺寸				
3	I 形坡口对接	$b = 0 \sim 1mm$	260 ~ 270	26 ~ 27	15 ~ 16	焊一层
6			270 ~ 280	27 ~ 28	16 ~ 17	焊一层
9		$b = 0 \sim 2mm$	260 ~ 270	26 ~ 27	16 ~ 17	正面焊一层
			270 ~ 280	27 ~ 28	16 ~ 17	反面焊一层
12	Y 形坡口对接	$\alpha = 40° \sim 45°$	280 ~ 300	29 ~ 31	16 ~ 18	正面焊二层
15		$p = 3mm$	270 ~ 280	27 ~ 28	16 ~ 17	正面焊一层
		$b = 0 \sim 2mm$	280 ~ 290	28 ~ 30	17 ~ 18	反面焊二层
20	双 Y 形坡口对接	$\alpha = 40° \sim 45°$	300 ~ 320	30 ~ 32	18 ~ 19	正面焊一层
		$p = 3mm$ $b = 0 \sim 1mm$	310 ~ 320	31 ~ 32	17 ~ 19	反面焊一层
焊脚 /mm	6	I 形坡口、T 形接头	280 ~ 290	28 ~ 30	17 ~ 18	焊一层
	9	$b = 0 \sim 2mm$	290 ~ 310	29 ~ 31	18 ~ 19	焊两层两道
	12		280 ~ 290	28 ~ 30	17 ~ 18	焊两层三道
	15		290 ~ 310	29 ~ 31	19 ~ 20	焊两层三道

【拓展与提高】

一、熔化极氩弧焊

熔化极惰性气体保护焊一般是采用氩气或氩气和氦气的混合气体作为保护气体进行焊接的。所以熔化极惰性气体保护焊通常指的是熔化极氩弧焊。

1. 熔化极氩弧焊的原理及特点

（1）熔化极氩弧焊的原理 熔化极氩弧焊采用焊丝作电极，在氩气保护下，电弧在焊丝与焊件之间燃烧。焊丝连续送给并不断熔化，而熔化的熔滴也不断向熔池过渡，与液态的焊件金属熔合，经冷却凝固后形成焊缝。熔化极氩弧焊按其操作方式有熔化极半自动氩弧焊和熔化极自动氩弧焊两种。

（2）熔化极氩弧焊的特点

1）焊缝质量高。由于采用惰性气体作为保护气体，保护气体不与金属起化学反应，合金元素不会氧化烧损，而且也不溶解于金属。因此保护效果好，且飞溅极少，能获得较为纯净及高质量的焊缝。

2）焊接范围很广。几乎所有的金属材料都可以进行焊接，特别适宜焊接化学性质活泼的金属和合金。熔化极氩弧焊主要用于铝、镁、钛、铜及其合金和不锈钢及耐热钢等材料的焊接，有时还可用于焊接结构的打底焊。不仅能焊薄板也能焊厚板，特别适用于中等和大厚度焊件的焊接。

3）焊接效率高。由于用焊丝作为电极，克服了钨极氩弧焊钨极的熔化和烧损的限制，焊接电流可大大提高，焊缝厚度增大，焊丝熔敷速度加快，所以具有较高的焊接生产率，并改善了劳动条件。

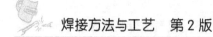

4）熔化极氩弧焊的主要缺点是无脱氧去氢作用，对焊丝和母材上的油、锈敏感，易产生气孔等缺陷，所以对焊丝和母材表面应严格清理。由于采用氩气或氦气，焊接成本相对较高。

2. 熔化极氩弧焊的设备及工艺

（1）熔化极氩弧焊的设备　熔化极氩弧焊的设备与普通熔化极气体保护焊设备一样，也分为自动焊设备和半自动焊设备，只是在其供气系统中，由于采用惰性气体，不需要预热器。又因为惰性气体不像 CO_2 那样含有水分，故不需干燥器。

我国定型生产的熔化极半自动氩弧焊机有 NBA 系列，如 NBA – 500 型等；熔化极自动氩弧焊机有 NZA 系列，如 NZA – 1000 型等。

（2）熔化极氩焊的焊接工艺　熔化极氩弧焊的焊接参数主要有焊丝直径、焊接电流、电弧电压、喷嘴直径、氩气流量等。

熔化极氩弧焊熔滴过渡形式有喷射过渡、短路过渡等，但多采用喷射过渡。在铝及其合金焊接时，也常采用亚喷射过渡。

要获得喷射过渡形式，焊接电流和电弧电压是关键，只有焊接电流大于临界电流值，并且满足电弧电压与之相匹配，才能获得稳定的喷射过渡。不同材料和不同焊丝直径的临界电流值见表4-16。但焊接电流也不能过大，当焊接电流过大时，熔滴将产生不稳定的非轴向喷射过渡，飞溅增加，破坏熔滴过渡的稳定性。

表4-16　不同材料和不同焊丝直径的临界电流

材料	焊丝直径/mm	临界电流/A
铝	0.8	95
	1.2	135
	1.6	180
脱氧铜	0.9	180
	1.2	210
	1.6	310
钛	0.8	120
	1.6	225
	2.4	320
不锈钢	0.8	160
	1.2	210
	1.6	240
	2.0	280
	2.5	300
	3.0	350

由于熔化极氩弧焊对熔池和电弧区的保护要求较高，而且电弧功率及熔池体积一般较钨极氩弧焊时大，所以氩气流量和喷嘴孔径相应增大，通常喷嘴孔径为20mm左右，氩气流量在 30～65L/min 范围内。

熔化极氩弧焊常采用直流反接，因为直流反接易实现喷射过渡，飞溅少，同时还可发挥阴极破碎作用。

二、气电立焊

气电立焊（EGW）是厚板立焊时，在接头两侧使用成形器具（固定式或移动式冷却块）保持熔池形状，强制焊缝成形的一种电弧焊。它是由普通熔化极气体保护焊和电渣焊发展而形成的一种熔化极气体保护电弧焊方法。气电立焊及原理如图4-22所示。

 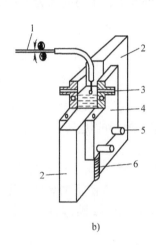

a)   b)

图4-22 气电立焊及原理
1—焊丝 2—焊件 3—保护气体 4—滑块 5—冷却水 6—焊缝

1. 气电立焊原理及特点

图4-22是气电立焊的原理示意图，气电立焊与电渣焊类似，是利用水冷滑块挡住熔化金属，使之强迫成形，以实现立向位置焊接。焊接时，焊丝连续向下送入由焊件坡口面和两个水冷滑块面形成的凹槽中，在焊丝与母材金属之间形成电弧，并不断熔化和流向电弧下的熔池中。随着熔池上升，电弧与水冷滑块也随着上移，原先的凹槽被熔化金属填充，形成焊缝。

气电立焊的优点是可使不开坡口的厚板一次焊接成形，生产率高，成本低。气电立焊通常用于较厚的低碳钢和中碳钢等材料的焊接，也可用于奥氏体不锈钢和其他金属的焊接。板材厚度在12~80mm之间最为适宜。

2. 气电立焊设备

气电立焊设备主要由焊接电源、导电嘴、水冷滑块、送丝机构、焊丝摆动机构和供气装置等组成。焊接电源采用直流电源反接。采用陡降外特性，也可采用平特性。因焊缝较长，往往需要长时间连续工作，所以电源的负载持续率为100%，额定电流为750~1000A。除焊接电源外，其余部分都被组装在一起，并随着焊接过程的进行而垂直向上移动，这种方法可以看成是一种焊缝在垂直上升的平焊。

3. 气电立焊工艺

气电立焊通常采用熔化极氧化性混合气体80% Ar + 20% CO_2（体积分数）或纯 CO_2 气体。焊丝可选用实心焊丝或药芯焊丝，焊丝的直径通常为1.6~4mm。常用的坡口形式有 I 形坡口、V 形坡口或 X 形坡口等。一般在接头两端加引弧板和引出板。

气电立焊的熔深是指对接接头侧面母材的熔入深度。通常熔深随焊接电流的增加而减小，即焊缝熔宽减小，同时焊接电流增加，送丝速度、熔敷率和接头填充速度（即焊接速度）将提高，焊接电流通常在750～1000A范围内。随电弧电压增高，熔深增大，而焊缝宽度增加，电弧电压通常为30～55V。焊丝伸出长度为38～40mm，因此焊丝熔化速度较高。板材厚度大于30mm的焊件一般要作横向摆动，摆动速度为7～8mm/s。导电嘴在距每侧冷却滑块约10mm处停留，停留时间为1～3s，以抵消水冷滑块对金属的冷却作用，使焊缝表面完全熔合。

【1＋X考证训练】

一、填空题

1. 熔化极气体保护电弧焊按保护气体不同可分为＿＿＿＿、＿＿＿＿和＿＿＿＿3类。

2. CO_2气体保护焊的优点是＿＿＿＿、＿＿＿＿、＿＿＿＿、＿＿＿＿、＿＿＿＿、＿＿＿＿。

3. CO_2气体保护焊按所用的焊丝直径可分为＿＿＿＿和＿＿＿＿两种，前者使用的焊丝直径是＿＿＿＿，后者使用的焊丝直径是＿＿＿＿。

4. CO_2气体保护焊按操作方法不同可分为＿＿＿＿和＿＿＿＿两类，它们的区别是＿＿＿＿。

5. CO_2气体保护焊熔滴过渡的形式主要有＿＿＿＿和＿＿＿＿。

6. CO_2气体保护焊时，可能出现3种气孔，即＿＿＿＿、＿＿＿＿、＿＿＿＿。

7. CO_2气体保护焊用CO_2气体的纯度要大于＿＿＿＿，含水量不超过＿＿＿＿。

8. 半自动CO_2气体保护焊的送丝方式有＿＿＿＿、＿＿＿＿、＿＿＿＿3种。

9. 用在惰性气体（Ar）中加入少量的＿＿＿＿气体组成的混合气体作为保护气体的焊接方法称为＿＿＿＿，简称＿＿＿＿焊，由于混合气体中＿＿＿＿所占比例大，故常称为＿＿＿＿。

10. 药芯焊丝气体保护焊根据保护气体不同，可分为＿＿＿＿、＿＿＿＿等，其中＿＿＿＿应用最广。

11. 药芯焊丝由＿＿＿＿和＿＿＿＿组成，其截面形状有＿＿＿＿形、＿＿＿＿形、＿＿＿＿形、＿＿＿＿形、＿＿＿＿形等。

12. 富氩混合气体保护焊常用＿＿＿＿Ar＋＿＿＿＿CO_2（体积分数）的混合气体来焊接碳钢及低合金钢。

13. 药芯焊丝电弧焊根据外加保护方式不同有＿＿＿＿及＿＿＿＿。

14. 熔化极气体保护焊半自动焊机主要由＿＿＿＿、＿＿＿＿、＿＿＿＿、＿＿＿＿、＿＿＿＿等部分组成。

二、判断题（正确的画"√"，错误的画"×"）

1. 氧化性气体由于本身氧化性强，所以不适宜作为保护气体。（　　）

2. 因氮气不溶于铜，故可用氮气作为焊接铜及铜合金的保护气体。（　　）

3. 气体保护焊很适于全位置焊接。（　　）

4. CO_2气体保护焊电源采用直流正接时，产生的飞溅要比直流反接时严重得多。

（　　）

5. CO_2 气体保护焊和埋弧焊用的都是焊丝，所以一般可以互用。　　　　　　（　　）

6. CO_2 气体保护焊用的焊丝有镀铜和不镀铜两种，镀铜的作用是防止生锈，改善焊丝的导电性，提高焊接过程的稳定性。　　　　　　　　　　　　　　　　　（　　）

7. 推丝式送丝机构适用于长距离输送焊丝。　　　　　　　　　　　　　　（　　）

8. 熔化极氩弧焊熔滴过渡的形式多采用喷射过渡。　　　　　　　　　　　（　　）

9. 药芯焊丝 CO_2 气体保护焊是气—渣联合保护。　　　　　　　　　　　（　　）

10. 富氩混合气体保护焊与纯 CO_2 焊相比，电弧燃烧稳定、飞溅小，且易形成喷射过渡。
　　　　　　　　　　　　　　　　　　　　　　　　　　　　　　　　　　　（　　）

11. CO_2 焊时，常用的焊丝是 ER50 – 6、ER49 – 1。　　　　　　　　　　（　　）

12. CO_2 气体保护焊焊接回路中串联电感的原因是为了防止产生气孔。　　（　　）

13. 在 CO_2 焊的供气系统中接入干燥器的作用是对 CO_2 气体加热，以防止 CO_2 中的水结冰而造成减压阀门冻坏和堵塞气路。　　　　　　　　　　　　　　　　　（　　）

14. 富氩混合气体保护焊克服了纯氩弧焊易咬边，电弧斑点漂移等缺陷，同时改善了焊缝成形，提高了接头的力学性能。　　　　　　　　　　　　　　　　　　　　　（　　）

三、问答题

1. CO_2 气体保护焊产生飞溅的原因是什么？减少飞溅的措施有哪些？

2. 药芯焊丝气体保护焊的原理及特点是什么？

3. CO_2 气体、氮气、氩气都是保护气体，它们的性质和用途有何不同？

4. 熔化极气体保护电弧焊的原理及主要特点是什么？

模块 五

TIG 焊及工艺

钨极惰性气体保护焊是使用惰性气体保护的一种气体保护电弧焊，简称 TIG 焊。由于其保护效果好、焊缝质量高，几乎可用于所有金属及合金的焊接，现主要用于铝、镁、铜、钛等非铁金属及不锈钢、耐热钢等材料的焊接。

任 务 一　认识 TIG 焊

【学习目标】

1）掌握 TIG 焊的原理和特点。

2）理解 TIG 焊设备和焊材的选用。

【任务描述】

钨极惰性气体保护焊（TIG 焊）是使用纯钨或活化钨（钍钨、铈钨等）作电极的惰性气体保护焊。TIG 焊一般采用氩气做保护气体，故称钨极氩弧焊。由于钨极本身不熔化只起发射电子产生电弧的作用，故也称不熔化极氩弧焊，TIG 焊如图 5-1 所示。本任务就是认识 TIG 焊，即了解 TIG 焊的原理、特点、设备和焊材等内容。

手工钨极氩弧焊

a)　　　　　　　　　　　　　　b)

图 5-1　TIG 焊

【相关知识】

一、TIG 焊的原理

TIG 焊是利用钨极与焊件之间产生的电弧热，来熔化附加的填充焊丝或自动给送的焊丝（也可不加填充焊丝）及母材金属形成熔池而形成焊缝的。焊接时，氩气流从焊枪喷嘴中连续喷出，在电弧区形成严密的保护气层，将电极和金属熔池与空气隔离，以形成优质的焊接接头。TIG 焊的工作原理如图5-2所示。

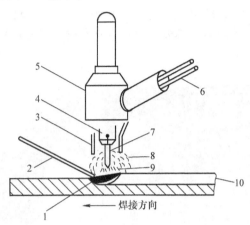

图5-2　TIG 焊工作原理

1—熔池　2—填充金属　3—喷嘴　4—钨极夹头
5—焊枪　6、8—保护气体　7—钨极　9—电弧　10—焊缝

二、TIG 焊的分类

TIG 焊按使用的电流种类，可分为直流 TIG 焊、交流 TIG 焊和脉冲 TIG 焊。

TIG 焊按其操作方式可分为手工 TIG 焊和自动 TIG 焊。手工 TIG 焊时，焊工一手握焊枪，另一手持焊丝，随焊枪的摆动和前进，逐渐将焊丝填入熔池之中。有时也不加填充焊丝，仅将接口边缘熔化后形成焊缝。自动钨极氩弧焊是以传动机构带动焊枪行走，送丝机构尾随焊枪进行连续送丝的焊接方式。在实际生产中，手工 TIG 焊应用最广。

三、焊接材料的选用

TIG 焊的焊接材料主要是钨极、氩气和焊丝。

1. 钨极

TIG 焊时，钨极的作用是传导电流、引燃电弧和维持电弧正常燃烧。所以要求钨极具有较大的许用电流、熔点高、损耗小、引弧和稳弧性能好等特性。常用的钨极有纯钨极、钍钨极和铈钨极 3 种，常用钨极的牌号和性能特点见表5-1。

表5-1　常用钨极的牌号和性能特点

钨极种类	常用牌号	性能特点
纯钨极	WP	熔点高达3400℃，沸点约为5900℃，基本上能满足焊接过程的要求，但电流承载能力低，空载电压高，目前已很少使用
钍钨极	WTh10、WTh20、WTh30	在纯钨中加入质量分数为 1%～3% 的氧化钍（ThO_2），显著提高了钨极电子发射能力。与纯钨极相比，引弧容易，电弧稳定；不易烧损，使用寿命长；电弧稳定但成本比较高，且有微量的放射性，必须加强劳动防护
铈钨极	WCe20	在纯钨中加入质量分数为 2% 的氧化铈（CeO_2）。与钍钨极相比，引弧容易、电弧稳定；许用电流密度大；电极烧损小，使用寿命长；几乎没有放射性，是一种理想的电极材料

为了使用方便,钨极的一端常涂有颜色,以便识别。例如,钍钨极涂红色,铈钨极涂灰色,纯钨极涂绿色。常用的钨极直径为 0.5mm、1.0mm、1.6mm、2.0mm、2.5mm、3.2mm、4.0mm、5.0mm 等规格。钨极使用前应修磨成一定形状和尺寸。钨极与钨极磨尖机如图5-3所示。

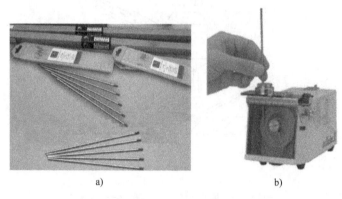

图5-3 钨极及钨极磨尖机

钨极型号编制方法为:W X XX。W 表示钨极;W 后是钨极的化学成分分类代号;后一或两位数为添加的主要或多元氧化物名义含量(质量分数)乘以1000。例如:

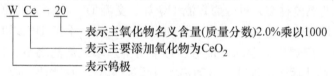

W Ce - 20

表示主氧化物名义含量(质量分数)2.0%乘以1000
表示主要添加氧化物为CeO_2
表示钨极

小提示

使用钨极时,应使用铈钨极;修磨时要戴口罩和手套,工作后要洗手;存放钨极时,若数量较大,最好在铅盒中保存。

2. 焊丝

焊丝选用的原则是使熔敷金属化学成分或力学性能与被焊材料相当。氩弧焊用焊丝主要分为钢焊丝和非铁金属焊丝两大类。氩弧焊用碳钢、低合金钢焊丝可按 GB/T 8110—2008《气体保护电弧焊用碳钢、低合金钢焊丝》选用,不锈钢焊丝按 YB/T 5092—2016《焊接用不锈钢焊丝》选用。

铜及铜合金焊丝根据 GB/T 9460—2008《铜及铜合金焊丝》选用,铝及铝合金焊丝根据 GB/T 10858—2008《铝及铝合金焊丝》选用。

3. 保护气体

TIG 焊的保护气体大致有氩气、氦气及氩－氢和氩－氦的混合气体 3 种,使用最广的是氩气。氦气由于比较稀缺,提炼困难,价格昂贵,国内极少使用。氩－氢和氩－氦的混合气体,仅限于不锈钢、镍及镍－铜合金焊接。

氩气是无色、无味的惰性气体,不与金属起化学反应,也不溶于金属。且氩气比空气重

25%，使用时气流不易漂浮散失，有利于对焊接区的保护作用。

氩的电离能较高，引燃电弧较困难，故需采用高频引弧及稳弧装置。但氩弧一旦引燃，燃烧就很稳定。在常用的保护气体中，氩弧的稳定性最好。

焊接用氩气以瓶装供应，其外表涂成银灰色，并且标注有深绿色"氩气"字样。氩气瓶的容积一般为40L，最高工作压力为15MPa。使用时，一般应直立放置。

氩弧焊对氩气的纯度要求很高，如果氩气中含有一些氧、氮和少量其他气体，将会降低氩气的保护性能，对焊接质量造成不良影响。各种金属焊接时对氩气的纯度要求见表5-2。

表5-2 各种金属焊接时对氩气的纯度要求

焊接母材	厚度/mm	焊接方法	氩气纯度（体积分数，%）	电流种类
钛及钛合金	0.5以上	钨极手工及自动	99.99	直流正接
镁及镁合金	0.5~2.0	钨极手工及自动	99.9	交流
铝及铝合金	0.5~2.0	钨极手工及自动	99.9	交流
铜及铜合金	0.5~3.0	钨极手工及自动	99.8	直流正接或交流
不锈钢、耐热钢	0.1以上	钨极手工及自动	99.7	直流正接或交流
低碳钢、低合金钢	0.1以上	钨极手工及自动	99.7	直流正接或交流

四、TIG焊设备

手工钨极氩弧焊设备包括电源、焊枪、供气系统、冷却系统、控制系统等部分，如图5-4所示。自动钨极氩弧焊设备除上述几部分外，还有送丝装置及焊接小车行走机构。

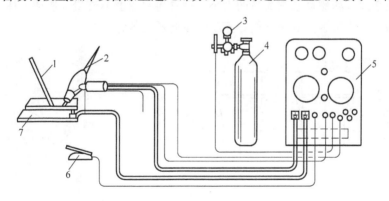

图5-4 手工钨极氩弧焊设备

1—填充金属 2—焊枪 3—流量计 4—氩气瓶 5—焊机 6—开关 7—工件

1. 电源

电源也称焊机，有交流电源、直流电源、交直流电源及脉冲电源等。由于氩气的电离能较高，难以电离，引燃电弧困难，但又不宜使用提高空载电压的方法，所以钨极氩弧焊必须使用高频振荡器来引燃电弧。对于交流电源，由于电流每秒有100次经过零点，电弧不稳，故还需使用脉冲稳弧器，以保证重复引燃电弧并稳弧。

2. 焊枪

钨极氩弧焊焊枪的作用是夹持电极、导电和输送氩气流。氩弧焊枪分为气冷式焊枪

（QQ系列）和水冷式焊枪（QS系列）。气冷式焊枪结构简单、使用方便，但限于小电流（$I \leqslant 100A$）焊接使用；水冷式焊枪结构较复杂、焊枪稍重，适宜于大电流（$I > 100A$）和自动焊使用。焊枪的外形如图5-5所示。

图5-5　氩弧焊枪

焊枪一般由枪体、喷嘴、电极夹头、电缆、氩气输入管、水管和开关及按钮组成。

其中喷嘴是决定氩气保护性能优劣的重要部件，常见的喷嘴形式如图5-6所示。圆柱带锥形和圆柱带球形的喷嘴保护效果最佳，氩气流速均匀，容易保持层流，是生产中常用的一种形式。圆锥形的喷嘴，因氩气流速变快，气体挺度虽好一些，但容易造成紊流，保护效果较差，但操作方便，便于观察熔池，也经常使用。

3. 供气系统

钨极氩弧焊的供气系统由氩气瓶、减压器、流量计和电磁阀组成。减压器用于减压和调压。流量计用来调节和测量氩气流量的大小，现常将减压器与流量计制成一体，称为氩气流量调节器，如图5-7所示。电磁气阀是控制气体通断的装置。

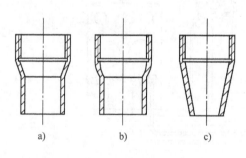

图5-6　常见喷嘴形式示意图
a）圆柱带锥形　b）圆柱带球形　c）圆锥形

图5-7　氩气流量调节器

4. 冷却系统

一般选用的最大焊接电流在100A以上时，必须通水来冷却焊枪和电极。冷却水接通并有一定压力后，才能启动焊接设备，通常在钨极氩弧焊设备中用水压开关或手动来控制水流量。

5. 控制系统

钨极氩弧焊的控制系统是通过控制线路，对供电、供气、引弧与稳弧等各个阶段的动作程序实现控制。图5-8为交流手工钨极氩弧焊的控制程序框图。

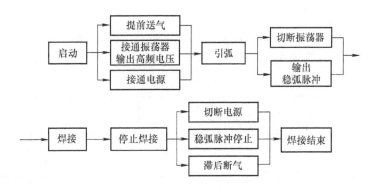

图 5-8　交流手工钨极氩弧焊控制程序框图

　师傅点拨

直流钨极氩弧焊机型号有 WS - 250、WS - 400 等，交流钨极氩弧焊机型号有 WSJ - 300、WSJ - 500 等，交直流钨极氩弧焊机型号有 WSE - 150、WSE - 400 等，脉冲钨极氩弧焊机型号有 WSM - 200、WSM - 400 等。

五、TIG 焊的特点及应用

TIG 焊除具有气体保护焊共有的特点外，还有一些特点，其特点和应用如下。

1. 焊接质量好

氩气是惰性气体，不与金属起化学反应，合金元素不会氧化烧损，而且也不溶于金属。焊接过程基本上是金属熔化和结晶的简单过程，因此保护效果好，能获得高质量的焊缝。

2. 适应能力强

采用氩气保护无熔渣，填充焊丝不通过电流也不产生飞溅，焊缝成形美观；电弧稳定性好，即使在很小的电流（< 10A）下仍能稳定燃烧，且热源和填充焊丝可分别控制，热输入容易调节，所以特别适合薄件、超薄件（0.1mm）及全位置焊接（如管道对接）。

3. 焊接范围广

TIG 焊几乎可焊接除熔点非常低的铅、锡以外的所有的金属和合金，特别适宜焊接化学性质活泼的金属和合金。常用于铝、镁、钛、铜及其合金和不锈钢、耐热钢及难熔活泼金属（如锆、钽、钼等）等材料的焊接。由于容易实现单面焊双面成形，有时还可用于焊接结构的打底焊。

4. 焊接效率低

由于用钨作电极，承载电流能力较差，焊缝易受钨的污染。因而 TIG 焊使用电流较小，电弧功率较低，焊缝熔深浅，熔敷速度小，仅适用于厚度小于 6mm 的焊件焊接，且大多采用手工焊，焊接效率低。

5. 焊接成本较高

由于使用氩气等惰性气体，焊接成本高，常用于质量要求较高焊缝及难焊金属的焊接。

【任务实施】

通过参观焊接车间，达到对 TIG 焊的原理、设备及工具以及焊丝与钨极等的认识和了解，并填写参观记录表，见表5-3。

表5-3 参观记录表

姓 名		参观时间			
参观企业、车间	焊机	焊丝		其他设备及工具	安全措施
观后感					

【知识拓展】

TIG 焊可以使用直流电，也可以使用交流电。电流种类和极性应根据焊件材质而定。

1. 直流反接

钨极氩弧焊直流反接时，即钨极为正极、焊件为负极，由于电弧阳极温度高于阴极温度，使接正极的钨棒容易过热而烧损，许用电流小，同时焊件上产生的热量不多，因而焊缝较浅，焊接生产率低，所以很少采用。

但是，直流反接有一种去除氧化膜的作用，对焊接铝、镁及其合金有利。因为铝、镁及其合金焊接时，极易氧化，形成熔点很高的氧化膜（如 Al_2O_3 的熔点为 2050℃）覆盖在熔池表面，阻碍母材金属和填充金属的熔合，造成未熔合、夹渣、焊缝表面形成皱皮及内部气孔等缺陷。

采用直流反接时，电弧空间的正离子由钨极的阳极区飞向焊件的阴极区，撞击金属熔池表面，将致密难熔的氧化膜击碎，以达到清理氧化膜的目的，这种作用称为阴极破碎作用，也称为阴极雾化作用，如图5-9所示。

尽管直流反接能将被焊金属表面的氧化膜去除，但钨极的许用电流小，易烧损，电弧燃烧不稳定，所以，铝、镁及其合金一般不采用此法而采用交流电来焊接。

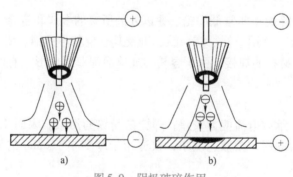

图5-9 阴极破碎作用

a）直流反接 b）直流正接

2. 直流正接

钨极氩弧焊直流正接时，即钨极为负极、焊件为正极。由于电弧在焊件阳极区产生的热量大于钨极阴极区，致使焊件的焊缝厚度增加，焊接生产率提高。而且钨极不易过热与烧损，使钨极的许用电流增大，电子发射能力增强，电弧燃烧稳定性比直流反接时好。但焊件表面受到比正离子质量小得多的电子的撞击，不能去除氧化膜，因此没有阴极破碎作用，故适合于焊接表面无致密氧化膜的金属材料的焊接。

3. 交流 TIG 焊

由于交流电的极性是不断变化的，这样在交流正极性的半周波中（钨极为负极），钨极可以得到冷却，以减小烧损。而在交流负极性的半周波中（焊件为负极）有阴极破碎作用，可以清除熔池表面的氧化膜。因此，交流钨极氩弧焊兼有直流钨极氩弧焊正、反接的优点，是焊接铝镁合金的最佳方法。各种材料的电源种类与极性的选择见表 5-4。

表 5-4 各种材料的电源种类与极性的选择

电源种类和极性	被焊金属材料
直流正接	低碳钢、低合金钢、不锈钢、耐热钢、铜、钛及其合金
直流反接	适用于各种金属的熔化极氩弧焊，钨极氩弧焊很少采用
交流电源	铝、镁及其合金

任务二　奥氏体不锈钢的 TIG 焊

【学习目标】

1）理解奥氏体不锈钢的 TIG 焊工艺。

2）了解脉冲 TIG 焊工艺。

【任务描述】

图 5-10 为一不锈钢小直径管焊接图，材料为 06Cr19Ni10、规格为 $\phi60mm \times 100mm \times 5mm$。根据有关标准和技术要求，采用 TIG 焊进行焊接，请制订正确的焊接工艺，并填写焊接操作工单（表 5-5）。

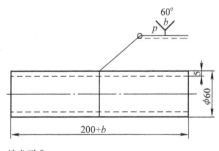

技术要求

1.单面焊。

2.钝边1mm，间隙1~2mm。

图 5-10　不锈钢管焊接

表5-5 焊接操作工单

焊接操作工单

中华制造厂	焊接操作工单	工单号	HGYK-××-××

焊缝及编号		接头简图			要 求
焊接位置					
焊工持证项目					
焊评报告编号					
预热温度/℃			母材材质		
道间温度/℃					
焊后热处理					

层/道	焊接方法	焊接材料		母材材质	焊接电流		电弧电压/V	规格/mm	焊接速度/(m/h)	焊机	焊缝宽度/mm	焊剂或气体	保护气流量/(L/min)	焊缝余高/mm	钨极直径/mm
		型号	直径/mm		极性	电流/A									

【工艺分析】

本任务工艺分析主要包括不锈钢TIG焊的焊接性分析、焊丝的选用、焊机的选用及焊接参数（焊接电流、电弧电压、焊接速度等）选择等内容。

一、材料的焊接性分析

奥氏体不锈钢TIG焊时，焊接性良好，焊接时一般不需采取特殊工艺措施。但若焊接材料选用不当或焊接工艺不正确时，也会出现晶间腐蚀、热裂纹及应力腐蚀开裂等问题。焊接性分析详见模块二的任务三。

二、焊前清理与保护

钨极氩弧焊时，对材料表面质量要求较高，因此必须对被焊材料的坡口附近及焊丝表面进行清理。同时由于钨极氩弧焊的对象主要是化学性质活泼的金属和合金，因此有时还需采取一些加强保护效果的措施。

1. 焊前清理

焊前清理的常用方法有机械清理法、化学清理法和化学—机械清理法等。清理范围为被焊材料的坡口及坡口附近20mm范围内和焊丝表面，目的是去除金属表面的氧化膜和油污等杂质，以确保焊缝的质量。

2. 焊接保护

（1）加挡板　对于端接接头和角接接头，采用加临时挡板的方法加强保护效果，如图5-11所示。

（2）焊枪后面附加拖罩　该方法是在焊枪喷嘴后面安装附加拖罩，如图5-12和图5-13所示。附加拖罩可使400℃以上的焊缝和热影响区仍处于保护之中，适合散热慢、高温停留时间长的高合金材料的焊接。

（3）焊缝背面通气保护　该方法是在焊缝背面采用可通保护气的垫板、反面充气罩或在被焊管子内部局部密闭气腔内充气保护，如图5-14所示，这样可同时对正面和反面进行保护。

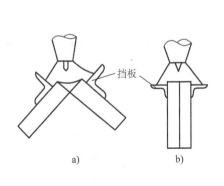

图5-11　加临时挡板加强保护

a) 外角接　b) 端接

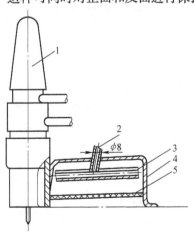

图5-12　对接平焊用的拖罩

1—焊枪　2—进气管　3—气体分布

4—拖罩外壳　5—钢丝网

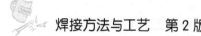
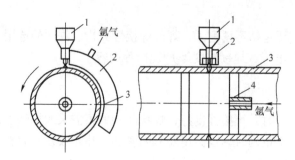

图 5-13　管子对接环缝焊接用拖罩及反面保护

1—焊枪　2—环形拖罩　3—管子　4—金属或纸质挡板

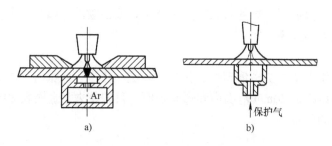

图 5-14　焊缝背面通气保护

a）通保护气的垫板　b）反面充气罩保护

 师傅点拨

　　焊接保护效果的好坏，可通过试验焊缝表面的色泽来判断。对于不锈钢焊缝，颜色为银白色、金黄色保护效果最好，蓝色保护效果良好，颜色为灰色表明保护效果一般，颜色为黑灰色表明保护效果差。

三、焊接材料的选用

　　奥氏体不锈钢焊丝的选用原则，应使焊缝的合金成分与母材的成分基本相同，并尽量降低焊缝金属中的碳的质量分数和硫、磷杂质的质量分数。常用奥氏体不锈钢 TIG 焊焊接材料的选择见表 5-6。

表 5-6　常用奥氏体不锈钢 TIG 焊的焊接材料的选择

钢　号	氩弧焊焊丝	钢　号	氩弧焊焊丝
022Cr19Ni10	H03Cr21Ni10	06Cr18Ni11Nb	H08Cr20Ni10Nb
06Cr19Ni10 12Cr18Ni9	H06Cr21Ni10	10Cr18Ni12	H08Cr21Ni10 H08Cr21Ni10Si
07Cr19Ni11Ti 06Cr18Ni11Ti	H08Cr19Ni10Ti	06Cr23Ni13	H03Cr24Ni13
		06Cr25Ni20	H08Cr26Ni21

四、焊接参数的选择原则

TIG 焊的焊接参数主要有钨极直径、焊接电流、电弧电压、氩气流量、焊接速度和喷嘴直径等。

1. 钨极直径及端部形状

钨极直径主要按焊件厚度、焊接电流、电源极性来选择。如果钨极直径选择不当，将造成电弧不稳、严重烧损钨极和焊缝夹钨。钨极端部形状对电弧稳定性有一定影响，交流钨极氩焊时，一般将钨极端部磨成圆珠形；直流小电流施焊时，钨极可以磨成尖锥角；直流大电流时，钨极宜磨成钝角，钨极端部的形状如图 5-15 所示。

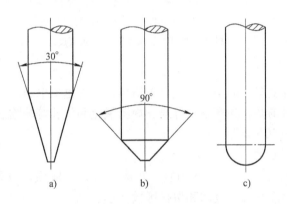

图 5-15 常用的钨极端部形状
a）直流小电流 b）直流大电流 c）交流

2. 焊接电流

焊接电流主要根据焊件厚度、钨极直径和焊缝空间位置来选择，过大或过小的焊接电流都会使焊缝成形不良或产生焊接缺陷。各种直径的钨极许用电流范围见表 5-7。

表 5-7 各种直径的钨极许用电流范围

许用电流范围/A	钨极直径/mm				
	1.0	1.6	2.5	3.2	4.0
直流正接	15~80	70~150	150~250	250~400	400~500
直流反接	—	10~20	15~30	25~40	40~55
交流电源	20~60	60~120	100~180	160~250	200~320

3. 氩气流量和喷嘴直径

氩气流量过小，气流挺度差，易受到外界气流的干扰，降低气体保护效果；氩气流量过大，不仅浪费，而且容易形成紊流，使空气卷入，反而对保护不利，同时带走电弧区的热量较多，影响电弧的稳定燃烧。通常氩气流量在 3~20L/min 范围内。一般喷嘴直径随着氩气流量的增加而增加，一般为 5~14mm。

4. 焊接速度

在一定的钨极直径、焊接电流和氩气流量条件下，焊接速度过快，会使保护气流偏离钨极与熔池，影响气体保护效果，易产生未焊透等缺陷。焊接速度过慢，焊缝易产生咬边和烧穿。因此，应选择合适的焊接速度。焊接速度对氩气保护效果的影响如图5-16所示。

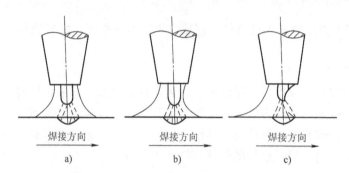

图5-16 焊接速度对氩气保护效果的影响

a）焊枪不动 b）正常速度 c）速度过大

5. 电弧电压

电弧电压增大，焊缝厚度减小，熔宽显著增加；随着电弧电压的增加，气体保护效果随之变差。当电弧电压过高时，易产生未焊透、焊缝氧化和气孔等缺陷。因此，应尽量采用短弧焊，电弧电压一般为10~24V。

6. 喷嘴与焊件间的距离

喷嘴与焊件间的距离以5~15mm为宜。距离过大，气体保护效果变差；若距离过小，虽对气体保护有利，但能观察的范围和保护区域变小。

7. 钨极伸出长度

钨极伸出长度是指钨极端部突出喷嘴端面以外的距离。伸出长度小，保护效果好，但妨碍观察熔化状况，对操作不利；伸出长度大，气体保护效果变差。一般对接焊时钨极伸出长度为3~6mm，角焊缝时为7~8mm。表5-8为不锈钢手工直流钨极氩弧焊的焊接参数推荐值。

表5-8 不锈钢 TIG 焊的焊接参数

接头形式	焊件厚度/mm	钨极直径/mm	焊接电流/A	焊丝直径/mm	氩气流量/（L/min）
对接接头 （I形坡口、间隙0.5mm）	0.8	1	18~20	1.2	6
	1	2	20~25	1.6	6
	1.5	2	25~30	1.6	7
	2	3	35~45	1.6~2	7~8
对接接头 （50°V形坡口，间隙、钝边各0.5mm）	2.5	3	60~80	1.6~2	8~9
	3	3	75~85	1.6~2	8~9
	4	3	75~90	2	9~10

【工艺确定】

通过分析，不锈钢小直径管 TIG 焊的焊接工艺如下，焊接操作工单见表5-9。

表 5-9　不锈钢小直径管 TIG 焊焊接操作工单

中华制造厂　焊接操作工单

焊缝及编号	FH008	工号	HGYK－×××－××

焊接位置	平焊
焊工持证项目	
焊评报告编号	
预热温度/℃	室温
道间温度/℃	
焊后热处理	

接头简图：60°，p，b，200+b，φ60，5

要　求

1. 焊前清理：将焊接坡口及两侧表面 20mm 范围内的杂质清理干净，露出金属光泽。
2. 焊丝表面应光洁，无油锈等。电极选用铈钨极。
3. 焊缝表面质量要求：
1) 焊缝外形尺寸应符合设计图样和工艺文件的要求，焊缝与母材应圆滑过渡。
2) 焊缝及其热影响区表面无裂纹、未熔合、夹渣、弧坑、气孔。

母材材质	规格/mm	焊缝宽度/mm	焊缝余高/mm
06Cr19Ni10	φ60×5	8～9	0～3

层/道	焊接方法	焊接材料 牌号	直径/mm	焊接电流 极性	电流/A	电弧电压/V	焊接速度/(m/h)	焊机	焊剂或气体（体积分数）	保护气流量/(L/min)	钨极直径/mm
1	TIG	H06Cr21Ni10	φ2.5	直流正接	75～80	14～16	4～6	WS－250	Ar 99.7%	9～10	φ2.5
2	TIG	H06Cr21Ni10	φ2.5	直流正接	90～95	15～17	4～6	WS－250	Ar 99.7%	9～10	φ2.5

TIG焊板对接平焊动画

143

一、焊接性

06Cr19Ni10 为奥氏体不锈钢,碳的质量分数≤0.08%,Ni 的质量分数为 8% ~11%,Cr 的质量分数为18% ~20%,所以 TIG 焊不需采取特殊的工艺措施,焊接性良好。

二、焊接工艺

(1) 焊接材料 根据应使焊缝的合金成分与母材的成分基本相同的原则,选用 H06Cr21Ni10、ϕ2.5mm 焊丝,氩气纯度不低于 99.7% (体积分数),电极选用铈钨极、ϕ2.5mm。

(2) 电源与极性 选用直流 TIG 焊机 WS - 250,直流正接。

(3) 焊接参数 焊接两层。打底层:电流 75 ~80A,氩气流量 9 ~10L/min,钨极伸出长度 5 ~6mm;盖面层:电流 90 ~95A,氩气流量 9 ~10L/min,钨极伸出长度 5 ~6mm。

【知识拓展】

脉冲 TIG 焊与一般 TIG 焊的主要区别在于它能提供周期性脉冲式的焊接电流。周期性脉冲式的焊接电流包括基值电流(维弧电流)和脉冲电流,基值电流是用来维持电弧燃烧和预热电极与焊件,脉冲电流是用来熔化焊件和焊丝的。图 5-17 为脉冲焊接电流波形示意图。

1. 脉冲 TIG 焊原理

焊接时,脉冲电流产生的大而明亮的脉冲电弧和基值电流产生的小而暗淡的基值电弧交替作用在焊件上。当每一次脉冲电流通过时,焊件上就形成一个点状熔池,待脉冲电流停歇后,由于热量减少点状熔池结晶形成一个焊点。这时由基值电流来维持电弧燃烧,以便下一次脉冲电流来临时,脉冲电弧能可靠而稳定地复燃。下一个脉冲作用时,原焊点的一部分与焊件新的接头处产生一个新的点状熔池,如此循环,最后形成一条呈鱼鳞状的、由许多焊点连续搭接而成的链状焊缝,如图 5-18 所示。通过对脉冲电流、基值电流和脉冲电流持续时间等的调节与控制,可改变和控制焊接热输入,从而控制焊缝质量及尺寸。

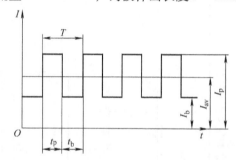

a)

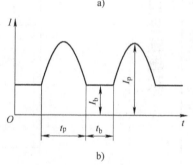

b)

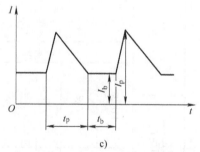

c)

图 5-17 脉冲焊接电流波形示意图

a) 矩形波 b) 正弦波 c) 三角波

T—脉冲周期 t_p—脉冲电流时间 t_b—基值电流时间

I_p—脉冲电流 I_b—基值电流

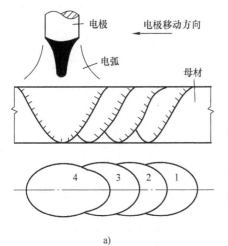

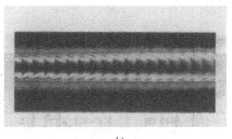

脉冲钨极氩弧焊

a)　　　　　　　　　　　　　　　　b)

图5-18　脉冲焊缝

a）脉冲焊缝成形示意图　b）脉冲焊缝实物图

2. 脉冲TIG焊特点

（1）接头质量好　能有效地控制焊接热输入和接头金属的高温停留时间，因此减小了焊缝和热影响区金属过热，提高了接头的力学性能，并可减少焊接变形与应力。

（2）扩大了氩弧焊的使用范围　脉冲TIG焊比一般TIG焊的焊缝厚度大，可焊板厚范围广。在减小平均电流的情况下，可焊接一般TIG焊不能焊接的薄板构件，用它焊接厚度小于0.1mm的薄钢板仍能获得满意的结果。

（3）适用于全位置焊　采用脉冲电流后，可用较小的平均电流值进行焊接，减小了熔池体积，并且熔滴过渡和熔池金属加热是间歇性的，因此更易于进行全位置焊接。

任 务 三　珠光体耐热钢的TIG焊

【学习目标】

1）理解珠光体耐热钢的焊接性。

2）理解珠光体耐热钢TIG焊工艺。

【任务描述】

图5-19为一珠光体耐热钢小直径管焊接图，材料为12CrMo、规格为ϕ60mm×100mm×5mm。根据有关标准和技术要求，采用TIG焊进行焊接，请制订正确的焊接工艺，并填写焊接操作工单，见表5-10。

【工艺分析】

本任务工艺分析主要包括珠光体耐热钢TIG焊焊接性分析、焊丝的选用、焊接参数选用及焊接工艺措施（预热、焊后热处理等）选择等内容。焊接参数的选用原则具体见本模块任务二。

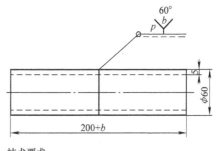

技术要求

1.单面焊。

2.钝边1mm，间隙1～2mm。

图5-19　珠光体耐热钢管焊接图

145

表 5-10 焊接操作工单

焊接操作工单

中华制造厂		工单号	HGYK-××-××
焊缝及编号			
焊接位置	接头简图	要 求	
焊工持证项目			
焊评报告编号			
预热温度/℃			
道间温度/℃			
焊后热处理			

层/道	焊接方法	焊接材料		母材材质	焊接电流		电弧电压/V	规格/mm	焊接速度/(m/h)	焊机	焊缝宽度/mm	焊剂或气体	焊缝余高/mm	保护气流量/(L/min)	钨极直径/mm
		型号	直径/mm		极性	电流/A									

一、材料的焊接性分析

1. 珠光体耐热钢

高温下具有足够的强度和抗氧化性的钢叫作耐热钢。合金元素总质量分数在 5% 以下，在供货状态下具有珠光体或珠光体加铁素体组织的低合金耐热钢，称为珠光体耐热钢。常用的珠光体耐热钢有 15Mo、12CrMo、15CrMo、12Cr1MoV、12Cr2MoWVTiB 等。

珠光体耐热钢是以铬、钼为主要合金元素的低合金钢。Cr 能形成致密的氧化膜，提高钢的抗氧化性能。钢中的碳与铬有很大的亲和力，能形成铬的化合物，从而降低了钢中铬的有效浓度，这对高温抗氧化性是不利的，所以珠光体耐热钢的碳的质量分数一般都小于 0.20%。

Mo 是耐热钢中的强化元素，Mo 的熔点高达 2625℃，固溶后可提高钢的再结晶温度，从而使钢的高温强度和抗蠕变能力得到提高，能在 500~600℃ 时仍保持较高的强度。此外耐热钢中还可以加入钒、钨、铌、铝、硼等合金元素，以提高高温强度。

珠光体耐热钢由于具有较高的抗氧化性和热强性，现广泛用于制造工作温度在 350~600℃ 范围内的动力发电设备。同时，珠光体耐热钢还具有良好的抗硫化物和氢的腐蚀能力，在石油、化工和其他工业部门也得到了广泛的应用。

2. 珠光体耐热钢的焊接性分析

珠光体耐热钢焊接时的主要问题是淬硬倾向大，易产生冷裂纹和再热裂纹等。

珠光体耐热钢中的 Cr 和 Mo 等能显著提高钢的淬硬性，Mo 的作用比 Cr 约大 50 倍，因此热影响区具有较大的淬硬倾向，再者珠光体耐热钢焊后在空气中冷却时易产生硬而脆的马氏体组织，并产生较大的内应力，使热影响区易出现冷裂纹。

耐热钢中由于含有铬、钼、钒、钛等强碳化物形成元素，具有一定的再热裂纹的倾向，因此 V、Nb、Ti 等合金元素的含量要严格控制到最低的程度。

此外，Cr-Mo 耐热钢焊接接头在 350~500℃ 温度区间长期运行时，会产生回火脆性现象，其主要原因是钢中的 P、As、Sb、Sn 等杂质易在晶界偏析导致晶间结合力下降而引起，所以应严格控制 P、As、Sb、Sn 等有害杂质元素的含量。

由于钨极氩弧焊电弧气氛具有超低氢的特点，焊接珠光体耐热钢时，与其他方法相比可降低预热温度，有时甚至可以不预热。

师傅点拨

珠光体耐热钢除钨极氩弧焊外，还可选用焊条电弧焊、埋弧焊、熔化极气体保护焊、电渣焊和电阻焊等焊接方法，但通常焊条电弧焊应用最广。

二、焊接材料的选用

珠光体耐热钢焊丝的选用原则是使焊缝金属的化学成分与母材相等或相近。常用珠光体耐热钢焊丝的选用见表 5-11。

三、预热和焊后热处理

预热是焊接珠光体耐热钢的重要工艺措施。为了确保焊接质量，不论是在定位焊或焊接过程中，都应预热，并且应控制道间温度，使道间温度略高于预热温度。

表 5-11 常用珠光体耐热钢焊丝

钢号	焊丝型号（牌号）
15Mo	ER55—D2（H08MnSiMo）
12CrMo	ER55—B2（H08CrMnSiMo）
15CrMo	ER55—B2（H08CrMnSiMo）
12Cr1MoV	ER55—B2—MnV（H08CrMnSiMoV）
12Cr2Mo	ER62—B3（H08Cr3MoMnSi）
12Cr2MoWVTiB	ER62—G（H08Cr2MoWVNbB）

焊接时应避免中断，如必须中断时，应保证焊件缓慢冷却，重新施焊时仍须预热。焊接完毕应将焊件保持在预热温度以上数小时，然后再缓慢冷却，这一点即使在炎热的夏季也必须做到。

为了消除焊接残余应力，改善组织，提高接头的综合力学性能，焊后一般应进行热处理。珠光体耐热钢焊后热处理主要是高温回火，即将焊件加热至 650 ~ 780℃（低于 Ac_1），保温一定时间，然后在静止的空气中冷却。常用珠光体耐热钢的预热和焊后热处理工艺参数见表 5-12。

表 5-12 常用珠光体耐热钢预热和焊后热处理工艺参数

钢号	预热温度/℃	焊后热处理加热温度/℃
15Mo	200 ~ 250	650 ~ 700
12CrMo	200 ~ 250	650 ~ 700
15CrMo	200 ~ 250	680 ~ 720
12Cr1MoV	250 ~ 300	710 ~ 750
12Cr3MoVSiTiB	300 ~ 400	740 ~ 760
12Cr2MoWVTiB	300 ~ 400	760 ~ 780

【工艺确定】

通过任务分析，珠光体耐热钢小直径管焊接工艺如下，焊接操作工单见表 5-13。

一、焊接性

12CrMo 为珠光体耐热钢，碳的质量分数≤0.15%，Mo 的质量分数为 0.4% ~ 0.55%，Cr 的质量分数为 0.4% ~ 0.7%，焊接时有一定的淬硬、冷裂纹和再热裂纹倾向。由于 TIG 焊具有超低氢的特点，所以焊前可以不预热或预热至 100℃。为了减少焊接残余应力，焊后可在 650 ~ 700℃进行高温回火。

二、焊接工艺

（1）焊接材料 根据焊缝的合金成分与母材的成分基本相同原则，选用 ER55 - B2（H08CrMnSiMo）、φ2.5mm 焊丝；氩气纯度不低于 99.7%（体积分数），电极选用铈钨极、φ2.5mm。

（2）焊接设备 选用直流 TIG 焊机 WS - 250，直流正接。

表5-13　珠光体耐热钢管TIG焊焊接操作工单

焊接操作工单

中华制造厂		焊接操作工单	工单号	HGYK-×××-××

焊缝及编号	HF008
焊接位置	平焊
焊工持证项目	
焊评报告编号	
预热温度/℃	100
道间温度/℃	≥100
焊后热处理	650~700℃回火

接头简图

（坡口：60°，间隙 b，钝边 p，管径 φ60，长度 200+b，壁厚 5）

母材材质	规格/mm
12CrMo	φ60×5

层/道	焊接方法	焊接材料 型(牌)号	直径/mm	焊接电流 极性	电流/A	电弧电压/V	焊接速度/(m/h)	焊机	焊剂或气体(体积分数)	保护气流量/(L/min)	钨极直径/mm	焊缝宽度/mm	焊缝余高/mm
1	TIG	ER55-B2 (H08CrMnSiMo)	φ2.5	直流正接	90~100	16~18	4~6	WS-250	Ar 99.7%	9~10	φ2.5	8~9	0~3
2	TIG	ER55-B2 (H08CrMnSiMo)	φ2.5	直流正接	95~105	16~18	4~6	WS-250	Ar 99.7%	9~10	φ2.5		

要　　求

1. 焊前清理：将焊接坡口及两侧表面20mm范围内的杂质清理干净，露出金属光泽。

2. 焊丝表面应光洁，无油锈等。电极选用铈钨极。

3. 焊缝表面质量要求：

1) 焊缝外形尺寸应符合设计图样和工艺文件的要求，焊缝与母材应圆滑过渡。

2) 焊缝及其热影响区表面无裂纹、未熔合、夹渣、弧坑、气孔。

（3）焊接参数 焊接两层。打底层：电流 90 ~ 100A，氩气流量 9 ~ 10L/min，钨极伸出长度 5 ~ 6mm；盖面层：电流 95 ~ 105A，氩气流量 9 ~ 10L/min，钨极伸出长度 5 ~ 6mm。

（4）预热和焊后热处理 预热温度 100℃，焊后 650 ~ 700℃高温回火。

【拓展与提高】

由于 TIG 焊的保护作用好，热量集中、焊缝质量好、成形美观、热影响区小和焊件的变形小，因此对质量要求高的铝及铝合金构件，常用氩弧焊焊接。

一、铝及铝合金的焊接性

（1）易氧化 铝和氧的亲和力很大，因此在铝合金表面总有一层难熔的氧化铝薄膜。氧化铝的熔点为 2050℃，远远超过铝合金的熔点（一般约 660℃）。在焊接过程中，氧化铝薄膜会阻碍金属之间的良好结合，造成熔合不良与夹渣。此外，在焊接铝合金时，除了铝的氧化外，合金元素也易被氧化和蒸发，它的氧化和蒸发减少了其在合金中的含量，会严重降低焊接接头的性能。所以在焊接铝及铝合金时，焊前必须除去焊件表面的氧化膜，并防止在焊接过程中再次氧化。

（2）易产生气孔 氮不溶于液态铝，铝中也没有碳，因此不会产生氮和一氧化碳气孔。焊接铝合金时，使焊缝产生气孔的气体是氢气。因为氢能大量地溶于液态铝，但几乎不溶解于固态铝，熔池结晶时，原来溶于液态铝中的氢要全部析出，形成气泡。由于铝及铝合金的密度较小，气泡在溶池里上浮速度慢，加上铝的导热性好，结晶速度快，因此在焊接铝时，焊缝易产生氢气孔。

（3）热裂纹 铝的线膨胀系数比钢将近大 1 倍，凝固时的收缩率又比钢大 2 倍，因此铝焊件的焊接应力大。此外合金的成分对热裂纹的产生有很大影响，当合金液相线和固相线的距离大或杂质过多形成低熔点共晶时，都容易产生热裂纹。

实践证明，纯铝及大部分非热处理强化铝合金在熔焊时，很少产生热裂纹。而热处理强化铝合金焊接时，产生热裂纹的倾向比较大。

（4）接头不等强 铝及铝合金焊接时，由于热影响区受热而发生软化，强度降低而使焊接接头和母材不能达到等强度。特别是在焊接硬铝及超硬铝合金时，接头强度仅为母材强度的 40% ~ 60%，软化问题十分突出，严重影响焊接结构的使用寿命。为了减小不等强，焊接时可采用小热输入焊接，或焊后进行热处理。

 师傅点拨

铝及铝合金由固态转变成液态时，没有显著的颜色变化，所以焊接时不易判断熔池的温度。加之，温度升高时，铝的力学性能下降（在 370℃时仅为 10MPa）。因此，铝及铝合金焊接时常因温度控制不当而导致烧穿。

二、铝及铝合金 TIG 焊工艺

1. 焊前清理

焊前清理是保证铝及铝合金焊接质量的重要工艺措施。在焊前应严格清除焊件坡口及焊丝表面的氧化膜和油污，清理的方法可采用化学清洗或机械清理。

化学清洗效率高,质量稳定,适用于清理焊丝及尺寸不大、成批生产的工件,常用的清洗方法有浸洗法和擦洗法。

对清洗要求不高、工件尺寸较大、难用化学清洗或清洗后易被玷污的焊件,可采用机械清理法。清理时,先用有机溶剂(如丙酮或汽油等)擦洗表面除油,然后用铜丝刷或不锈钢丝刷进行刷洗,直至露出金属光泽,也可使用刮刀、锉刀等工具。一般不宜用砂轮或砂纸等打磨,否则易使砂粒留在金属表面,焊接时产生夹渣等缺陷。

工件清洗后应及时装配焊接,否则焊件表面会重新氧化。一般清理后的焊丝或焊件存放时间不宜超过24h,在潮湿条件下,不应超过4h。

2. 焊接材料

铝及铝合金焊丝分为同质焊丝和异质焊丝两大类。同质焊丝是成分与母材相同的焊丝,也可从母材上切下金属窄条作为填充金属。异质焊丝是为满足抗裂性而研制的,其成分与母材有较大差别。

选择焊丝首先要考虑焊缝成分要求,还要考虑抗裂性、强度、耐蚀性、颜色等。选择熔化温度低于母材的填充金属,可减小热影响区液化裂纹倾向。纯铝可选用纯铝焊丝 SAl1450(HS301)、SAl1070 等。焊接铝镁合金及铝锌镁合金可选用铝镁合金焊丝 SAl5556(HS331)、SAl5183 等。焊接除铝镁合金外的铝合金可选用铝硅合金焊丝 SAl4043(HS311),这是铝合金焊接的通用焊丝,由于 Si 易与 Mg 形成 Mg_2Si 脆性相,故不适宜含镁较高的铝合金的焊接。铝锰合金可选用 SAl3103(HS321)焊丝等。

3. 电流种类

为了既产生阴极破碎作用,又防止钨极烧损,钨极氩弧焊采用交流电源。脉冲钨极氩弧焊由于可以通过调节各种焊接参数来控制电弧功率和焊缝成形,所以特别适合于焊接薄板、全位置焊接等,适用于对热敏感性强的铝合金焊接。

4. 预热

由于铝的比热比钢大一倍,导热性比钢大 2 倍,所以为了防止焊缝区热量的大量流失,焊前可对焊件进行预热。薄、小铝件一般可不预热。厚度超过 8mm 的厚大铝件,可控制预热温度在 150℃ 以下。因为预热温度过高会加大热影响区的宽度,降低铝合金焊接接头的力学性能。

铝及铝合金手工 TIG 焊的焊接参数见表 5-14。

表 5-14 铝及铝合金手工 TIG 焊的焊接参数

板材厚度 /mm	焊丝直径 /mm	钨极直径 /mm	预热温度 /℃	焊接电流 /A	氩气流量 /(L/min)	喷嘴孔径 /mm	焊接层数 (正面/反面)	备注
1	1.6	2	—	45~60	7~9	8	正1	卷边焊
1.5	1.6~2.0	2	—	50~80	7~9	8	正1	卷边或单面对接焊
2	2~2.5	2~3	—	90~120	8~12	8~12	正1	对接焊
3	2~3	3	—	150~180	8~12	8~12	正1	V形坡口对接
4	3	4	—	180~200	10~15	8~12	1~2/1	V形坡口对接
5	3~4	4	—	180~240	10~15	10~12	1~2/1	V形坡口对接
6	4	5	—	240~280	16~20	14~16	1~2/1	V形坡口对接
8	4~5	5	100	260~320	16~20	14~16	2/1	V形坡口对接
10	4~5	5	100~150	280~340	16~20	14~16	3~4/1~2	V形坡口对接

【1＋X 考证训练】

一、填空题

1. 氩气瓶外表涂_____色，并标有_____色的氩气字样。

2. 使用交流钨极氩弧焊焊接镁及其合金时，通常采用_____电压，以便去除工件表面_____。

3. 钨极氩弧焊焊接铝时，电源一般采用_____。

4. 手工钨极氩弧焊设备主要由_____、_____、_____、_____、_____等部分组成。

5. 低碳钢、低合金钢钨极氩弧焊时，电源应选用_____。

6. 钨极氩弧焊电源采用_____时，钨极是_____极，温度高、消耗快、寿命短，所以很少采用。

7. 钨极氩弧焊时，通常采用_____器来引弧，采用_____器来稳弧。

8. 钨极氩弧焊焊枪的作用是_____、_____、_____。

9. 在 WSJ－300 型号中，W 表示_____，S 表示_____，J 表示_____。

10. 钨极脉冲氩弧焊的焊接参数除包括普通钨极氩弧焊的焊接参数外，还有_____、_____、_____、_____、_____等。

二、判断题（正确的画"√"，错误的画"×"）

1. 氩气是惰性气体，具有高温下不分解又不与焊缝金属起化学反应的特性。　（　　）

2. 手工钨极氩弧焊的有害因素较多，其中铈有微量的放射性，故尽量选用无放射性的钍钨极来代替有放射性的铈钨极。　（　　）

3. 手工钨极氩弧焊较好的引弧方法是接触引弧法。　（　　）

4. 手工钨极氩弧焊时，由于电弧受到氩气的压缩和冷却作用，使电弧热量集中，热影响区缩小，因此，焊接应力和变形较大，此法只适宜于厚板的焊接。　（　　）

5. 钨极氩弧焊焊接铝镁合金一般采用交流电源，而不采用直流反接，因为直流反接时无阴极破碎现象。　（　　）

6. 钨极氩弧焊时，当焊接电流超过 100A 时，钨极和焊枪必须采用流动冷水来进行冷却。　（　　）

7. 手工钨极氩弧焊时，为了增加保护效果，氩气的流量越大越好。　（　　）

8. 脉冲氩弧焊时，基值电流只起维持电弧燃烧的作用。　（　　）

9. 钨极脉冲氩弧焊可焊接钨极氩弧焊不能焊接的超薄板，但不适宜于全位置焊。

（　　）

10. 钨极脉冲氩弧焊焊缝，实际上是由许多焊点连续搭接而成的。　（　　）

11. 珠光体耐热钢是以铬钼为主要合金元素的低合金钢。　（　　）

12. 珠光体耐热钢中的铬是用来提高钢的高温强度的，钼是用来提高钢的高温抗氧化性的。　（　　）

13. 珠光体耐热钢焊接时，必须根据等强度原则选择与母材强度级别相同的焊材。

（　　）

14. 为了提高珠光体耐热钢的抗氧化性，应使珠光体耐热钢中碳的质量分数小于

0.20% 。　　　　　　　　　　　　　　　　　　　　　　　　　　　　　　　　　（　　）

15. 铝及铝合金由于导热性较差，熔池冷却速度快，所以焊接时产生气孔的倾向不太大。

（　　）

16. 铝及铝合金焊前要仔细清理焊件表面，其主要目的是防止产生气孔。（　　）

17. 为了利用氩离子的阴极破碎作用，铝及铝合金氩弧焊时，电流应采用直流正接。

（　　）

18. 铝及铝合金焊接时，熔池表面生成的氧化铝薄膜能保护熔池不受空气的侵入，所以对提高焊接质量有好处。（　　）

三、问答题

1. 钨极氩弧焊的特点是什么？
2. 钨极氩弧焊的焊接参数主要有哪些？
3. 脉冲氩弧焊的原理是什么？有何特点？
4. 简述珠光体耐热钢的焊接性。

【焊接名人名事】

焊接专家：关桥

关桥（1935.07.02—　　），中国工程院院士，航空制造工程焊接专家。生于山西省太原市，籍贯山西襄汾。航空制造工程焊接专业。中国共产党党员。毕业于莫斯科鲍曼高等工学院，后又继续深造获技术科学副博士学位（K. T. H.）。现任中国航空制造工程研究院研究员。曾任中国焊接学会理事长、国际焊接学会（IIW）副主席。

在焊接力学理论研究领域有重要建树；是"低应力无变形焊接"新技术的发明人；解决了影响壳体结构安全与可靠性的焊接变形难题。

长期从事航空制造工程中特种焊接科学研究工作，是我国航空焊接专业学科发展的带头人。指导了高能束流（电子束、激光束、等离子体）加工技术、扩散连接技术与超塑性成形/扩散连接组合工艺技术、搅拌摩擦焊接等项新技术的预先研究与工程应用开发；先后获国家发明奖二等奖 1 项，部级科学技术进步奖一等奖 2 项，二等奖 4 项；拥有 2 项国家发明专利。

长期致力于我国焊接科学技术事业的发展。在担任中国焊接学会理事长期间，领导我国焊接学会，作为东道主，于 1994 年在北京成功地举办了国际焊接学会（IIW）第 47 届年会。

注重人才培养和科研团队的建设，获得多项国内国际大奖和荣誉称号：全国先进工作者（1989）、航空金奖（1991）和光华科技基金奖一等奖（1996）、何梁何利基金科学与技术奖（1998）、国际焊接学会（IIW）终身成就奖（1999）、中国焊接终身成就奖（2005）、英国焊接研究所 BROOKER 奖章（2005）、中国机械工程学会科技成就奖（2006）、国际焊接学会 FELLOW 奖（IIW Fellow Award，2017）等。

曾当选为中国共产党第十一、十二、十三次全国代表大会代表，第六届全国人民代表大会代表，北京市第十届人民代表大会代表，中国人民政治协商会议第九届、第十届全国委员会科技界委员。

模块六

气焊气割及工艺

气焊与气割是利用可燃气体与助燃气体混合燃烧产生的气体火焰的热量作为热源，进行金属材料的焊接或切割的加工工艺方法。气焊在电弧焊广泛应用之前，是一种应用比较广泛的焊接方法。尽管现在电弧焊及先进焊接方法迅速发展和广泛应用，气焊的应用范围越来越小，但在铜、铝等非铁金属及铸铁的焊接领域仍有其独特优势。气割和焊接一样也是应用量最大、覆盖面广的重要加工工艺方法。

任务一 认识气焊

【学习目标】

1）了解气焊的原理和特点。

2）了解气焊和气割的设备和工具。

【任务描述】

气焊是利用可燃气体与助燃气体混合燃烧产生的气体火焰的热量作为热源，进行金属材料焊接的加工工艺方法。气焊在电弧焊广泛应用之前，是一种应用比较广泛的焊接方法。尽管现在电弧焊及先进焊接方法迅速发展和广泛应用，气焊的应用范围越来越小，但在铜、铝等非铁金属及铸铁的焊接领域仍有其独特优势。气焊操作如图6-1所示。本任务就是认识气焊，即了解气焊的原理、特点、设备和焊材等内容。

气焊原理

图6-1 气焊

【相关知识】

一、气焊原理

气焊是利用可燃气体和氧气通过焊炬按一定的比例混合，获得所要求的火焰能率和性质

154

的火焰作为热源，熔化被焊金属和填充金属，使其形成牢固的焊接接头。

气焊时，先将焊件的焊接处金属加热到熔化状态形成熔池，并不断地熔化焊丝向熔池中填充，气焊火焰覆盖在熔化金属的表面上起保护作用，随着焊接过程的进行，熔化金属冷却形成焊缝，气焊过程如图6-2所示。

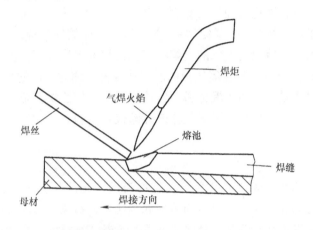

图6-2 气焊过程示意图

二、气焊火焰

气焊火焰是气焊（气割）的热源。产生气焊火焰的气体有可燃气体和助燃气体，可燃气体有乙炔、液化石油气等，助燃气体是氧气。气焊常用的是氧气与乙炔燃烧产生的气体火焰即氧乙炔焰。

1. 产生气焊火焰的气体

（1）氧气 在常温、常态下氧是气态，氧气的分子式为O_2。氧气本身不能燃烧，但能帮助其他可燃物质燃烧，具有强烈的助燃作用。

氧气的纯度对气焊的质量、生产率和氧气本身的消耗量都有直接影响。气焊工业用氧气一般分为两级：一级纯度氧气含量不低于99.2%（体积分数），二级纯度氧气含量不低于98.5%（体积分数），对于质量要求较高的气焊应采用一级纯度的氧。

（2）乙炔 乙炔是由电石（碳化钙）和水相互作用分解而得到的一种无色而带有特殊臭味的碳氢化合物，其分子式为C_2H_2。

乙炔是可燃性气体，它与空气混合时所产生的火焰温度为2350℃，而与氧气混合燃烧时所产生的火焰温度达3000～3300℃，因此足以迅速熔化金属进行焊接。

小提示

乙炔与铜或银长期接触后会生成爆炸性的化合物乙炔铜（Cu_2C_2）或乙炔银（Ag_2C_2），它们受到剧烈振动或者加热到110～120℃就会引起爆炸。所以凡是与乙炔接触的器具设备禁止用银或含铜的质量分数超过70%的铜合金制造。乙炔和氯、次氯酸盐等反应会发生燃烧和爆炸，所以乙炔燃烧时，绝对禁止用四氯化碳来灭火。

乙炔是一种具有爆炸性危险的气体，在一定压力和温度下很容易发生爆炸。乙炔爆炸时会产生高热，特别是产生高压气浪，其破坏力很强，因此使用乙炔时必须要注意安全。

（3）液化石油气　液化石油气的主要成分是丙烷（C_3H_8）、丁烷（C_4H_{10}）、丙烯（C_3H_6）等碳氢化合物，在常压下以气态存在，在 0.8 ~ 1.5MPa 压力下，就可变成液态，便于装入瓶中储存和运输，液化石油气由此而得名。

液化石油气也是可燃性气体，和乙炔一样，与空气或氧气形成的混合气体也具有爆炸性，但比乙炔安全得多。液化石油气的火焰温度比乙炔的火焰温度低，其在氧气中的燃烧温度达 2800 ~ 2850℃；液化石油气在氧气中的燃烧速度低，约为乙炔的 1/3，其完全燃烧所需氧气量比乙炔所需氧气量大。由于液化石油气价格低廉，比乙炔安全，质量比较好，目前国内外已把液化石油气作为一种新的可燃气体来逐渐代替乙炔。

 小提示

可燃气体除了乙炔、液化石油气外，还有丙烯、天然气、焦炉煤气、氢气以及丙炔、丙烷与丙烯的混合气体、乙炔与丙烯的混合气体、乙炔与丙烷的混合气体、乙炔与乙烯的混合气体及以丙烷、丙烯、液化石油气为原料，再辅以一定比例的添加剂的气体和经雾化后的汽油。这些气体在气焊效果上均不及乙炔，不能广泛应用。液化石油气是乙炔代用品中综合效果最好的燃气，在气割中已部分取代了乙炔。

2. 气焊火焰的种类与特点

气焊火焰主要是氧乙炔焰。氧乙炔焰的外形、构造、火焰的化学性质和火焰温度的分布与氧气和乙炔的混合比大小有关。根据混合比的大小不同，氧乙炔焰可得到性质不同的三种火焰：中性焰、碳化焰和氧化焰，如图 6-3 所示。氧乙炔焰三种火焰的特点见表 6-1。

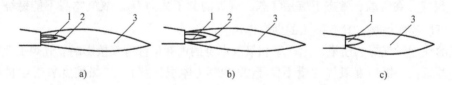

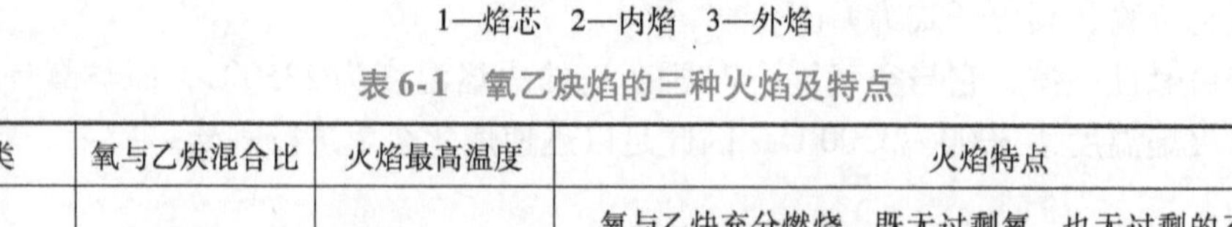

a)　　　　　　　　　b)　　　　　　　　　c)

图 6-3　氧乙炔焰的构造和形状
a）中性焰　b）碳化焰　c）氧化焰
1—焰芯　2—内焰　3—外焰

表 6-1　氧乙炔焰的三种火焰及特点

火焰种类	氧与乙炔混合比	火焰最高温度	火焰特点
中性焰	1.1 ~ 1.2	3050 ~ 3150℃	氧与乙炔充分燃烧，既无过剩氧，也无过剩的乙炔。焰芯明亮，轮廓清楚，内焰具有一定的还原性
碳化焰	小于 1.1	2700 ~ 3000℃	乙炔过剩，火焰中有游离状态的碳和氢，具有较强的还原作用，也有一定的渗碳作用。碳化焰整个火焰比中性焰长
氧化焰	大于 1.2	3100 ~ 3300℃	火焰中有过量的氧，具有强烈的氧化性，整个火焰较短，内焰和外焰层次不清

3. 气焊火焰的选用

气焊火焰应该根据不同材料的焊件合理的选择。中性焰适用于焊接一般低碳钢和要求焊接过程对熔化金属不渗碳的金属材料，如不锈钢、纯铜、铝及铝合金等；碳化焰只适用碳的质量分数较高的高碳钢、铸铁、硬质合金及高速钢的焊接；氧化焰很少采用，但焊接黄铜时，采用含硅焊丝，氧化焰会使熔化金属表面覆盖一层硅的氧化膜可阻止黄铜中锌的蒸发，故通常焊接黄铜时，宜采用氧化焰。各种金属材料气焊火焰的选用见表6-2。

表6-2　各种金属材料气焊火焰的选用

金属材料	火焰种类	金属材料	火焰种类
低、中碳钢	中性焰	铝镍钢	中性焰或乙炔稍多的中性焰
低合金钢	中性焰	锰钢	氧化焰
纯铜	中性焰	镀锌铁板	氧化焰
铝及铝合金	中性焰或轻微碳化焰	高速钢	碳化焰
铅、锡	中性焰	硬质合金	碳化焰
青铜	中性焰或轻微氧化焰	高碳钢	碳化焰
不锈钢	中性焰或轻微碳化焰	铸铁	碳化焰
黄铜	氧化焰	镍	碳化焰或中性焰

三、气焊丝与气焊熔剂

气焊丝与气焊熔剂是气焊的焊接材料。

1. 气焊丝

气焊丝在气焊中起填充金属作用，与熔化的母材一起形成焊缝，如图6-4所示。常用的气焊丝有碳素结构钢焊丝、合金结构钢焊丝、不锈钢焊丝、铜及铜合金焊丝、铝及铝合金焊丝和铸铁气焊丝等。常用钢焊丝的牌号及用途见表6-3。铜及铜合金、铝及铝合金、铸铁气焊丝的牌号、化学成分及用途分别见表6-4～表6-6。

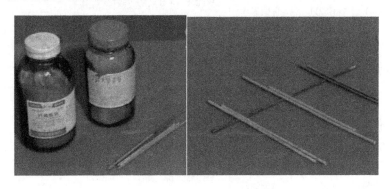

图6-4　气焊丝及气焊熔剂

表 6-3 常用钢焊丝的牌号及用途

碳素结构钢焊丝		合金结构钢焊丝		不锈钢焊丝	
牌号	用途	牌号	用途	牌号	用途
H08	焊接一般低碳钢结构	H10Mn2	用途与 H08Mn 相同	H022Cr21Ni10	焊接超低碳不锈钢
		H08Mn2Si			
H08A	焊接较重要低、中碳钢及某些低合金钢结构	H10Mn2MoA	焊接普通低合金结构钢	H06Cr21Ni10	焊接 18-8 型不锈钢
H08E	用途与 H08A 相同，工艺性能较好	H10Mn2MoVA	焊接普通低合金结构钢	H07Cr21Ni10	焊接 18-8 型不锈钢
H08Mn	焊接较重要的碳素钢及普通低合金钢结构，如锅炉、受压容器等	H08CrMoA	焊接铬钼钢等	H06Cr19Ni10Ti	焊接 18-8 型不锈钢
H08MnA	用途与 H08Mn 相同，但工艺性能较好	H18CrMoA	焊接结构钢，如铬钼钢、铬锰硅钢等	H10Cr24Ni13	焊接高强度结构钢和耐热合金钢等
H15A	焊接中等强度工件	H30CrMnSiA	焊接铬锰硅钢	H11Cr26Ni21	焊接高强度结构钢和耐热合金钢等
H15Mn	焊接中等强度工件	H10CrMoA	焊接耐热合金钢		

表 6-4 常用铜及铜合金焊丝的型号、牌号、成分及用途

焊丝型号	焊丝牌号	名称	主要化学成分（质量分数，%）	熔点/℃	用途
SCu1898（CuSn1）	HS201	纯铜焊丝	Sn（≤1.0）、Si（0.35~0.5）、Mn（0.35~0.5），其余为 Cu	1083	纯铜的气焊、氩弧焊及等离子弧焊等
SCu6560（CuSi3Mn）	HS211	青铜焊丝	Si（2.8~4.0）、Mn（≤1.5），其余为 Cu	—	青铜的气焊、氩弧焊及等离子弧焊等
SCu4700（CuZn40Sn）	HS221	黄铜焊丝	Cu（57~61）、Sn（0.25~1.0），其余为 Zn	886	黄铜的气焊、氩弧焊及等离子弧焊等
SCu6800（CuZn40Ni）	HS222	黄铜焊丝	Cu（56~60）、Sn（0.8~1.1）、Si（0.05~0.15）、Fe（0.25~1.20）、Ni（0.2~0.8），其余为 Zn	860	
SCu6810A（CuZn40SnSi）	HS223	黄铜焊丝	Cu（58~62）、Si（0.1~0.5）、Sn（≤1.0），其余为 Zn	905	

表 6-5 常用铝及铝合金焊丝的型号、牌号、成分及用途

焊丝型号	焊丝牌号	名称	主要化学成分（质量分数,%）	熔点/℃	用途
SAl1450 （Al99.5Ti）	HS301	纯铝焊丝	Al≥99.5	660	纯铝的气焊及氩弧焊
SAl4043 （AlSi5）	HS311	铝硅合金焊丝	Si(4.5~6)，其余为 Al	580~610	焊接除铝镁合金外的铝合金
SAl3103 （AlMn1）	HS321	铝锰合金焊丝	Mn(1.0~1.6)，其余为 Al	643~654	铝锰合金的气焊及氩弧焊
SAl5556 （AlMg5Mn1Ti）	HS331	铝镁合金焊丝	Mg(4.7~5.5)、 Mn(0.5~1.0)、 Ti(0.05~0.2)，其余为 Al	638~660	焊接铝镁合金及铝锌镁合金

表 6-6 铸铁气焊丝的型号、牌号、成分及用途

焊丝型号、牌号	化学成分（质量分数,%）					用途
	C	Mn	S	P	Si	
RZC-1	3.2~3.5	0.6~0.75	≤0.1	0.5~0.75	2.7~3.0	补焊灰铸铁
RZC-2	3.5~4.5	0.3~0.8	≤0.1	≤0.05	3.0~3.8	
RZCQ-1	3.2~4.2	0.1~0.4	≤0.015	≤0.05	3.2~3.8	补焊球墨铸铁
RZCQ-2	3.5~4.2	0.5~0.8	≤0.03	≤0.10	3.5~4.2	

2. 气焊熔剂

气焊熔剂是气焊时的助熔剂，如图 6-4 所示，其作用是与熔池内的金属氧化物或非金属夹杂物相互作用生成熔渣，覆盖在熔池表面，使熔池与空气隔离，因而能有效防止熔池金属的继续氧化，改善了焊缝的质量。所以焊接非铁金属（如铜及铜合金、铝及铝合金）、铸铁及不锈钢等材料时，通常必须采用气焊熔剂。

气焊熔剂可以在焊前直接撒在焊件坡口上或者蘸在气焊丝上加入熔池。常用的气焊熔剂的牌号、性能及用途见表 6-7。

表 6-7 气焊熔剂的牌号、性能及用途

焊剂牌号	名称	基本性能	用途
CJ101	不锈钢及耐热钢气焊熔剂	熔点为 900℃，有良好的润湿作用，能防止熔化金属被氧化，焊后熔渣易清除	用于不锈钢及耐热钢气焊
CJ201	铸铁气焊熔剂	熔点为 650℃，呈碱性反应，具有潮解性，能有效地去除铸铁在气焊时所产生的硅酸盐和氧化物，有加速金属熔化的功能	用于铸铁件气焊
CJ301	铜气焊熔剂	系硼基盐类，易潮解，熔点约为 650℃。呈酸性反应，能有效地熔解氧化铜和氧化亚铜	用于铜及铜合金气焊
CJ401	铝气焊熔剂	熔点约为 560℃，呈酸性反应，能有效地破坏氧化铝膜，因极易吸潮，在空气中能引起铝的腐蚀，焊后必须将熔渣清除干净	用于铝及铝合金气焊

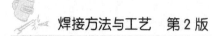

四、气焊设备及工具

气焊设备及工具主要有氧气瓶、乙炔瓶、液化石油气瓶、减压器、焊炬等，其组成如图6-5所示。

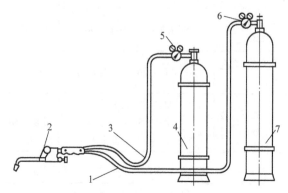

图 6-5　气焊设备组成
1—氧气胶管　2—焊炬　3—乙炔胶管　4—乙炔瓶
5—乙炔减压器　6—氧气减压器　7—氧气瓶

1. 氧气瓶

氧气瓶是储存和运输氧气的一种高压容器，其形状和结构如图6-6所示。氧气瓶外表涂天蓝色，瓶体上用黑漆标注"氧气"字样。常用气瓶的容积为40L，在15MPa压力下，可储存 $6m^3$ 的氧气。

2. 乙炔瓶

乙炔瓶是一种储存和运输乙炔的容器，其形状和结构如图6-7所示。乙炔瓶外表涂白

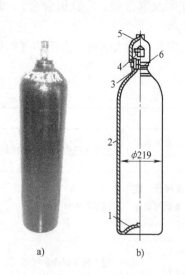

图 6-6　氧气瓶
a）外形　b）结构
1—瓶底　2—瓶体　3—瓶箍　4—氧气瓶阀
5—瓶帽　6—瓶头

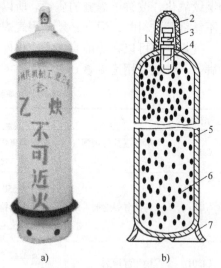

图 6-7　乙炔瓶
a）外形　b）结构
1—瓶口　2—瓶帽　3—瓶阀　4—石棉
5—瓶体　6—多孔填料　7—瓶底

色，并用红漆标注"乙炔"字样。瓶口装有乙炔瓶阀，但阀体旁侧没有侧接头，因此必须用带有夹环的乙炔减压器。乙炔瓶的工作压力为1.5MPa，在瓶体内装有浸满丙酮的多孔性填料，能使乙炔安全地储存在乙炔瓶内。

3. 液化石油气瓶

液化石油气钢瓶是储存液化石油气的专用容器，其壳体采用气瓶专用钢焊接而成，如图6-8所示。按用量及使用方式，气瓶容量有15kg、20kg、30kg、50kg等多种规格。工业上常采用30kg的钢瓶，如企业用量大，还可以制成容量为1t、2t或更大的储气罐。气瓶最大工作压力1.6MPa，水压试验的压力为3MPa。工业用液化石油气瓶外表面涂棕色并用白漆标注"工业用液化气"字样。

4. 减压器

减压器又称压力调节器，它是将气瓶内的高压气体降为工作时的低压气体的调节装置。

（1）减压器的作用及分类　减压器的作用是将气瓶内的高压气体（如氧气瓶内的氧气压力最高达15MPa，乙炔瓶内的乙炔压力最高达1.5MPa）降为工作时所需的压力（氧气的工作压力一般为0.1~0.4MPa，乙炔的工作压力最高不超过0.15MPa），并保持工作时压力稳定。

图6-8　液化石油气瓶

减压器按用途不同可分为氧气减压器、乙炔减压器、液化石油气减压器等；按构造不同可分为单级式和双级式两类；按工作原理不同可分为正作用式和反作用式两类。目前常用的是单级反作用式减压器。

（2）氧气减压器　单级反作用式氧气减压器的构造及工作原理如图6-9所示。

当减压器在非工作状态时，调压手柄向外旋出，调压弹簧处于松弛状态，使活门被活门弹簧压下，关闭通道，由气瓶流入高压室的高压气体不能从高压室流入低压室。

当减压器工作时，调压手柄向内旋入，调压弹簧受压缩而产生向上的压力，并通过弹性薄膜将活门顶开，高压气体从高压室流入低压室。气体从高压室流入低压室时，由于体积膨胀而使压力降低，起到了减压作用。

气体流入低压室后，对弹性薄膜产生了向下的压力，并传递到活门，影响活门的开启。当低压室的气体输出量降低而压力升高时，活门的开启度缩小，减小了流入低压室的气体，使低压室内气体压力不会增高。同样，当低压室的气体输出量增加而压力降低时，活门的开启度增大，流入低压室的气体增多，使低压室内气体压力增高。这种自动调节作用使低压室内气体的压力稳定地保持着工作压力，这就是减压器的稳压作用。

（3）乙炔减压器　乙炔瓶用减压器的构造、工作原理和使用方法与氧气减压器基本相同，所不同的是乙炔减压器与乙炔瓶的连接是用特殊的夹环并借助紧固螺钉加以固定，如图6-10所示。

（4）液化石油气用减压器　液化石油气用减压器的作用也是将气瓶内的压力降至工作

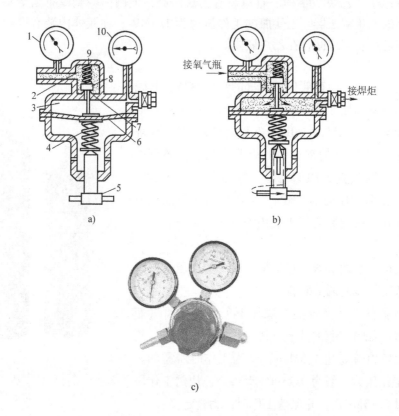

图 6-9　单级反作用式氧气减压器
a）非工作状态　b）工作状态　c）氧气减压器外形
1—高压表　2—高压室　3—低压室　4—调压弹簧　5—调压手柄
6—薄膜　7—通道　8—活门　9—活门弹簧　10—低压表

压力和稳定输出压力，保证供气量均匀。液化石油气减压器也可以直接使用丙烷减压器。如果用乙炔瓶灌装液化石油气，则可使用乙炔减压器。

5. 焊炬

（1）焊炬的作用及分类　焊炬是气焊时用于控制气体混合比、流量及火焰并进行焊接的工具。焊炬的作用是将可燃气体和氧气按一定比例混合，并以一定的速度喷出燃烧而生成具有一定能量、成分和形状稳定的火焰。

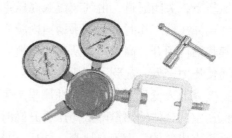

图 6-10　乙炔减压器

焊炬按可燃气体与氧气混合的方式不同，可分为射吸式焊炬（也称低压焊炬）和等压式焊炬两类，现在常用的是射吸式焊炬，等压式焊炬可燃气体的压力和氧气的压力是相等的，不能用于低压乙炔，所以目前很少使用。

（2）射吸式焊炬的构造及原理　射吸式焊炬的外形及构造如图 6-11 所示。焊炬工作时，打开氧气阀，氧气即从喷嘴口快速射出，并在喷嘴外围造成负压（吸力）；再打开乙炔调节阀，乙炔气聚集在喷嘴的外围。由于氧射流负压的作用，聚集在喷嘴外围的乙炔气很快被氧气吸出，并按一定的比例与氧气混合，经过射吸管、混合气管从焊喷嘴出。

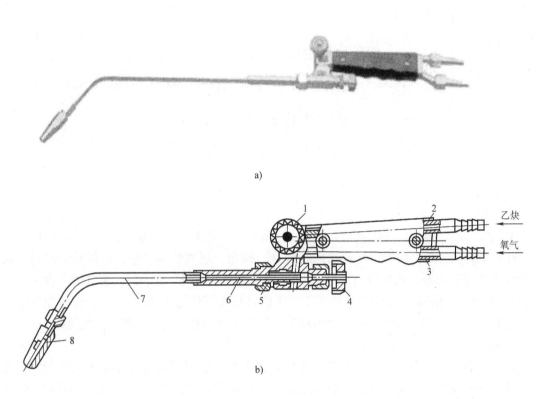

图 6-11 射吸式焊炬

a）外形 b）结构

1—乙炔阀 2—乙炔导管 3—氧气导管 4—氧气阀
5—喷嘴 6—射吸管 7—混合气管 8—焊嘴

 小提示

对于新使用的射吸式焊炬，必须检查其射吸情况。即接上氧气胶管，拧开氧气阀和乙炔阀，将手指轻轻按在乙炔进气管接头上，若感到有一股吸力，则表明射吸能力正常，若没有吸力，甚至氧气从乙炔接头上倒流，则表明射吸能力不正常，则不能使用。

（3）焊炬型号的表示方法 焊炬型号是由汉语拼音字母 H、结构形式、操作方式、适用燃气种类、最大焊接厚度组成。

如 H01 - 6 表示手工操作的可焊接最大厚度为 6mm 的射吸式焊炬。

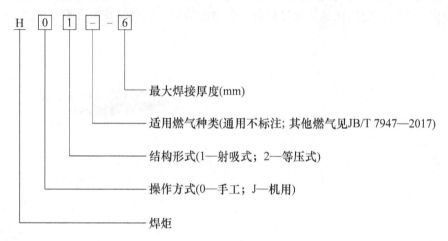

最大焊接厚度(mm)

适用燃气种类(通用不标注；其他燃气见JB/T 7947—2017)

结构形式(1—射吸式；2—等压式)

操作方式(0—手工；J—机用)

焊炬

6. 输气胶管

氧气瓶和乙炔瓶中的气体须用橡皮管输送到焊炬或割炬中。根据 GB/T 2550—2016《气体焊接设备焊接、切割和类似作业用橡胶软管》规定，氧气管为蓝色，乙炔管为红色。通常氧气管内径为 8mm，乙炔管内径为 10mm，氧气管与乙炔管强度不同，氧气管允许工作压力为 1.5MPa，乙炔管为 0.5MPa。连接于焊炬胶管长度不能短于 5m，但太长会增加气体流动的阻力，一般在 10~15m 为宜。焊炬用橡皮管禁止油污及漏气，并严禁互换使用。

7. 其他辅助工具

（1）护目镜　气焊时使用护目镜，主要是保护焊工的眼睛不受火焰亮光的刺激，以便在焊接过程中能够仔细地观察熔池金属，又可防止飞溅金属微粒溅入眼睛内。护目镜的镜片颜色和深浅，根据焊工的需要和被焊材料性质进行选用。颜色太深或太浅都会妨碍对熔池的观察，影响工作效率，一般宜用 3~7 号的黄绿色镜片。

（2）点火枪　使用手枪式点火枪点火最为安全方便，也可用火柴或打火机。当用火柴点火时，必须把划着的火柴从焊嘴的后面送到焊嘴上，以免手被烧伤。

此外还有清理工具，如钢丝刷、手锤、锉刀；连接和启闭气体通路的工具，如钢丝钳、铁丝、皮管夹头、扳手等及清理焊嘴的通针。

五、气焊的特点及应用

1. 气焊的优点

气焊设备简单，操作方便，成本低，适应性强，在无电力供应的地方可方便焊接；可以焊接薄板、小直径薄壁管；焊接铸铁、非铁金属、低熔点金属及硬质合金时质量较好。

2. 气焊的缺点

气焊火焰温度低，加热分散，热影响区宽，焊件变形大和过热严重，接头质量不如焊条电弧焊容易保证；生产率低，不易焊较厚的金属；难以实现自动化。

因此，气焊目前在工业生产中主要用于焊接薄板、小直径薄壁管、铸铁、非铁金属、低熔点金属及硬质合金等。此外气焊火焰还可用于钎焊、喷焊和火焰矫正等。

【任务实施】

通过参观焊接车间（气焊操作），达到对气焊的原理、设备及工具以及焊丝与熔剂等的认识和了解，并填写参观记录表（见表6-8）。

表6-8 参观记录表

姓 名		参观时间		
参观企业、车间	焊炬	焊丝、焊剂	其他设备及工具	安全措施
观后感				

任务二 低碳钢的气焊

【学习目标】

1）了解低碳钢的气焊工艺的特点。

2）了解低碳钢气焊参数的选择。

【任务描述】

图6-12为一低碳钢薄板水槽的焊接图，材料为Q235钢，尺寸如图6-13所示。根据有关标准和技术要求，采用气焊进行焊接，请制订正确的焊接工艺。

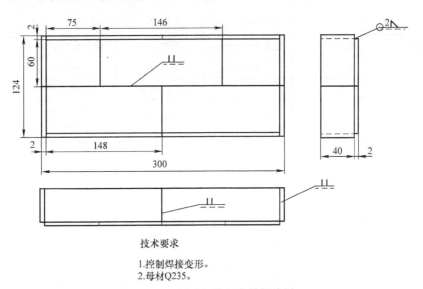

技术要求

1.控制焊接变形。

2.母材Q235。

图6-12 低碳钢薄板水槽焊接图

【工艺分析】

本任务工艺分析主要包括低碳钢薄板气焊的焊接性分析，焊丝、焊剂的选用，接头形式、焊接方向及气焊参数（火焰能率等）的选择等。

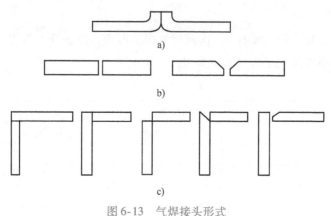

图 6-13 气焊接头形式
a）卷边接头 b）对接接头 c）角接接头

一、材料的焊接性分析

低碳钢焊接性良好，气焊时一般不需采取特殊工艺措施。低碳钢焊接性分析详见模块二的任务二。

二、接头形式

气焊可以在平、立、横、仰各种空间位置进行焊接，气焊的接头形式有对接接头、卷边接头、角接接头等，如图 6-13 所示。对接接头是气焊采用的主要接头形式，角接接头、卷边接头一般只在薄板焊接时使用，搭接接头、T 形接头很少采用。对接接头时，当板厚大于5mm 时应开坡口。低碳钢的卷边接头及对接接头的形状和尺寸见表 6-9。

表 6-9 低碳钢的卷边接头及对接接头的形状和尺寸

接头形式	板厚/mm	卷边及钝边/mm	间隙/mm	坡口角度/(°)	焊丝直径/mm
卷边接头	0.5～1.0	1.5～2.0	—		不用
I 形坡口对接接头	1.0～5.0	—	1.0～4.0	—	2.0～4.0
V 形坡口对接接头	>5.0	1.5～3.0	2.0～4.0	左向焊法80，右向焊法60	3.0～6.0

三、焊接材料的选用

1. 气焊丝选用

焊丝的型号、牌号选择应根据焊件材料的力学性能或化学成分，选择相应性能或成分的焊丝。焊丝直径主要根据焊件的厚度来决定，焊丝直径与焊件厚度的关系见表 6-10。

表 6-10 焊丝直径与焊件厚度的关系 （单位：mm）

焊件厚度	1～2	2～3	3～5	5～10	10～15
焊丝直径	1～2 或不用焊丝	2～3	3～3.2	3.2～4	4～5

若焊丝直径过细，焊接时焊件尚未熔化，而焊丝已很快熔化下滴，容易造成熔合不良等缺陷；相反，如果焊丝直径过粗，焊丝加热时间增加，使焊件过热就会扩大热影响区，同时

导致焊缝产生未焊透等缺陷。

在开坡口焊件的第一、二层焊缝焊接，应选用较细的焊丝，以后各层焊缝可采用较粗的焊丝。焊丝直径还和焊接方向有关，一般右向焊时所选用的焊丝要比左向焊时粗些。

2. 气焊熔剂的选用

气焊熔剂的选择要根据焊件的成分及其性质而定，一般碳素结构钢气焊时不需要气焊熔剂。

四、焊接方向

气焊时，按照焊炬和焊丝的移动方向，可分为左焊法和右焊法两种。

1. 右焊法

右焊法如图 6-14a 所示，焊炬指向焊缝，焊接过程自左向右，焊炬在焊丝前面移动。右焊法适合焊接厚度较大，熔点及导热性较高的焊件，但不易掌握，一般较少采用。

2. 左焊法

左焊法如图 6-14b 所示，焊炬是指向焊件未焊部分，焊接过程自右向左，而且焊炬是跟着焊丝走。这种方法操作简便，容易掌握，适宜于薄板的焊接，是普遍应用的方法。左焊法的缺点是焊缝易氧化，冷却较快，热量利用率低。

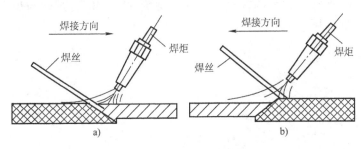

图 6-14　右焊法和左焊法

a）右焊法　b）左焊法

五、气焊参数的选择原则

气焊参数包括火焰能率、焊嘴的倾斜角度、焊接速度等，它们是保证焊接质量的主要参数。

1. 火焰能率

气焊火焰能率是以每小时可燃气体的消耗量（L/h）来表示的，而气体消耗量又取决于焊炬型号和焊嘴的大小。焊炬型号和焊嘴号码越大，火焰的能率也越大。在实际生产中，焊件较厚，金属材料熔点较高，导热性较好（如铜、铝及合金），焊缝又是平焊位置，则应选择较大的火焰能率；反之，如果焊接薄板或其他位置焊缝时，火焰能率要适当减小。

2. 气体压力

氧气和乙炔的工作压力一般根据工件厚度、焊缝位置等来选择。实际生产中，可根据工件厚度选择焊炬型号和焊嘴大小来确定其大小。常用焊炬型号及参数见表 6-11。

3. 焊嘴尺寸及焊炬的倾斜角度

焊嘴是氧乙炔混合气体的喷口，每把焊炬备有一套口径不同的焊嘴，焊接较厚的焊件应用较大的焊嘴。焊嘴选用见表 6-12。

表 6-11　常用焊炬型号及参数

焊炬型号	可焊低碳钢厚度 / mm	氧气工作压力 / MPa	乙炔的工作压力 / MPa	可换焊嘴数
H01—2	0.5 ~ 2	0.1 ~ 0.25		
H01—6	2 ~ 6	0.2 ~ 0.4	0.01 ~ 0.10	5
H01—12	6 ~ 12	0.4 ~ 0.7		
H01—20	12 ~ 20	0.6 ~ 0.8		

表 6-12　不同厚度焊件的焊嘴选用

焊嘴号	1	2	3	4	5
焊件厚度/mm	<1.5	1 ~ 3	2 ~ 4	4 ~ 7	7 ~ 11

焊炬的倾斜角度主要取决于焊件的厚度和母材的熔点及导热性。焊件越厚、导热性及熔点越高，采用的焊炬倾斜角越大，这样可使火焰的热量集中；相反，则采用较小的倾斜角。焊接碳素钢时焊炬倾斜角与焊件厚度的关系如图 6-15 所示。

在气焊过程中，焊丝与焊件表面的倾斜角一般为 30° ~ 40°，焊丝与焊炬中心线的角度为 90° ~ 100°，如图 6-16 所示。

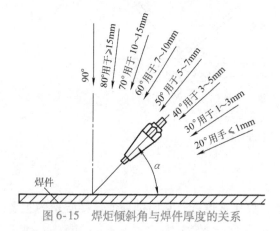

图 6-15　焊炬倾斜角与焊件厚度的关系　　　　图 6-16　焊丝与焊炬、焊件的位置

4. 焊接速度

一般情况下，厚度大、熔点高的焊件，焊接速度要慢些，以免产生未熔合的缺陷；厚度小、熔点低的焊件，焊接速度要快些，以免烧穿和使焊件过热，降低产品质量。总之，在保证焊接质量的前提下，应尽量加快焊接速度，以提高生产率。

【工艺确定】

通过分析，低碳钢薄板水槽的气焊工艺如下。

一、焊接性

Q235 为低碳钢，结构为薄板结构，焊接性良好，气焊时一般不需采取特殊的工艺措施。

二、焊接工艺

1. 焊前准备

（1）设备和工具 乙炔瓶、氧气瓶、乙炔减压器及氧气减压器、焊炬 H01—6。

（2）辅助器具 气焊眼镜、通针、打火枪，工作服、手套、胶鞋，小锤、钢丝钳等。

（3）焊件 Q235 钢板，148mm×60mm×2mm 两块、146mm×60mm×2mm 一块、75mm×60mm×2mm 两块、62mm×40mm×2mm 四块、148mm×40mm×2mm 四块。

（4）焊丝 牌号 H08A，直径 2mm。

2. 装焊顺序

（1）装焊平面板 其焊接顺序是先焊短焊缝，后焊长焊缝。装配间隙 0.5mm。

（2）装焊四周围板 装配间隙 0.5mm。

（3）装焊四周围板与平面板 装配间隙 0.5mm。

3. 焊接参数

采用中性焰，左向焊法；氧气压力 0.3~0.4MPa，乙炔压力 0.03~0.1MPa。

 师傅点拨

　　焊接工艺文件是规定焊接结构焊接工艺过程和操作方法等内容的规章制度，一般包括焊接工艺（工序）卡、工艺过程卡及焊接工艺守则等。对于主导焊接方法的重要焊缝（如锅炉、压力容器受压焊缝等），一般每条焊缝都要编写一张焊接工艺卡来指导生产，俗称"一缝一卡"，而对于气焊等非主导焊接方法一般则编写相应的焊接工艺守则来指导焊接生产，如编制《气焊工艺守则》来指导气焊生产，《气割工艺守则》来指导气割操作等。因此本模块及以后模块的任务实施都不再编写相应的《焊接工艺卡》。

任务三 认识气割

【学习目标】

1）了解气割原理。

2）了解气割设备及工艺。

【任务描述】

　　气割是利用可燃气体与助燃气体混合燃烧产生的气体火焰的热量作为热源，将金属分离的一种加工方法，是生产中钢材分离的重要手段。气割技术的应用几乎覆盖了机械、造船、军工、石油化工、矿山机械及交通能源等多种工业领域。气割操作如图 6-17 所示。本任务主要是认识气割，即了解气割原理、特点、设备等内容。

【相关知识】

一、气割原理及过程

　　气割是利用气体火焰的热能，将工件切割处预热到燃烧温度后，喷出高速切割氧流，使其燃烧并放出热量实现切割的方法。氧气切割过程包括下列三个阶段：

a)　　　　　　　　　　　b)

图 6-17　气割操作

1）气割开始时，用预热火焰将起割处的金属预热到燃烧温度（燃点）。

2）向被加热到燃点的金属喷射切割氧，使金属剧烈地燃烧。

3）金属燃烧氧化后生成熔渣和产生反应热，熔渣被切割氧吹除，所产生的热量和预热火焰热量将下层金属加热到燃点，这样继续下去就将金属逐渐地割穿，随着割炬的移动，就切割成所需的形状和尺寸。

因此，氧气切割过程是预热—燃烧—吹渣过程，其实质是铁在纯氧中的燃烧过程，而不是熔化过程。气割过程如图 6-18 所示。

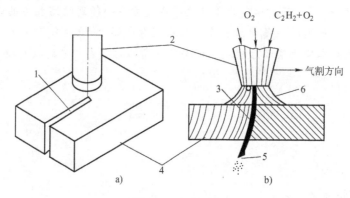

图 6-18　气割过程

1—切口　2—割嘴　3—氧气流　4—工件　5—氧化物　6—预热火焰

二、气割设备及工具

气割设备及工具主要有氧气瓶、乙炔瓶、液化石油气瓶、减压器、割炬（或气割机）等。氧气瓶、乙炔瓶、液化石油气瓶、减压器与气焊用的相同。手工气割时使用的是手工割炬，机械化设备使用的是气割机。手工气割设备如图 6-19 所示。

1. 割炬

（1）割炬的作用及分类　割炬是手工气割的主要工具，割炬的作用是将可燃气体与氧气以一定的比例和方式混合后，形成具有一定能量和形状的预热火焰，并在预热火焰的中心

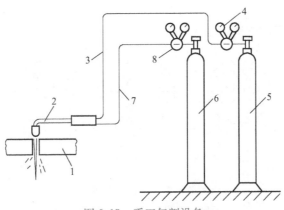

图 6-19　手工气割设备

1—工件　2—割炬　3—氧气管　4—氧气减压器　5—氧气瓶
6—乙炔瓶　7—乙炔气管　8—乙炔减压器

喷射切割氧气进行气割。

　　割炬按可燃气体与氧气混合的方式不同可分为射吸式割炬和等压式割炬两种；按可燃气体种类不同有乙炔割炬、液化石油气割炬等，射吸式割炬的应用最为普遍。

　　（2）射吸式割炬的构造及原理

　　1）射吸式割炬的构造。射吸式割炬的构造如图 6-20 所示，它是以射吸式焊炬为基础，它的结构可分为两部分：一部分为预热部分，其构造与射吸式焊炬相同，具有射吸作用，可以使用低压乙炔；另一部分为切割部分，它是由切割氧调节阀、切割氧气管以及割嘴等组成。

　　割嘴的构造与焊嘴不同，如图 6-21 所示。焊嘴上的喷孔是小圆孔，所以气焊火焰呈圆

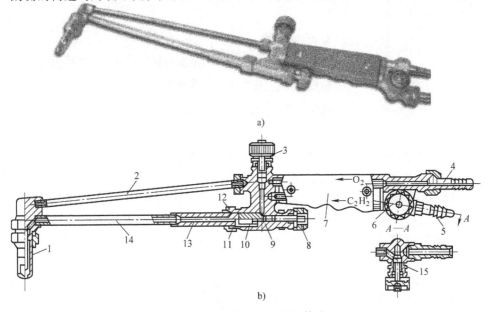

图 6-20　射吸式割炬的构造

a）外形　b）结构

1—割嘴　2—切割氧气管　3—切割氧调节阀　4—氧气管接头　5—乙炔管接头
6—乙炔氧调节阀　7—手柄　8—预热氧调节阀　9—主体　10—氧气阀针
11—喷嘴　12—射吸管螺母　13—射吸管　14—混合管　15—乙炔阀针

171

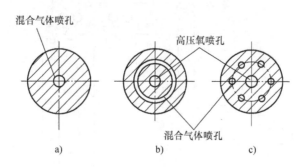

图 6-21　割嘴与焊嘴

a）焊嘴　b）环形割嘴　c）梅花形割嘴

锥形；而射吸式割炬的割嘴混合气体的喷射孔有环形和梅花形两种。环形割嘴的混合气体孔道呈环形，整个割嘴由内嘴和外嘴两部分组合而成，又称组合式割嘴。梅花形割嘴的混合气体孔道呈小圆孔均匀地分布在高压氧孔道周围，整个割嘴为一体，又称整体式割嘴。

2）射吸式割炬的工作原理。气割时，先开启预热氧调节阀和乙炔调节阀，点火产生预热火焰对割件进行预热，待割件预热至燃点时，即开启切割氧调节阀，此时高速切割氧气流经切割氧气管，由割嘴的中心孔喷出，进行气割。

（3）割炬的型号表示法　割炬的型号是由汉语拼音字母 G、结构形式、操作方式、适用燃气种类和最大切割厚度组成。

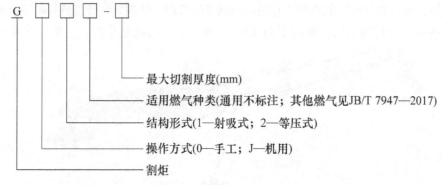

射吸式割炬的型号有 G01 –30、G01 –100、G01 –300 等。如 G01 –30 表示手工操作的可切割的最大厚度为 30mm 的射吸式割炬。

（4）液化石油气割炬　对于液化石油气割炬，由于液化石油气与乙炔的燃烧特性不同，因此不能直接使用乙炔用的射吸式割炬，需要进行改造，或配用液化石油气专用割嘴。

液化石油气割炬除可以自行改制外，也可购买液化石油气专用割嘴。例如，G07 –100 割炬是就专供液化石油气切割用的割炬。

（5）等压式割炬　等压式割炬的可燃气体、预热氧分别由单独的管路进入割嘴内混合。由于可燃气体是靠自己的压力进入割炬，所以它不适用低压乙炔，而应采用中压乙炔。等压式割炬具有气体调节方便、火焰燃烧稳定、回火可能性较射吸式割炬小等优点，其应用量越来越大，国外应用量比国内大。等压式割炬结构如图 6-22 所示。

2. 气割机

气割机是代替手工割炬进行气割的机械化设备。它比手工气割的生产率高，切口质量

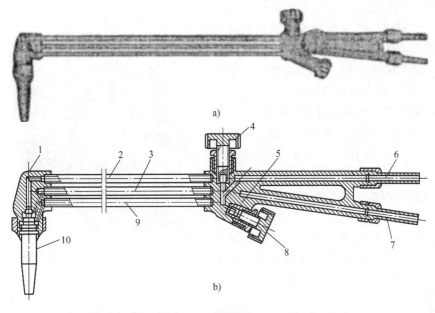

图 6-22 等压式割炬

a）外形图 b）结构图

1—割嘴接头 2—切割氧气管 3—乙炔气管 4—切割氧气调节阀 5—主体
6—氧气管接头 7—乙炔管接头 8—预热氧气调节阀 9—预热氧气管 10—割嘴

好，劳动强度和成本都较低。近年来，由于计算机技术发展，数控气割机也得到广泛应用。下面简单介绍常用的半自动气割机、仿形气割机和数控气割机。

（1）半自动气割机 半自动气割机是最简单的机械化气割设备，一般是一台小车带动割嘴在专用轨道上自动地移动，但轨道轨迹要人工调整。当轨道是直线时，割嘴可以进行直线气割；当轨道呈一定的曲率时，割嘴可以进行一定曲率的曲线气割。

CG1－30 型半自动气割机是目前常用的半自动切割机，如图 6-23 所示。这是一种结构简单、操作方便的小车式半自动气割机，它能切割直线或圆弧。CG1－30 型半自动气割机的主要技术参数见表 6-13。

图 6-23 CG1－30 型半自动气割机

表 6-13 CG1－30 型半自动气割机主要技术参数

型号	电源电压 /V	电动机功率 /W	气割钢板 厚度/mm	割圆直径 /mm	气割速度 /（mm/min）	割嘴数目 /个	外形尺寸 长×宽×高 mm mm mm	质量/kg
CG1－30	220	24	5～60	200～2000	50～750	1～3	370×230×240	17

（2）仿形气割机　仿形气割机是一种高效率的半自动气割机，可方便又精确地气割出各种形状的零件。仿形气割机的结构形式有两种类型：一种是门架式，另一种是摇臂式。其工作原理主要是靠轮沿样板仿形带动割嘴运动，而靠轮又有磁性靠轮和非磁性靠轮两种。

CG2－150型仿形气割机是一种高效率半自动气割机，如图6-24所示。CG2－150型仿形气割机的主要技术参数见表6-14。

（3）数控气割机　所谓数控，就是指用于控制机床或设备的工作指令（或程序），是以数字形式给定的一种新的控制方式。将这种指令提供给数控自动气割机的控制装置时，气割机就能按照给定的程序，自动地进行切割。

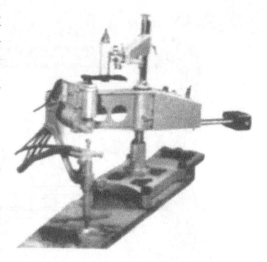

图 6-24　CG2－150 型仿形气割机

表 6-14　CG2－150 型仿形气割机的主要技术参数

型号	气割钢板厚度/mm	气割速度/(mm/min)	气割精度/(mm)	气割正方形尺寸/(mm×mm)	气割长方形尺寸/(mm×mm)	气割直线长度/mm	割圆直径/mm	外形尺寸 长mm×宽mm×高mm	质量/kg
CG2－150	5～60	50～750	±0.5	500×500	900×400 750×450	1200	600	190×335×800	35

数控自动气割机不仅可省去放样、划线等工序，使焊工劳动强度大大降低，而且切口质量好，生产效率高，因此这种新技术的应用正在日益扩大。

数控气割机主要由数控程序和气割执行机构两大部分组成。气割执行机构采用门式结构，门架可在两根导轨上行走。门架上装有两台横移小车，各装有一个割炬架，在割炬架上装有割炬自动升降传感器，可自动调节高低，同时还装有高频自动点火装置。预热氧、切割氧及燃气管路的开关由电磁阀控制，并且对预热、开切割氧等可按程序任意调节延迟时间。数控气割机如图6-25所示。

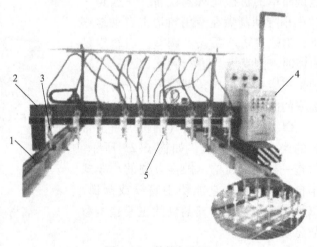

图 6-25　数控气割机

1—导轨　2—门架　3—小车　4—控制机构　5—割炬

三、气割的条件及金属的气割性

1. 气割的条件

符合下列条件的金属才能进行氧气切割：

1）金属在氧气中的燃点应低于熔点，这是氧气切割过程能正常进行的最基本条件。否则金属在燃烧之前已熔化就不能实现正常的切割过程。

2）金属气割时形成氧化物的熔点应低于金属本身的熔点。氧气切割过程产生的金属氧化物的熔点必须低于该金属本身的熔点，同时流动性要好，这样的氧化物能以液体状态从割缝处被吹除。常用金属材料及其氧化物的熔点见表6-15。

表6-15 常用金属材料及其氧化物的熔点

金属材料	金属熔点/℃	氧化物的熔点/℃
纯铁	1535	1300～1500
低碳钢	1500	1300～1500
高碳钢	1300～1400	1300～1500
灰铸铁	1200	1300～1500
铜	1084	1230～1336
铅	327	2050
铝	658	2050
铬	1550	1990
镍	1450	1990
锌	419	1800

3）金属在切割氧射流中的燃烧应该是放热反应。因为放热反应的结果是上层金属燃烧产生很大的热量，对下层金属起着预热作用。如气割低碳钢时，由金属燃烧所产生的热量约占70%，而由预热火焰所供给的热量仅为30%。否则，如果金属燃烧是吸热反应，则下层金属得不到预热，气割过程就不能进行。

4）金属的导热性不应太高。否则预热火焰及气割过程中氧化所析出的热量会被传导散失，使气割不能开始或中途停止。

2. 常用金属的气割性

1）低碳钢和低合金钢能满足上述要求，所以能很顺利地进行气割。钢的气割性能与含碳量有关，钢含碳量增加，熔点降低，燃点升高，气割性能变差。

2）铸铁不能用氧气气割，原因是它在氧气中的燃点比熔点高很多，同时产生高熔点的二氧化硅（SiO_2），而且氧化物的黏度也很大，流动性又差，切割氧流不能把它吹除。此外由于铸铁中含碳量高，碳燃烧后产生一氧化碳和二氧化碳冲淡了切割氧射流，降低了氧化效果，使气割发生困难。

3）高铬钢和铬镍钢会产生高熔点（约1990℃）的氧化铬和氧化镍，遮盖了金属的切口表面，阻碍下一层金属燃烧，也使气割发生困难。

4）铜、铝及其合金燃点比熔点高，导热性好，加之铝在切割过程中产生高熔点（约2050℃）的三氧化二铝，而铜产生的氧化物放出的热量较低，都使气割发生困难。

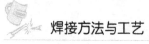

目前，铸铁、高铬钢、铬镍钢、铜、铝及其合金均可采用等离子弧切割。

四、气割的特点及应用

1. 气割的优点

1）切割效率高，切割钢的速度比其他机械切割方法快。

2）机械方法难以切割的截面形状和厚度，采用氧乙炔焰切割比较经济。

3）切割设备的投资比机械切割设备的投资低，切割设备轻便，可用于野外作业。

4）切割小圆弧时，能迅速地改变切割方向。切割大型工件时，不用移动工件，借助移动氧乙炔火焰，便能迅速切割。

5）可进行手工和机械切割。

2. 气割的缺点

1）切割出的零件尺寸公差劣于机械方法。

2）预热火焰和排出的赤热熔渣存在发生火灾以及烧坏设备和烧伤操作工的危险。

3）切割时，燃气的燃烧和金属的氧化，需要采用合适的烟尘控制装置和通风装置。

4）切割材料受到限制，如铜、铝、不锈钢、铸铁等不能用氧乙炔焰切割。

3. 应用

气割的效率高，成本低，设备简单，并能在各种位置进行切割和在钢板上切割各种外形复杂的零件，因此，广泛地用于钢板下料、开焊接坡口和铸件浇冒口的切割，切割厚度可达300mm以上。目前，气割主要用于各种碳钢和低合金钢的切割。其中淬火倾向大的高碳钢和强度等级较高的低合金钢气割时，为避免切口淬硬或产生裂纹，应采取适当加大预热火焰能率和放慢切割速度，甚至割前对钢材进行预热等措施。

【任务实施】

通过参观下料车间（气割操作），观察气割工艺过程，达到对气割的原理、设备及工具等的认识和了解，并填写参观记录表（见表6-16）。

表6-16 参观记录表

姓 名		参观时间		
参观企业、车间	气割工件材质	割炬或气割机	其他设备及工具	安全措施
观后感				

任务四 低碳钢的气割

【学习目标】

1）了解低碳钢的气割性。

2）了解低碳钢的气割工艺。

【任务描述】

图6-26为一低碳钢凹形零件图，材料为20钢，尺寸如图所示。根据有关标准和技术要求，采用气割进行加工，请制订正确的气割工艺。

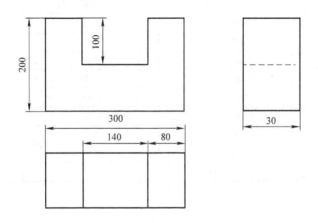

技术要求：
1.割口直、平整光滑。
2.母材20钢。

图6-26　低碳钢凹形零件

【工艺分析】

本任务工艺分析主要包括低碳钢气割性分析及气割参数（火焰性质、火焰能率、气割速度等）选择内容。

一、低碳钢的气割性

低碳钢碳的质量分数低，能满足氧气气割的条件，所以不需采用特殊措施就可顺利进行气割，气割性好。

二、气割参数

气割参数主要包括气割氧压力、气割速度、预热火焰能率、割嘴与割件的倾斜角度、割嘴离割件表面的距离等。

1. 气割氧压力

气割氧压力主要根据割件厚度来选用。割件越厚，要求气割氧压力越大。氧气压力过大，不仅造成浪费，而且使切口表面粗糙，切口加大。氧气压力过小，不能将熔渣全部从切口处吹除，使切口的背面留下很难清除干净的挂渣，甚至出现割不透现象。

氧气纯度对气割速度、气体消耗量及切口质量有很大影响。氧气的纯度低，金属氧化缓慢，使气割时间增加，而且气割单位长度割件的氧气消耗量也增加。例如在氧气纯度为97.5%～99.5%（体积分数）的范围内，纯度每降低1%（体积分数），1m长的切口气割时间增加10%～15%，而氧气消耗量增加25%～35%。

气割氧气压力及与之匹配的乙炔压力可参照表6-17选用。

焊接方法与工艺 第2版

表6-17 气割氧气压力及与之匹配的乙炔压力参照表

钢板厚度/mm	气割速度/(mm/min)	氧气压力/MPa	乙炔压力/MPa
4	450~500	0.2	
5	400~500	0.3	
10	340~450	0.35	
15	300~375	0.375	
20	260~350	0.4	
25	240~270	0.425	0.01~0.1
30	210~250	0.45	
40	180~230	0.45	
60	160~200	0.5	
80	150~180	0.55	
100	140~160	0.6	

2. 气割速度

气割速度与割件厚度和使用的割嘴形状有关，割件越厚，气割速度越慢；反之割件越薄，则气割速度越快。气割速度太慢，会使割缝边缘熔化；速度过快，则会产生很大的后拖量（沟纹倾斜）或割不穿。气割速度的正确与否，主要根据切口后拖量来判断，应使切口产生的后拖量最小为原则。

小提示

气割产生后拖量的主要原因是：气割上层金属在燃烧时，所产生的气体冲淡了切割氧气流，使下层金属燃烧缓慢产生后拖量；下层金属无预热火焰的直接预热作用，火焰不能充分对下层金属加热，使割件下层不能剧烈燃烧产生后拖量；割件金属离割嘴距离较大，切割氧气流吹除氧化物的能量降低产生后拖量；气割速度过快，来不及将下层金属氧化，产生后拖量。

所谓后拖量是指切割面上切割氧流轨迹的始点与终点在水平方向的距离，如图6-27所示。气割速度可参照表6-17选用。

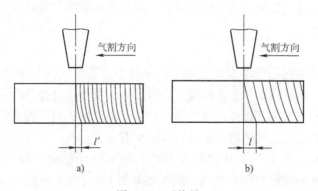

图6-27 后拖量
a) 速度正常 b) 速度过大

178

3. 预热火焰性质及能率

预热火焰的作用是把金属割件加热，并始终保持能在氧气流中燃烧的温度，同时使钢材表面上的氧化皮剥落和熔化，便于切割氧气流与铁化合。预热火焰对金属割件的加热温度，低碳钢时为 1100 ~ 1150℃。

气割时，预热火焰应采用中性焰或轻微氧化焰，不能使用碳化焰，因为碳化焰会使割口边缘产生增碳现象。

预热火焰能率是以每小时可燃气体消耗量来表示的。预热火焰能率应根据割件厚度来选择，一般割件越厚，火焰能率应越大。但火焰能率过大时，会使切口上缘产生连续珠状钢粒，甚至熔化成圆角，同时造成割件背面粘渣增多而影响气割质量。当火焰能率过小时，割件得不到足够的热量，迫使气割速度减慢，甚至使气割过程发生困难。这在厚板气割时更应注意。

4. 割嘴与割件的倾斜角

割嘴与割件的倾斜角直接影响气割速度和后拖量，如图 6-27 所示。当割嘴沿气割相反方向倾斜一定角度时（后倾），能使氧化燃烧而产生的熔渣吹向切割线的前缘，这样可充分利用燃烧反应产生的热量来减少后拖量，从而促使气割速度的提高。进行直线切割时，应充分利用这一特性。割嘴与割件倾斜角大小，主要根据割件厚度而定。割嘴与割件倾斜角的大小可按表 6-18 选择。

表 6-18　割嘴倾角与割件厚度的关系

割件厚度/mm	< 6	6 ~ 30	> 30		
			起割	割穿后	停割
倾角方向	后倾	垂直	前倾	垂直	后倾
倾角角度	25° ~ 45°	0°	5° ~ 10°	0°	5° ~ 10°

5. 割嘴离工件表面的距离

割嘴离割件表面的距离应根据预热火焰长度和割件厚度来确定，一般为 3 ~ 5mm。因为这样的加热条件好，切割面渗碳的可能性最小。当割件厚度小于 20mm 时，火焰可长些，距离可适当加大；当割件厚度大于或等于 20mm 时，由于气割速度放慢，火焰应短些，距离应适当减小。

【工艺确定】

通过分析，低碳钢凹形零件气割工艺如下。

一、气割性

20 钢是碳的质量分数为 0.20% 的低碳钢，气割性好。

二、气割工艺

1. 割前准备

（1）设备　氧气瓶和乙炔瓶。

（2）气割工具　割炬为 G01 - 100 型，3 号环形割嘴；氧气、乙炔减压器。

（3）辅助工具　氧气胶管（蓝色）、乙炔胶管（红色）；护目镜、透针、扳手、钢丝刷。

（4）防护用品　工作服、皮手套、胶鞋、口罩、护脚等。

（5）割件毛坯　Q235 钢板，尺寸为 320mm×220mm×30mm，并用石笔划出气割线。

2. 气割顺序

先气割矩形轮廓，后气割凹形。

3. 气割参数

起割，割嘴向气割方向前倾 5°~8°；正常气割，割嘴垂直割件；气割临近终点停割时，割嘴沿气割反方向后倾 5°~8°。气割速度为 210~230mm/min，割嘴离工件的距离控制在 3~4mm，氧气压力为 0.45MPa、乙炔压力为 0.03~0.1MPa；预热火焰为中性焰。

【相关知识】

气割（气焊）时发生气体火焰进入喷嘴内逆向燃烧的现象称为回火。回火可能烧毁割（焊）炬、管路及引起可燃气体储罐的爆炸。

发生回火的根本原因是混合气体从焊、割炬的喷射孔内喷出的速度小于混合气体燃烧速度。由于混合气体的燃烧速度一般不变，凡是降低混合气体喷出速度的因素都有可能发生回火。发生回火的具体原因有以下几个方面：

1）输送气体的软管太长、太细，或者曲折太多，使气体在软管内流动时所受的阻力增大，降低了气体的流速，引起回火。

2）焊割时间过长或者焊割嘴离工件太近致使焊割嘴温度升高，焊、割炬内的气体压力增大，增大了混合气体的流动阻力，降低了气体的流速引起回火。

3）焊割嘴端面黏附了过多飞溅出来的熔化金属微粒，这些微粒阻塞了喷射孔，使混合气体不能畅通地流出引起回火。

4）输送气体的软管内壁或焊、割炬内部的气体通道上黏附了固体碳质微粒或其他物质，增加了气体的流动阻力，降低了气体的流速以及气体管道内存有氧乙炔混合气体等引起回火。

 小提示

由于瓶装乙炔瓶内压力较高，发生火焰倒流燃烧的可能性很小。若发生回火，处理的方法是：迅速关闭乙炔调节阀门，再关闭氧气调节阀门，切断乙炔和氧气来源。

【1+X 考证训练】

一、填空题

1. 气焊与气割是利用_____气体与_____气体混合燃烧所产生的气体火焰作热源进行金属材料的焊接或切割的一种加工工艺方法。

2. 氧气瓶外表涂_____色，氧气字样为_____色；乙炔瓶外表涂_____色，乙炔字样颜色为_____色，液化石油气瓶外表涂_____色，液化石油气字样为_____色。

3. 减压器有两个作用，分别是_____和_____。

4. 在焊炬型号 H01－20 中，H 表示_____，01 表示_____，20 表示_____。

5. 在割炬型号 G01－30 中，G 表示_____，01 表示_____，30 表示_____。

6. 焊炬按可燃气体与氧气混合的方式不同，可分为_____和_____两类，割炬按可燃气体与氧气混合方式不同，可分为_____和_____，但_____使用较多。

7. 气焊时，按照焊丝和焊炬移动方向不同，可分为_____和_____两种，前者适合焊厚板，后者适合焊薄板。

8. 气割的工艺参数主要有_____、_____、_____、_____、_____等。

9. 仿形气割机的结构形式有_____和_____两种类型，其工作原理是_____。

10. 用气焊焊接铝及铝合金时，常采用_____或_____火焰。

二、判断题（正确的画"√"，错误的画"×"）

1. 凡是与乙炔接触的器具设备不能用银或含铜的质量分数超过 70% 的铜合金制造。

（　）

2. 发生回火的根本原因是混合气体的喷出速度大于混合气体的燃烧速度。（　）

3. 气焊时，一般碳素结构钢不需气焊熔剂，而不锈钢、铝及铝合金、铸铁等必须用气焊熔剂。（　）

4. 气焊铸铁时，可用碳化焰来进行。（　）

5. 气割时就是利用气体火焰的能量将工件切割处预热到一定温度，使之熔化，然后喷出高速切割氧气流，将熔化金属吹掉而形成切口的过程。（　）

6. 钢材含碳量越高，其氧气切割性能越好。（　）

7. 中性焰适用于焊接一般的低碳钢及要求焊接过程中对熔化金属渗碳的金属材料。

（　）

8. 气焊发生回火时，应先关闭氧气调节阀。（　）

9. 被切割金属材料的燃点高于熔点是保证切割过程顺利进行的最基本条件。（　）

10. 氧气本身是不能燃烧的，但它能帮助其他可燃物质燃烧。（　）

三、问答题

1. 金属用氧乙炔气割的条件是什么？

2. 回火的原因是什么？气焊、气割工作中造成回火的因素有哪些？

3. 氧乙炔焰按混合比不同可分为哪几种火焰？它的性质及应用范围如何？

模块七

电阻焊及工艺

电阻焊属压焊范畴，是主要的焊接方法之一，现已在航空、汽车、自行车、地铁车辆、建筑行业、量具、刃具及无线电器件等工业生产中得到了广泛的应用。

任务一　认识电阻焊

【学习目标】

1）了解电阻焊的原理、特点和分类。

2）了解电阻焊的设备及应用。

【任务描述】

电阻焊是压焊中应用最广的一种焊接方法。它与熔焊不同，熔焊是利用外加热源使连接处熔化、凝固结晶形成焊缝的，而电阻焊则是利用本身的电阻热及大量塑性变形能量而形成焊缝或接头的。电阻焊如图7-1所示。本任务就是认识电阻焊，即了解电阻焊的原理、特点、设备等内容。

电阻焊原理

图7-1　电阻焊

【相关知识】

一、电阻焊基本原理

电阻焊是焊件组合后通过电极施加压力，利用电流通过接头的接触面及邻近区域产生的电阻热进行焊接的方法。电阻焊时，产生电阻热的电阻有焊件之间的接触电阻、电极与焊件的接触电阻和焊件本身的电阻三部分。以点焊为例，电阻焊原理与电阻分布如图7-2所示。

产生电阻热的电阻用公式表示为

$$R = 2R_{ew} + R_c + 2R_w$$

式中　R_{ew}——电极与工件的接触电阻；

　　　R_c——焊件之间的接触电阻；

　　　R_w——焊件本身的电阻。

点焊时电阻的分布如图7-2所示。绝对平整、光滑和洁净无瑕的表面是不存在的，即任何表面都是凹凸不平的。当两个焊件相互压紧时，它们不可能在整个平面相接触，而只是在个别凸出点接触，电流就只能沿这些实际接触点通过，使电流流过的截面积减小，从而形成接触电阻。由于接触面总是小于焊件的截面积，并且焊件表面还可能有导电性较差的氧化膜或污物，故接触电阻总是大于焊件本身的电阻。电极与焊件的接触较好，故它们之间接触电阻较小，一般可忽略不计。

由此可见，在电阻焊过程中，焊件间接触面上产生的电阻热，是电阻焊的主要热源。

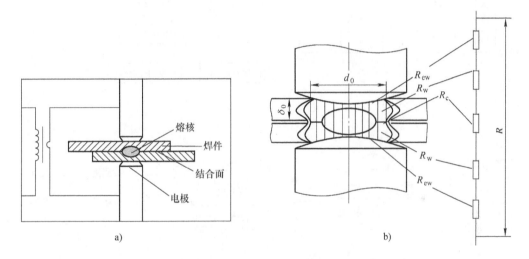

图7-2　电阻焊原理及电阻分布示意图

R_{ew}—电极与焊件的接触电阻　R_w—焊件本身的电阻　R_c—焊件之间的接触电阻

小提示

接触电阻的大小与电极压力、材料性质、焊件表面状况以及温度有关。任何能够增大实际接触面积的因素，都会减小接触电阻，如增加电极压力、降低材料硬度、增加焊件温度等。焊件表面存在着氧化膜和其他污物时，则会显著增加接触电阻。

二、电阻焊的分类及应用

电阻焊的分类方法很多，一般可根据接头形式和工艺方法、电流以及电源能量种类来划分，具体分类方法如图7-3所示。目前常用的电阻焊方法主要是点焊、缝焊、对焊和凸焊，如图7-4所示。

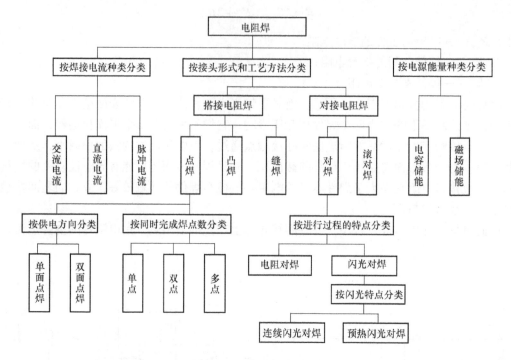

图 7-3　电阻焊分类

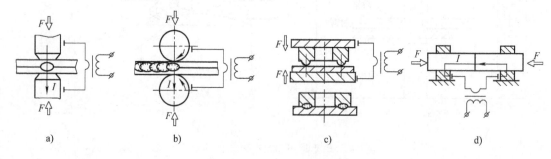

图 7-4　主要电阻焊方法
a）点焊　b）缝焊　c）凸焊　d）对焊

1. 点焊

点焊时，将焊件搭接装配后，压紧在两圆柱形电极间，并通以很大的电流，利用两焊件接触电阻较大，产生大量热量，迅速将焊件接触处加热到熔化状态，形成似透镜状的液态熔池（焊核），当液态金属达到一定数量后断电，在压力的作用下，冷却凝固形成焊点。

点焊时，按对焊件供电的方向，可分为单向点焊和双向点焊；按一次形成的焊点数，可分为单点、双点、多点点焊；按加压传动机构，可分为气压式、液压式、电动凸轮式、复合式、脚踏式点焊等；按安装方式，可分为手提式、悬挂式、固定式点焊等。常用的点焊方法如图 7-5 所示。

点焊是一种高速、经济的连接方法。由于点焊接头采用搭接形式，所以它主要适用于采用搭接接头，接头不要求气密、焊接厚度小于 3mm 的冲压、轧制的薄板构件。这种方法目

点焊

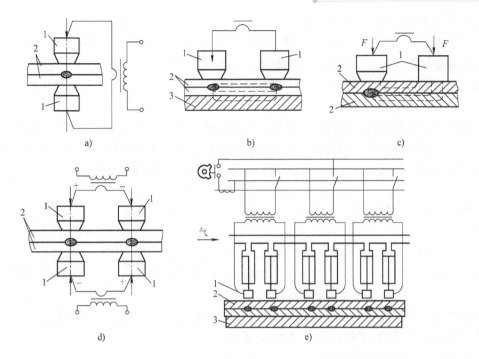

图 7-5 常用的点焊方法

a) 双面单点焊 b) 单面双点焊 c) 单面单点焊 d) 双面双点焊 e) 多点焊

1—电极 2—焊件 3—铜垫板

前广泛应用于汽车驾驶室、金属车厢、家具等低碳钢产品的焊接。在航空航天工业中，多用于连接飞机、喷气发动机、火箭、导弹等的部件。

2. 缝焊

缝焊与点焊相似，也是搭接形式。在缝焊时，以旋转的滚盘代替点焊时的圆柱形电极。焊件在滚盘的带动下向前移动，电流断续或连续地由滚盘流过焊件时，即形成缝焊焊缝。因此，缝焊的焊缝实质上是由许多彼此相重叠的焊点组成的。

缝焊

缝焊的焊点重叠，故分流很大，因此焊件不能太厚，一般不超过 2mm。缝焊广泛应用于油桶、暖气片、飞机和汽车油箱以及喷气发动机、火箭、导弹中密封容器等的薄板焊接。

3. 对焊

对焊是将工件装配成对接接头，使其端面紧密接触，利用电阻热加热至塑性状态，然后迅速施加顶锻力从而完成焊接的方法。对焊均为对接接头，按加压和通电方式分为电阻对焊和闪光对焊。

（1）电阻对焊　电阻对焊时，将焊件置于钳口（即电极）中夹紧，并使两端面压紧，然后通电加热，当零件端面及附近金属加热到一定温度（塑性状态）时，突然增大压力进行顶锻，使两个零件在固态下形成牢固的对接接头。

电阻对焊的接头较光滑，无毛刺，焊接过程较简单，但其力学性能较低，因此仅用于小断面（小于 $250mm^2$）金属型材的焊接，如管道、拉杆、小链环等。由于接头中易产生氧化物杂质，某些合金钢及非铁金属的电阻对焊常在氩、氦等保护气氛中进行。

（2）闪光对焊 闪光对焊是对焊的主要形式，在生产中应用十分广泛。闪光对焊时，将焊件置于钳口中夹紧后，先接通电源，然后移动可动夹头，使焊件缓慢靠拢接触，因端面个别点的接触而形成火花，加热到一定程度（端面有熔化层，并沿长度有一定塑性区）后，突然加速送进焊件，并进行顶锻，这时熔化金属被全部挤出结合面之外，而靠大量塑性变形形成牢固接头。

用这种方法所焊得的接头因加热区窄，端面加热均匀，接头质量较高，生产率也高，故常用于重要的受力对接件。闪光对焊的可焊材料很广，所有钢及非铁金属几乎都可以进行闪光对焊，通常对焊件的横截面积小则几百平方毫米，大则达数万平方毫米。

4. 凸焊

凸焊是点焊的一种变型，是在一工件的贴合面上预先加工出一个或多个突起点，使其与另一工件表面相接触并通电加热，然后压塌，使这些接触点形成焊点的电阻焊方法。凸焊接头的特点如图7-6所示。凸焊时，一次可在接头处形成一个或多个熔核。凸焊的种类很多，除了板件凸焊外，还有螺帽和螺钉类零件凸焊、线材交叉凸焊、管子凸焊、板材 T 形凸焊等。

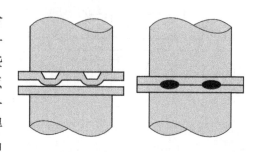

图 7-6　凸焊接头特点

凸焊主要用于焊接低碳钢和低合金钢的冲压件。板件凸焊最适宜的厚度为 0.5 ~ 4mm。焊接更薄件时，凸点设计要求严格，需要随动性极好的焊机，因此厚度小于 0.25mm 的板件更宜于采用点焊。

三、电阻焊设备

1. 电阻焊电源

电阻焊常采用工频变压器作为电源，电阻焊变压器的外特性采用下降外特性，与常用变压器及弧焊变压器相比，电阻焊变压器具有以下特点：

（1）电流大、电压低 电阻焊是以电阻热为热源的，为了使工件加热到足够的温度，必须施加很大的焊接电流。常用的电流为 2 ~ 40kA，在铝合金点焊或钢轨对焊时甚至可达 150 ~ 200kA。由于焊件焊接回路电阻通常只有若干微欧，所以电源电压低，固定式焊机通常在 10V 以内，悬挂式点焊因回焊接回路很长，焊机电压才可达 24V 左右。

（2）功率大、可调节 由于焊接电流很大，虽然电压不高，焊机仍可达到比较大的功率，一般电阻焊电源的容量均可达几十千伏安，大功率电源甚至高达 1000kV·A 以上，并且为了适应各种不同焊件的需要，还要求焊机的功率应可方便地调节。

（3）断续工作状态、无空载运行 电阻焊通常是在焊件装配好之后才接通电源的，电源一旦接通，变压器便在负载状态下运行，一般无空载运行的情况发生。其他工序如装卸、夹紧等，一般不需接通电源，因此变压器处于断续工作的状态。

2. 电阻焊的电极

电极用于导电与加压，并决定主要散热量，所以电极材料、形状、工作端面尺寸和冷却条件对焊接质量及生产率都有很大的影响。电极材料主要是加入 Cr、Cd、Be、Al、Zn、Mg 等合金元素的铜合金来加工制作的。电阻焊电极材料的成分、性能及主要用途见表7-1。

表 7-1　常用电极材料的成分、性能及主要用途

材料	成分（质量分数,%）	R_m /MPa	电导率（以铜为100%）（%）	再结晶温度/℃	硬度 HBW	主要用途
冷硬纯铜	Cu99.9	260~360	98	200	750~1000	导电性好、硬度低、温度升高易软化，用于较软的轻合金的点焊、缝焊
镉青铜	Cd0.9~1.2 Cu 余量	400	约90	260	1000~1200	机械强度高、导电性和导热好、加热时硬度下降不多，广泛用于钢铁材料和非铁金属的点焊、缝焊
铬青铜	Cr0.5 Cu 余量	500	约85	260	1300	强度、硬度高，加热时仍能保持较高的硬度，适合于焊接钢和耐热合金，由于导电性、电热性差，焊接轻合金时焊点表面易过热
铬锌青铜	Cr0.4~0.8 Zn0.3~0.6 Cu 余量	400~500	70~80	260	1100~1400	
铬锆铜	Cr0.25~0.45 Zr0.08~0.18 Si0.02~0.04 Mg0.03~0.05 Cu 余量	—	≥80	700℃ 退火1h, ≥82HRB	≥1500	钢件的焊接

（1）对电极材料的要求

1）为了延长使用寿命，改善焊件表面的受热状态，电极应具有高电导率和高热导率。

2）为了使电极具有良好的抗变形和抗磨损能力，电极应具有足够的高温强度和硬度。

3）电极的加工要方便、便于更换，且成本要低。

4）电极材料与焊件金属形成合金化的倾向小，物理性能稳定，不易黏附。

（2）电极结构　点焊电极由 4 部分组成，分别为端部、主体、尾部和冷却水孔。标准电极（即直电极）有 5 种形式，如图 7-7 所示。平面电极常用于结构钢的焊接，轻合金和厚度大于 3mm 的焊件常采用球面电极。为了满足特殊形状工件点焊的要求，有时需要

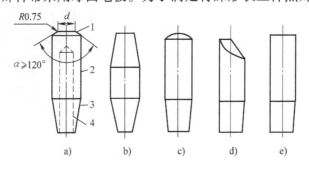

图 7-7　标准电极形状

a）锥形电极　b）夹头电极　c）球形电极　d）偏心电极　e）平面电极

1—端部　2—主体　3—尾部　4—冷却水孔

187

设计特殊形状的电极（弯电极）。图7-8a为普通弯电极；图7-8b为尾部和主体上刻有水槽的弯电极，目的是使冷却水流到电极的外表面，以加强电极的冷却，这种电极常用于不锈钢和高温合金的点焊；图7-8c为增大横断面的电极，目的是加强电极端面向水冷部分的散热。

缝焊电极也称为滚盘，它的工作面有平面和球面两种，滚盘直径通常在300mm以内。凸焊时常使用平面、球面或曲面电极。对焊电极需要根据不同的焊件尺寸来选择电极形状。

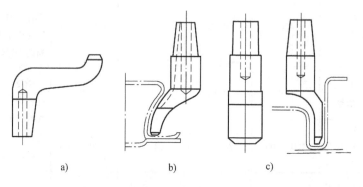

a)   b)   c)

图7-8　特殊形状的电极

a）普通弯电极　b）刻有水槽的弯电极　c）增大横断面的电极

3. 电阻焊机

（1）点焊机　固定式点焊机的结构及外形如图7-9所示。它由机座、加压机构、焊接回路、电极、传动机构和开关及调节装置组成。其中主要部分是加压机构、焊接回路和控制装置。常用的点焊机型号及技术数据见表7-2。

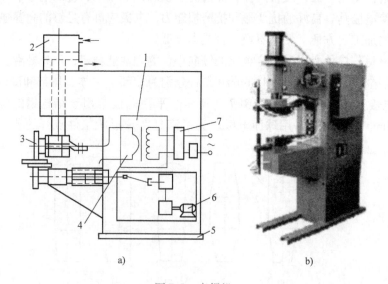

a)   b)

图7-9　点焊机

a）构造　b）外形

1—电源　2—加压机构　3—电极　4—焊接回路

5—机架　6—传动与减速机构　7—开关与调节装置

表 7-2 常用点焊机型号及技术数据

型号	额定容量 /kV·A	电源电压 /V	电极臂伸出长度/mm	生产率 /(点/h)	可焊厚度 /mm	可焊材料（除低碳钢外）	特征	说明
DN-10	10	380	300	720	0.3+0.3~2.0+2.0	非铁金属及合金	固定脚踏式	—
DN-80	80	380	800±50 1000±50	—	3+3	合金钢、部分非铁金属	气压式	—
DN2-16	16	380	170	900	2.0+2.0	—	气动式	双面、单点
DN3-63	63	380	170	700	2.0+2.0	—	气动式	悬挂式、双面

（2）对焊机 对焊机的结构如图 7-10 所示。它是由机架、焊接变压器、活动电极和固定电极、送给机构、夹紧机构等部分组成的。常用对焊机的型号及技术数据见表 7-3。

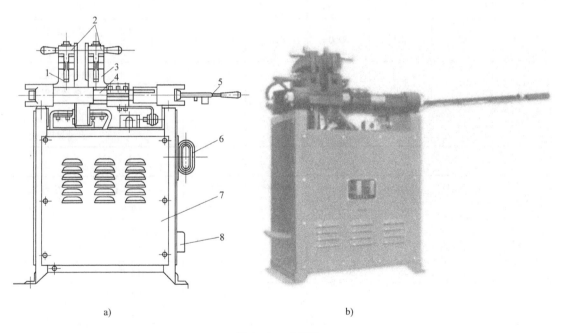

a)   b)

图 7-10 对焊机
a）构造 b）外形
1—固定夹具 2—夹紧机构与电极 3—活动夹具 4—导轨 5—送给机构
6—调节闸刀 7—机架 8—电源进线

（3）缝焊机和凸焊机 缝焊、凸焊与点焊相似，仅是电极不同，凸焊多采用平面电极，而缝焊则是以旋转的滚盘代替点焊时的圆柱形电极。常用缝焊机的型号及技术数据见表7-4，常用凸焊机的型号及技术数据见表7-5。

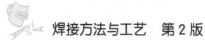

表 7-3　常用对焊机的型号及技术数据

型号	额定容量 /kV·A	电源电压 /V	次级空载 电压/V	最大焊接 截面(低碳钢) /mm²	说明
UN2-16	16	220/380	1.76~3.52	300	可焊低、中碳钢、合金钢及非铁金属
UN2-63	63	380	4.5~7.6	1000	电阻对焊或闪光对焊，可焊低、中碳钢、合金钢及非铁金属
UNY-63	80	380	3.8~7.6	150	连续闪光对焊，可焊棒材、管材、工具及异形截面

表 7-4　常用缝焊机的型号及技术数据

型号	额定容量 /kV·A	电源电压 /V	电极压力 /N	电极臂伸出 长度/mm	可焊低碳钢 厚度/mm	焊接速度 /(m/min)	说明
FN-25-1	25	220/380	1960	400	1.0+1.0	0.86~3.43	横向缝焊机，电动式
FN-25-2							纵向缝焊机，电动式
FN-63	63	380	6000	690	1.2+1.2	4	纵横两用缝焊机
FN-160-8	160	380	8000	1000	2+2	0.6~3	横向缝焊机，断续脉冲焊
FZ-16-1	16	380	2400	385	1.0+1.0	0.6~4	纵向缝焊机，自动焊接

表 7-5　常用凸焊机的型号及技术数据

型号	额定容量 /kV·A	电源电压 /V	次级空载 电压/V	电极臂伸出 长度/mm	电极压力 /N	可焊厚度 /mm	生产率 /(点/min)
TZ-40	40	380	3.22~6.44	650	7640	低碳钢3+3，铝0.8+0.8	—
TZ-63	63	380	3.65~7.3	—	6600	低碳钢5.0+5.0	65
TZ-125	125	380	4.42~8.85	—	14000	低碳钢6.0+6.0	65
TZ-250	250	380	5.42~10.84	—	32000	低碳钢8.0+8.0	65

四、电阻焊特点

1) 由于是内部热源，热量集中，加热时间短，在焊点形成过程中始终被塑性环包围，故电阻焊冶金过程简单，热影响区小，变形小，易于获得质量较好的焊接接头。

2) 电阻焊焊接速度快，特别对点焊来说，其至1s可焊接4~5个焊点，故生产率高。

3) 除消耗电能外，电阻焊不需消耗焊条、焊丝、乙炔、焊剂等，可节省焊接材料，因此成本较低。

4）操作简便，易于实现机械化、自动化。

5）改善劳动条件，电阻焊所产生的烟尘、有害气体少。

6）由于焊接在短时间内完成，需要用大电流及高电极压力，因此焊机容量大，设备成本较高，维修较困难，而且常用的大功率单相交流焊机不利于电网的正常运行。

7）电阻焊机大多工作场所固定，不如焊条电弧焊等灵活、方便。

8）点焊、缝焊的搭接接头不仅增加了构件的重量，而且因为在两板间熔核周围形成尖角，致使接头的抗拉强度和疲劳强度降低。

9）目前尚缺乏简单而又可靠的无损检验方法，只能靠工艺试样和工件的破坏性试验来检查，以及靠各种监控技术来保证。

【任务实施】

通过参观焊接车间，达到对电阻焊的原理、设备及工具以及常用电阻焊方法等的认识和了解，并填写参观记录表（见表7-6）。

表7-6 参观记录表

姓 名		参观时间		
参观企业、车间	电阻焊方法	电阻焊设备及工具	生产产品	安全措施
观后感				

任 务 二　低碳钢的电阻点焊

【学习目标】

1）了解低碳钢点焊的焊接性。

2）了解低碳钢的点焊工艺。

【任务描述】

图7-11所示为一低碳钢薄板，材料为Q235钢，尺寸如图所示。根据有关标准和技术要求，采用点焊进行焊接，请制订正确的焊接工艺。

【工艺分析】

本任务工艺分析主要包括低碳钢点焊的焊接性分析、点焊焊接循环过程及焊接参数选择等内容。

一、材料的焊接性分析

低碳钢碳的含量低，电阻率适中，塑性好，点焊时一般不产生淬火组织或裂纹，具有良好的焊接性，其焊接电流、电极压力和通电时间等参数具有较大的调节范围。采用普通工频交流点焊机、循环简单，无须特殊工艺措施，即可获得满意的焊接质量。

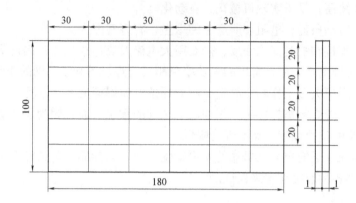

技术要求：

1.在直线交点上电阻点焊，焊点熔合良好。
2.母材Q235钢。

图 7-11　薄板电阻点焊焊件

二、点焊焊接循环

点焊的焊接循环有 4 个基本阶段，如图 7-12 所示。

（1）预压阶段　电极下降到电流接通阶段，确保电极压紧工件，使工件间有适当压力。

（2）焊接阶段　焊接电流通过工件，产热形成熔核。

（3）结晶阶段　切断焊接电流，电极压力继续维持至熔核冷却结晶，此阶段也称锻压阶段。

（4）休止阶段　电极开始提起到电极再次开始下降，开始下一个焊接循环。

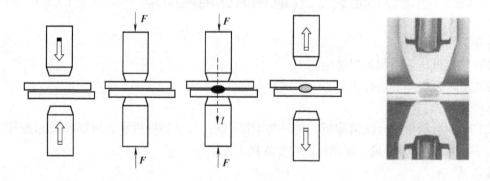

图 7-12　点焊焊接循环

三、焊前清理与装配

电阻焊焊件的表面焊前必须清理，去除表面的油污、氧化膜。冷轧钢板焊件，表面无锈，只需去油。可用机械或化学方法进行清理，并且在清理后规定的时间内进行焊接。

接头的装配间隙尽可能小，因为靠压力消除间隙将消耗一部分压力，使实际的压力降低。一般间隙为 0.1~1mm。

四、焊点尺寸

焊点尺寸包括熔核直径、熔深和压痕深度，如图 7-13 所示。

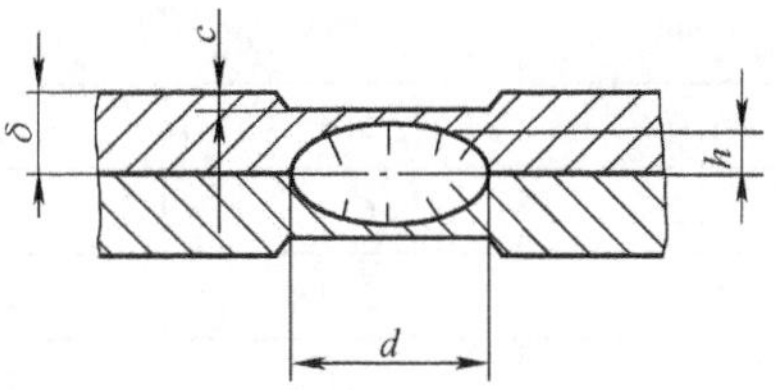

熔核直径与电极端面直径和焊件厚度有关，熔核直径与电极端面直径的关系为 $d = (0.9~1.4)d_{极}$，同时应满足下式：

$$d = 2\delta + 3$$

压痕深度 c 是指焊件表面至压痕底部的距离，应满足下式：

$$c = (0.1~0.15)\delta$$

图 7-13　焊点尺寸
d—熔核直径　δ—焊件厚度
c—压痕深度　h—熔深

五、点焊焊接参数

点焊焊接参数主要包括焊接电流、焊接时间、电极压力、电极端部形状与尺寸等。

1. 焊接电流

焊接电流是决定产热大小的关键因素，将直接影响熔核直径与焊透率，必然影响到焊点的强度。电流太小，则能量过小，无法形成熔核或熔核过小。电流太大，则能量过大，容易引起飞溅的产生。

2. 焊接时间

焊接通电时间对产热与散热均产生一定的影响，在焊接通电时间内，焊接区产出的热量除部分散失外，将逐步积累，用来加热焊接区，使熔核扩大到所要求的尺寸。如焊接通电时间太短，则难以形成熔核或熔核过小。要想获得所要求的熔核，应使焊接通电时间有一个合适的范围，并与焊接电流相配合。焊接时间一般以周波计算，一周波为 0.02s。

3. 电极压力

电极压力大小将影响到焊接区的加热程度和塑性变形程度。随着电极压力的增大，接触电阻减小，使电流降低，从而减慢加热速度，导致焊点熔核直径减小。如在增大电极压力的同时，适当延长焊接时间或增大焊接电流，可使焊点熔核增加，从而提高焊点的强度。

4. 电极端部形状和尺寸

根据焊件结构形式、焊件厚度及表面质量要求等的不同，应使用不同形状的电极。

低碳钢点焊的焊接参数见表 7-7。

表 7-7　低碳钢点焊的焊接参数

板厚 /mm	电极端部直径 /mm	电极压力 /kN	焊接时间 /周波	熔核直径 /mm	焊接电流 /kA
0.3	3.2	0.75	8	3.6	4.5
0.5	4.8	0.90	9	4.0	5.0
0.8	4.8	1.25	13	4.8	6.5

（续）

板厚 /mm	电极端部直径 /mm	电极压力 /kN	焊接时间 /周波	熔核直径 /mm	焊接电流 /kA
1.0	6.4	1.50	17	5.4	7.2
1.2	6.4	1.75	19	5.8	7.7
1.5	6.4	2.40	25	6.7	9.0
2	8.0	3.00	30	7.6	10.3

【工艺确定】

通过分析，低碳钢薄板电阻点焊的工艺如下。

一、焊接性

Q235 是屈服强度为 235MPa、抗拉强度为 420MPa 左右的普通碳素结构钢，碳含量低、无合金元素，钢的强度低、塑性较好，焊接性好，无须采取特殊工艺措施，即可获得满意的焊接质量。

二、焊接工艺

1. 焊前准备

（1）焊件　Q235 钢板，长×宽×厚为 180mm×100mm×1.0mm，两块。

（2）焊机　DN2 型电阻点焊机。

（3）焊件表面清理　用砂布清理焊件表面的油污、氧化膜，并在短时间内进行焊接。

2. 点焊焊接参数

点焊焊接参数见表 7-8。

表 7-8　点焊焊接参数

板厚/mm	焊接通电时间/s	焊接电流/kA	电极压力/kN
1.0	0.2~0.4	6~8	1.5

3. 焊接过程

操作姿势：操作者呈站立姿势，面向电极，右脚向前跨半步踏在脚踏开关上，左手持焊件，右手扳动开关或手动三通阀。操作姿势如图 7-14 所示。

（1）预压　首先将焊件放置在下电极端头处，踩下脚踏开关，电磁气阀通电动作，上电极下降压紧焊件，经过一定的时间预压。

（2）焊接　触发电路启动工作，按已调好的焊接电流对焊件进行通电加热，经过一定的时间，触发电路断电，焊接阶段结束。

（3）锻压　在焊件焊点的冷却凝固过程中，经过一定时间的锻压后，电磁气阀随之断开，上电极开始上升，锻压结束。

（4）休止　经过一定的休止时间，若抬起脚踏开关，则一个焊点焊接过程结束，为下一个焊点焊接做好准备。

（5）停止操作　焊接停止时，应先切断电源开关，10min 后再关闭冷却水。

a)　　　　　　　　　　　　　　　　b)

图 7-14　点焊操作示意图

【相关知识】

一、点焊接头设计

1. 点焊接头形式

点焊接头形式为搭接和卷边接头，如图 7-15 所示。接头设计时，必须考虑边距、搭接宽度、焊点间距、装配间隙等。

（1）边距与搭接宽度　边距是焊点到焊件边缘的距离。边距的最小值取决于被焊金属的种类、焊件厚度和焊接参数。搭接宽度一般为边距的两倍。

（2）焊点间距　焊点间距是为避免点焊产生的分流而影响焊点质量所规定的数值。

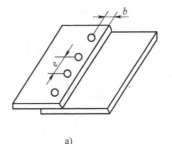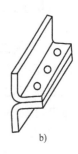

a)　　　　　　　　　　　　b)

图 7-15　点焊接头形式

a）搭接接头　b）卷边接头

e—点距　b—边距

焊点间距过大，则接头强度不足；焊点间距过小又有很大的分流，所以应控制焊点间距。不同厚度材料的点焊搭接宽度及焊点间距最小值见表 7-9。

 小提示

所谓分流是指点焊时不经过焊接区，未参加形成焊点的那一部分电流。分流使焊接区的电流降低，有可能产生未焊透或使核心形状畸变。

表 7-9　点焊搭接宽度及焊点间距最小值　　　　　　　　（单位：mm）

材料厚度	结构钢		不锈钢		铝合金	
	搭接宽度	焊点间距	搭接宽度	焊点间距	搭接宽度	焊点间距
0.3 + 0.3	6	10	6	7	—	—
0.5 + 0.5	8	11	7	8	12	15
0.8 + 0.8	9	12	9	9	12	15
1.0 + 1.0	12	14	10	10	14	15

（续）

材料厚度	结构钢		不锈钢		铝合金	
	搭接宽度	焊点间距	搭接宽度	焊点间距	搭接宽度	焊点间距
1.2 + 1.2	12	14	10	12	14	15
1.5 + 1.5	14	15	12	12	18	20
2.0 + 2.0	18	17	12	14	20	25
2.5 + 2.5	18	20	14	16	24	25
3.0 + 3.0	20	24	18	18	26	30
4.0 + 4.0	22	26	20	22	30	35

生产中还会遇到圆棒与圆棒及圆棒与板材点焊，其点焊的接头形式如图7-16所示。

2. 点焊接头结构形式

点焊接头结构形式的设计应考虑以下因素。

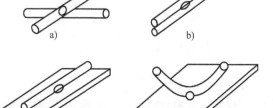

图7-16 圆棒与圆棒及圆棒与板材的点焊
a）、b）圆棒与圆棒的点焊 c）、d）圆棒与板材的点焊

1）伸入焊机回路内的铁磁体工件或夹具的断面应尽可能小，且在焊接过程中不能剧烈地变化，否则会增加回路阻抗，使焊接电流减小。

2）尽可能采用具有强烈水冷作用的通用电极进行点焊。

3）可采用任意顺序来点焊各焊点，易于防止变形。

4）焊点离焊件边缘的距离不应太小。

5）焊点不应布置在难以发生变形的位置。

可进行点焊的典型结构如图7-17所示。

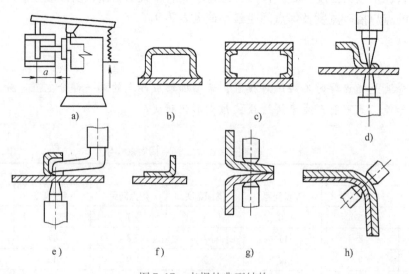

图7-17 点焊的典型结构

二、不等厚度和不同材料的点焊

1. 熔核偏移

当不等厚度、不同材料的焊件点焊时，熔核将不对称于交界面而向厚板或导电性、导热性差的一边偏移，其结果造成导电性、导热性好的工件焊透率小，焊点强度降低。这种现象称为熔核偏移。

2. 熔核偏移产生的原因

熔核偏移是由两工件产热和散热条件不相同引起的。厚度不等时，厚件一边电阻大、交界面离电极远，故产热多而散热少，致使熔核偏向厚件；材料不同时，导电、导热性差的材料产热易而散热难，故熔核也偏向这种材料，如图 7-18 所示。

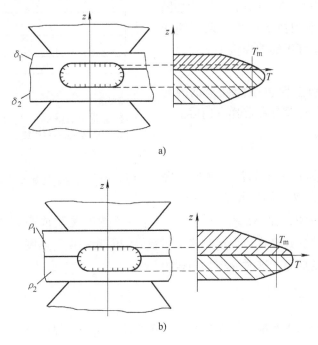

图 7-18　不等厚度、不同材料点焊时熔核偏移

a）不等厚度（$\delta_1 < \delta_2$）　　b）不同材料（$\rho_1 < \rho_2$，ρ 为电阻率）

3. 防止熔核偏移的方法

防止熔核偏移的原则是：增加薄板或导电性、导热好的工件的产热，还要加强厚板或导电性、导热性差的工件的散热。常用的方法有以下几种：

（1）采用强焊接参数　强焊接参数电流大，通电时间短，加大了工件间接触电阻产热的影响，降低电极散热的影响，有利于克服熔核偏移。例如，用电容储能焊机（一般大电流和极短的通电时间）能够点焊厚度比达 20∶1 的焊件。

（2）采用不同接触表面直径的电极　在薄件或导热性、导电性好的工件一侧，采用较小直径的电极，以增加该面的电流密度，同时减小其电极的散热影响。

（3）采用不同的电极材料　在薄件或导电性好的材料一面选用导热性差的铜合金，以减少这一侧的热损失。

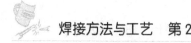

（4）采用工艺垫片 在薄件或导电性、导热性好的工件一侧，垫一块由导电性、导热性差的金属制成的垫片（厚度0.2～0.3mm）以减少这一侧的散热。

任 务 三 低合金高强度钢的对焊

【学习目标】

1）了解低合金钢闪光对焊的焊接性。

2）了解低合金钢的闪光对焊工艺。

【任务描述】

图7-19所示为一低合金高强度钢钢筋闪光对焊焊件，材料为Q355、φ6mm，尺寸如图所示。根据有关标准和技术要求，采用闪光对焊进行焊接，请制订正确的焊接工艺。

【工艺分析】

本任务工艺分析主要包括低合金钢闪光对焊的焊接性分析及焊接参数选择等内容。

一、材料的焊接性分析

低合金结构钢具有一定的淬硬倾向，随着合金元素的增加，淬硬倾向增大，这时应

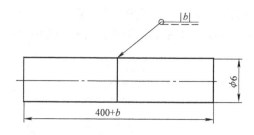

技术要求：

1. 接头错位不超过0.6mm，接头处焊瘤≤2.5mm。

2. 焊件弯曲量不超过焊件长度1%。

3. 间隙≤1mm。

图7-19　低合金高强度钢钢筋闪光对焊焊件

采用一定的热处理方法，如焊后热处理等。对于一些含有易生成高熔点氧化物元素如硅、铬、钼等的钢，为减少其氧化，焊接时应采用较高的闪光和顶锻速度。随着合金元素含量的增加，钢的高温强度提高，这时应增大顶锻力。

二、闪光对焊过程

闪光对焊是对焊的主要形式，在生产中应用广泛。闪光对焊可分为连续闪光对焊和预热闪光对焊。连续闪光对焊过程由闪光阶段和顶锻阶段组成。预热闪光对焊只是在闪光阶段前增加了预热阶段。

1. 闪光阶段

在焊件两端面接触时，许多小触点通过大的电流密度而熔化形成液体金属过梁。在高温下，过梁不断爆破，由于蒸气压力和电磁力的作用，液态金属微粒不断地从接口中喷射出来，形成火花束流，即闪光。闪光过程中，工件端面被加热，温度升高，闪光过程结束前，必须使工件整个端面形成一层液态金属层，使一定深度的金属达到塑性变形温度。

2. 顶锻阶段

闪光阶段结束时，立即对工件施加足够的顶锻压力，过梁爆破被停止，进入顶锻阶段。在压力作用下，接头表面液态金属和氧化物被清除，使洁净的塑性金属紧密接触，并产生塑性变形，以促进再结晶进行，形成共同晶粒，获得牢固的接头。

三、焊前准备

闪光对焊的焊前准备包括端面几何形状、毛坯端头的加工和表面清理。

闪光对焊时，两工件对接面的几何形状和尺寸应基本一致，如图 7-20 所示。否则将不能保证两工件的加热和塑性变形一致，从而影响接头质量。在生产中，圆形工件直径的差别不应超过 15%，方形工件和管形工件不应超过 10%。在闪光对焊大断面工件时，最好将一个工件的端部倒角，使电流密度增大，以便于激发闪光。毛坯端头的加工可以在剪床、冲床、车床上进行，也可以用等离子或气焰切割。

闪光对焊时，因端部金属在闪光时被烧掉，故对端面清理要求不甚严格，但对夹钳和工件接触面要严格清理。

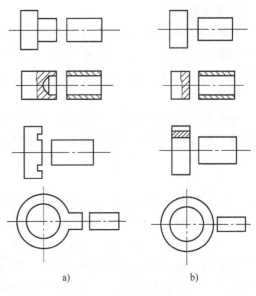

图 7-20 闪光对焊的接头形式
a）合理 b）不合理

四、焊接参数的选择原则

闪光对焊的主要焊接参数有伸出长度、闪光电流、闪光留量、闪光速度、顶锻留量、顶锻速度、顶锻压力、顶锻电流、夹钳夹持力等。

1. 伸出长度

伸出长度影响沿工件轴向的温度分布和接头的塑性变形。一般情况下，棒材和厚壁管材伸出长度为 $(0.7 \sim 1.0)d$，d 为圆棒料的直径或方棒料的边长。对于薄板（$\delta = 1 \sim 4mm$），为了顶锻时不失稳，一般取 $(4 \sim 5)\delta$，如图 7-21 所示。

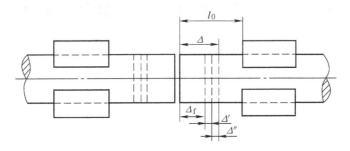

图 7-21 闪光对焊伸出长度和闪光对焊留量的分配示意图
Δ—焊件上的总留量 Δ_f—闪光留量
Δ'—有电顶锻留量 Δ''—无电顶锻留量 l_0—伸出长度

2. 闪光电流和顶锻电流

闪光电流取决于工件的断面积和闪光所需的电流密度，电流密度的大小又与被焊金属的物理性能、闪光速度、工件断面的面积和形状以及端面的加热状态有关。在闪光过程中，

199

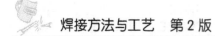

随着闪光速度的逐渐提高和接触电阻 R_c 的逐渐减小，电流密度将增大。顶锻时，R_c 迅速消失，电流将急剧增大到顶锻电流。

3. 闪光留量

选择闪光留量时，应满足在闪光结束时整个工件端面有一熔化金属层，同时在一定深度上达到塑性变形温度。如果闪光留量过小，则不能满足上述要求，会影响焊接质量。闪光留量过大，又会浪费金属材料、降低生产率，如图 7-21 所示。

4. 闪光速度

足够大的闪光速度才能保证闪光的强烈和稳定，但闪光速度过大会使加热区过窄，增加塑性变形的困难。同时，由于需要的焊接电流增加，会增大过梁爆破后的火口深度，因此将会降低接头质量。

5. 顶锻留量

顶锻留量影响液态金属的排出和塑性变形的大小。顶锻留量过小时，液态金属残留在接口中，易形成疏松、缩孔、裂纹等缺陷；顶锻留量过大时，也会因晶粒弯曲严重，降低接头的冲击韧度。顶锻留量根据工件断面积选取，随着断面积的增大而增大。

顶锻时，为了防止接口氧化，在端面接口闭合前不能马上切断电流，因此顶锻留量应包括两部分——有电流顶锻留量和无电流顶锻留量，前者为后者的 0.5 ~ 1 倍。

6. 顶锻速度

为了避免接口区因金属冷却而造成液态金属排出及塑性金属变形的困难，以及防止端面金属氧化，顶锻速度越快越好。

7. 顶锻压力

顶锻压力通常以单位面积的压力来表示。顶锻压力的大小应保证能挤出接口内的液态金属，并在接头处产生一定的塑性变形。顶锻压力过小，则变形不足，接头强度下降；顶锻压力过大，则变形量过大，晶粒弯曲严重，又会降低接头的冲击韧度。

顶锻压力的大小取决于金属性能、温度分布特点、顶锻留量和速度、工件端面形状等因素。高温强度大的金属要求大的顶锻压力。增大温度梯度就要提高顶锻压力。由于高的闪光速度会导致温度梯度增大，因此焊接导热性好的金属（铜、铝合金）时，需要大的顶锻压力（150 ~ 400MPa）。

8. 夹钳夹持力

夹钳夹持力的大小必须保证在顶锻时焊件不打滑，通常夹钳夹持力为顶锻压力的 1.5 ~ 4.0 倍。

此外，对于预热闪光对焊还应考虑预热温度和预热时间。预热温度根据工件断面和材料性能选择，焊接低碳钢时，一般不超过 700℃，预热时间根据预热温度来确定。

表 7-10 为低合金钢及低碳钢棒材闪光对焊的焊接参数。

表 7-10　钢棒材闪光对焊的焊接参数

直径/mm	顶锻压力/MPa	伸出长度/mm	闪光留量/mm	顶锻留量/mm	闪光时间/s
5	60	9	3	1	1.5
6	60	11	3.5	1.3	1.9
8	60	13	4	1.5	2.25
10	60	17	5	2	3.25

（续）

直径/mm	顶锻压力/MPa	伸出长度/mm	闪光留量/mm	顶锻留量/mm	闪光时间/s
12	60	22	6.5	2.5	4.25
14	70	24	7	2.8	5.00
16	70	28	8	3	6.75
18	70	30	9	3.3	7.5
20	70	34	10	3.6	9.0
25	80	42	12.5	4.0	13.00
30	80	50	15	4.6	20.00
40	80	60	20	6.0	45

【工艺确定】

通过分析，Q355 钢闪光对焊工艺如下。

一、焊接性

Q355 是强度等级为 355MPa 的低合金结构钢，由于碳的质量分数较低（0.12% ～ 0.18%），合金元素种类不多、质量分数不高（Mn 0.8% ～1.6%、Si 0.2% ～0.6%），加之焊件尺寸较小，所以闪光对焊时焊接性良好，无须采取特殊工艺措施，即可获得满意的焊接质量。

二、焊接工艺

1. 焊前准备

（1）焊前清理 焊前仔细清除两根钢筋接头端面处的油、污、锈、垢，并把端头处的弯曲部分切掉。

（2）焊机 UN2 - 63 对焊机。

（3）焊件 Q355 钢筋，ϕ6mm ×200mm 两根。

（4）焊接辅助工具和量具 活扳手、200mm 卡尺、台虎钳、手锯、锤子和钢丝钳等。

2. 焊接参数

焊接参数见表 7-11。

表 7-11　焊接参数

直径/mm	顶锻压力/MPa	伸出长度/mm	闪光留量/mm	顶锻留量/mm	闪光时间/s
6 +6	60	11	3.5	1.3	1.9

3. 焊接过程

1）按焊件的形状调整焊机钳口，使钳口的中心线对准，调整好钳口的距离，同时调整好行程螺钉。

2）将待焊的钢筋放在两个钳口上，并夹紧、压实。

3）握紧手柄并将两个钢筋的端面顶紧并通电，利用电阻热对接头端面进行预热。当接头加热至塑性状态时，拉开钢筋端面，使两接头端面有 1 ～2mm 的间隙，此时进入闪光阶段，火花喷溅，待露出新的金属表面后，迅速将两钢筋端面顶紧，并在断电后继续进行加压顶紧。

4）卸下钢筋，焊接结束。

【1＋X考证训练】

一、填空题

1. 常用的电阻焊方法主要有_____、_____、_____和_____。

2. 电阻焊是焊件组合后通过电极施加_____，利用电流通过接头的_____及邻近区域产生的_____进行焊接的方法。

3. 电阻焊产生电阻热的电阻有_____、_____和_____三部分，其中_____产生的电阻热是主要热源。

4. 点焊按对工件供电的方向不同可分为_____和_____。按一次形成的焊点数不同，可分为_____、_____、_____。

5. 对焊按加压和通电方式不同可分为_____和_____。

6. 点焊时的焊接参数有_____、_____、_____、_____等。

7. 点焊时不经过焊接区，未参加形成_____的那一部分电流称为_____，点距越小，分流_____。

8. 点焊时，熔核不对称于交界面而向厚板或导电性、导热性差的一侧偏移的现象称为_____。厚度不等时，熔核易偏向_____，材料不同时，熔核易偏向导电性、导热性_____的材料一侧。

9. 电阻焊电极的作用是_____和_____，电极材料主要由_____制作。

10. 点焊时，焊件表面常用的清理方法有_____和_____两种。

二、判断题（正确的画"√"，错误的画"×"）

1. 凸焊本质上就是点焊。 （　　）

2. 点焊时，焊接电流切断后就不能再对焊件施加压力。 （　　）

3. 不同厚度的金属材料不能用点焊焊在一起。 （　　）

4. 不同性质的金属材料可以采用点焊焊在一起。 （　　）

5. 点焊电极均采用不锈钢制造。 （　　）

6. 缝焊适合于厚件的搭接焊。 （　　）

7. 电阻对焊最适合于焊接大截面焊件。 （　　）

8. 闪光对焊时，由于闪光的结果，使接缝处的氧化物比电阻对焊多。 （　　）

9. 闪光对焊时，对焊件端面的准备要比电阻对焊严格得多。 （　　）

10. 闪光对焊主要是利用闪光产生的热量来加热焊件的一种方法。 （　　）

三、问答题

1. 何谓接触电阻？影响接触电阻的因素有哪些？

2. 防止点焊熔核偏移的措施有哪些？

3. 点焊焊接循环由几个基本阶段组成？有何特点？

等离子弧焊割及工艺

利用等离子弧来进行切割与焊接的工艺方法称为等离子弧切割或焊接。它不仅能切割和焊接常用工艺方法所能加工的材料，而且还能切割或焊接一般工艺方法所难于加工的材料，因而它是焊接与切割领域中一种有发展前途的先进工艺。

任务一　认识等离子弧焊

【学习目标】

1）了解等离子弧焊的原理和特点。

2）了解等离子弧焊的设备和工具。

【任务描述】

等离子弧焊是借助水冷喷嘴对电弧的约束作用，获得较高能量密度的等离子弧进行焊接的方法。等离子弧焊的操作如图 8-1 所示，它几乎可以焊接电弧焊所能焊接的所有材料和多种难熔金属及特种金属材料，特别在极薄金属焊接方面，解决了氩弧焊所不能进行的材料和焊件的焊接。本任务就是认识等离子弧焊，即了解等离子弧焊的原理、特点、设备等内容。

a)

b)

图 8-1　等离子弧焊

【相关知识】

一、等离子弧焊原理

等离子弧焊是利用等离子枪将阴极（如钨极）和阳极之间的自由电弧压缩成高温、高电离、高能量密度及高焰流速度的电弧作热源，并在保护气体的保护下，来熔化金属实行焊接的。

1. 等离子弧的形成

一般的焊接电弧未受到外界的压缩，称为自由电弧。自由电弧中的气体电离是不充分的，能量不能高度集中，并且弧柱直径随着功率的增加而增加，因而弧柱中的电流密度近乎为常数，其温度也就被限制在 5730 ~ 7730℃。如果对自由电弧的弧柱进行强迫"压缩"，就能获得导电截面收缩得比较小而能量更加集中、弧柱中的气体几乎达到全部电离状态的电弧，这种电弧称为等离子弧，其温度达 16000 ~ 30000℃。

目前广泛采用的压缩电弧的方法是将钨极缩入喷嘴内部，并在水冷喷嘴中通以一定压力和流量的离子气，强迫电弧通过喷嘴孔道，以形成高温、高能量密度的等离子弧。等离子弧的形成如图 8-2 所示，此时电弧受到如下 3 种压缩作用。

（1）机械压缩作用　电弧弧柱被强迫通过细孔道的喷嘴，使弧柱截面压缩变细，而不能自由扩大。

（2）热收缩作用　电弧通过水冷却的喷嘴，同时又受到外部不断送来的高速冷却气流（氮气、氩气等）的冷却作用，这样弧柱外围受到强烈冷却，使其外围的电离度大大减弱，电弧电流只能从弧柱中心通过，电弧弧柱进一步被压缩。

（3）磁收缩作用　带电粒子在弧柱内的运动可看成是电流在一束平行的"导线"内移动，由于这些"导线"自身磁场所产生的电磁力，使这些"导线"相互吸引，从而产生磁收缩效应。由于前述两种效应使电弧中心的电流密度已经很高，使得磁收缩作用明显增强，从而使电弧更进一步地受到压缩。

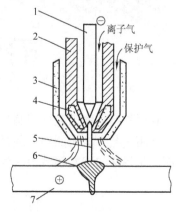

图 8-2　等离子弧的形成
1—钨极　2—水冷喷嘴　3—保护罩
4—冷却水　5—等离子弧
6—焊缝　7—焊件

电弧在以上 3 种压缩作用下，弧柱截面很细，温度极高，弧柱内气体也得到了高度的电离，从而形成稳定的等离子弧。

 小提示

在等离子弧的 3 种压缩作用中，喷嘴孔径的机械压缩作用是前提；热收缩作用则是电弧被压缩的主要原因；磁收缩作用是必然存在的，它对电弧的压缩也起到一定的作用。

2. 等离子弧的类型

根据电极的不同接法，等离子弧可以分为转移弧、非转移弧、联合型弧 3 种，如图 8-3 所示。

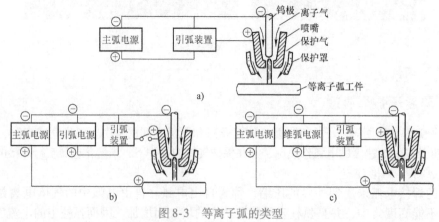

图 8-3　等离子弧的类型
a）非转移弧　b）转移弧　c）联合型弧

（1）**非转移弧** 电极接负极，喷嘴接正极，焊件不接电源，等离子弧在电极和喷嘴内表面之间燃烧并从喷嘴喷出，如图8-3a所示，这种等离子弧也称为等离子焰。由于工件不接电源，工作时只靠等离子焰加热，所以加热能量和温度较转移弧低，主要用于喷涂、焊接、切割较薄的金属和非金属材料。

（2）**转移弧** 电极接负极，焊件接正极，电弧首先在电极与喷嘴之间引燃，当电极与焊件间加上一个较高的电压后，再转移到电极与焊件间，使电极与焊件间产生等离子弧，这个电弧就称为转移弧，这时电极与喷嘴间的电弧就熄灭，如图8-3b所示。这类电弧是在非转移弧的基础上形成的，高温的阳极斑点直接作用在工件上，电弧热有效利用率大为提高，所以可用作中、厚板的切割、焊接和堆焊的热源。

（3）**联合型弧** 转移弧和非转移弧同时存在的电弧称为联合型弧，如图8-3c所示。联合型弧中转移弧为主弧，非转移弧在工作中起补充加热和稳定电弧的作用，称为维弧。在某种因素影响下，等离子弧中断时，依靠维持电弧可立即使等离子弧复燃。这种等离子弧稳定性好，电流很小时也能保持电弧稳定，主要用于微束等离子弧焊和粉末等离子弧堆焊。

3. 等离子弧的特点

（1）**温度高、能量高度集中** 等离子弧的导电性好，承受的电流密度大，因此，温度高达16000～30000℃，并且截面积很小，能量密度高度集中。

（2）**电弧挺度好、燃烧稳定** 自由电弧的扩散角度约为45°，而等离子弧由于电离程度高，放电过程稳定，在压缩作用下，其扩散角仅为5°。故电弧挺度好，燃烧稳定。

（3）**具有很强的机械冲刷力** 等离子弧发生装置内通入常温压缩气体，由于受到电弧高温加热而膨胀，使气体压力大大增加，高压气流通过喷嘴细通道喷出时，可达到很高的速度甚至可超过声速，所以等离子弧有很强的机械冲刷力。

等离子弧焊的原理如图8-4所示。

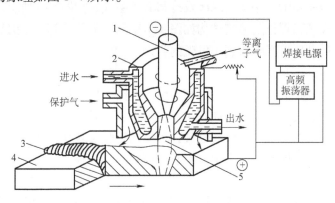

等离子弧焊

图8-4 等离子弧焊原理

1—钨极 2—喷嘴 3—焊缝 4—焊件 5—等离子弧

二、等离子弧焊设备

手工等离子弧焊设备由焊接电源、焊枪、控制系统、气路和水路系统等部分组成，如图8-5所示。自动焊有机械传动的热源（焊枪）行走机构，如有填丝过程则还有送丝机构。

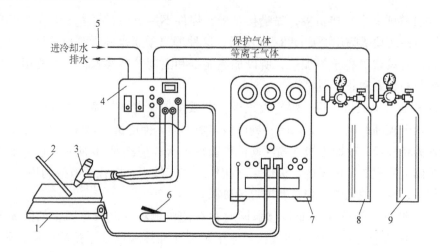

图8-5　等离子弧焊设备

1—工件　2—填充焊丝　3—焊枪　4—控制系统　5—水冷系统
6—起动开关（常安装在焊枪上）　7—焊接电源　8、9—供气系统

1. 焊接电源

一般采用具有陡降或垂直下降外特性的直流弧焊电源。电源空载电压根据所用等离子气而定，采用氩气作等离子气时，空载电压应为60~85V；当采用氩气和氢气或氩气与其他双原子的混合气体作等离子气时，电源空载电压应为110~120V。需要特别指出的是：微束等离子弧焊机最好采用垂直下降外特性的电源，以提高等离子弧的稳定性。等离子弧焊一般采用直流正接，镁、铝薄件可采用直流反接，镁、铝厚件采用交流电源。

2. 焊枪

等离子弧焊枪是等离子弧焊设备中的关键组成部分（又称为等离子弧发生器），主要由上枪体、下枪体、压缩喷嘴、中间绝缘体及冷却套等组成，如图8-6所示。其中最关键的部件为喷嘴，典型等离子弧焊枪的喷嘴结构如图8-7所示。大部分等离子弧焊枪采用圆柱形压缩孔道，而收敛扩散型压缩孔道有利于电弧的稳定。

3. 控制系统

等离子弧焊设备的控制系统一般包括高频引弧电路、拖动控制电路、延时电路和程序控制电路等部分。控制系统一般应具备如下功能：可预调气体流量并实现等离子气流的衰减；焊前能进行对中调试；提前送气，滞后停气；可靠的引弧及转换；实现起弧电流递增，熄弧电流递减；无冷却水时不能开机；发生故障及时停机。

4. 供气系统

与氩弧焊或CO_2气体保护电弧焊相比，等离子弧焊机的供气系统比较复杂。典型的气路系统如图8-8所示，包括离子气、保护气等。为避免保护气对离子气的干扰，保护气和离子气最好由独立气路分开供给。

5. 水路系统

由于等离子弧的温度在10000℃以上，为了防止烧坏喷嘴并增加对电弧的压缩作用，必须对电极及喷嘴进行有效的水冷却。冷却水的流量应不小于3L/min，水压不小于0.2MPa。

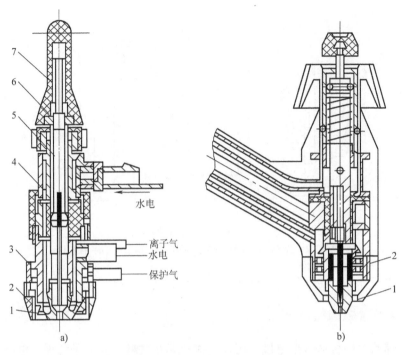

图 8-6　等离子弧焊枪的结构

a）大电流等离子弧焊枪　b）微束等离子弧焊枪

1—喷嘴　2—保护套外环　3—下枪体　4—上枪体　5—电极夹头　6—螺帽　7—钨极

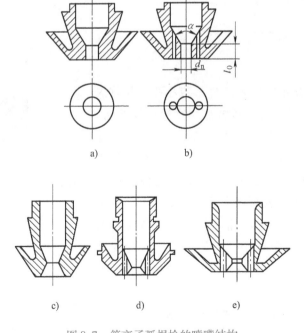

图 8-7　等离子弧焊枪的喷嘴结构

a）圆柱单孔型　b）圆柱三孔型　c）收敛扩散单孔型

d）收敛扩散三孔型　e）带压缩段的收敛扩散三孔型

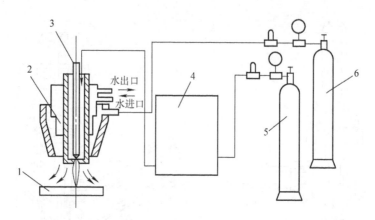

图8-8 等离子弧焊气路系统

1—焊件 2—焊枪 3—电极 4—控制箱 5—离子气 6—保护气

水路中应设有水压开关,在水压达不到要求时,切断供电回路。

三、等离子弧焊焊接材料

等离子弧焊的焊接材料包括电极、工作气体及填充材料。等离子弧焊的电极材料一般采用铈钨极或钍钨极。等离子弧焊的工作气体分为离子气和保护气,均为氩、氮或其与氢的混合气体。大电流等离子弧焊时,离子气和保护气成分应相同;小电流焊接时,离子气一律用氩气,保护气可用氩气也可以选用其他成分气体如 $Ar + H_2$ 等。填充材料主要是焊丝,焊丝主要成分与母材相同。

四、等离子弧焊焊接方法

1. 穿透型等离子弧焊

焊接时,电弧在熔池前穿透工件形成小孔,随着热源移动在小孔后形成焊道的焊接方法叫穿透型焊接法。它是利用等离子弧的高温及能量集中的特点,迅速将焊件的焊缝处金属加热到熔化状态,在焊件底部穿透形成一个小孔,即所谓的"小孔效应"(小孔面积保持在 $7mm^2$ 以下),熔化金属在表面张力的作用下,不会从小孔中滴落下去。随着等离子弧向前移动,熔池底部继续保持小孔,熔化金属围绕着小孔向后流动,并冷却结晶,最后形成正反面都有波纹的焊缝。穿透型等离子弧焊的焊接过程如图8-9所示。

穿透型等离子弧焊采用的焊接电流较大(100~300A),适宜于厚度3~8mm的不锈钢、12mm以下钛合金、2~6mm低碳钢或低合金钢及铜、镍的对接焊。它的主要优点是厚板可在不开坡口和背面不用衬垫时进行

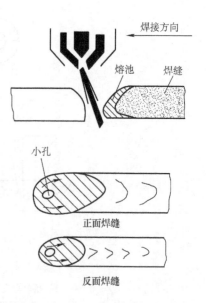

图8-9 穿透型等离子弧焊接

单面焊双面成形（单道焊）。

2. 熔透型等离子弧焊

焊接过程中只熔透焊件，但不产生小孔效应的等离子弧焊接法称为熔透型焊接法，简称熔透法。它采用较小的焊接电流（30～100A）和较低的等离子气流量，主要用于薄板（0.5～2.5mm）焊接及厚板多层盖面焊等。

3. 微束等离子弧焊

利用小电流（通常小于30A）进行焊接的等离子弧焊称为微束等离子弧焊。微束等离子弧焊的焊接电流很小（为0.2～30A）主要用来焊接厚度在0.01～2mm的薄板及金属丝网。微束等离子弧焊采用联合型弧，两个电弧分别由两个电源供电。主电源加在钨极和焊件间产生等离子弧（主弧）。另一个电源加在钨极与喷嘴间产生的小电弧称为维持电弧，它在整个焊接过程中连续燃烧，其作用是维持气体电离，以便在某种原因使等离子弧中断时，依靠维持电弧可立即使等离子弧复燃。

五、等离子弧焊的特点

等离子弧焊与钨极氩弧焊相比有下列特点。

1）由于等离子弧的温度高，能量密度大（即能量集中），熔透能力强，对于厚度为8mm或以上的金属焊接可不开坡口，不加填充金属，可用比钨极氩弧焊高得多的焊接速度施焊。这不仅提高了焊接生产率，而且可减小熔宽，增大焊缝厚度，因而可减小热影响区宽度和焊接变形。

2）等离子弧的形态近似于圆柱形，挺直性好，几乎在整个弧长上都具有高温，因此，当弧长发生波动时，熔池表面的加热面积变化不大，对焊缝成形的影响较小，容易得到均匀的焊缝成形。

3）等离子弧的稳定性好，特别是用联合型等离子弧时，使用很小（大于0.1A）的焊接电流，也能保持稳定的焊接过程，因此，可焊超薄的工件。

4）钨级是内缩在喷嘴里面的，焊接时不会与工件接触，因此，不仅可减少钨极损耗，并可防止焊缝金属产生夹钨等缺陷。

【任务实施】

通过参观焊接车间，达到对等离子弧焊的原理、特点、设备及常用方法等的认识和了解，并填写参观记录表（见表8-1）。

表8-1　参观记录表

姓　　名		参观时间		
参观企业、车间	等离子弧焊方法	等离子弧焊设备	焊接产品	安全措施
观后感				

【知识拓展】

一、等离子弧焊接头形式设计

等离子弧焊的接头形式主要有对接接头，还有角接接头和 T 形接头。可不开坡口，采用穿透型焊法一次焊透的焊件厚度见表 8-2；对于板厚较厚的焊件，需要开坡口（V 形、Y 形等）进行多层焊，为使第一层采用穿透型焊法，坡口钝边可留至 5mm，坡口角度也可减小，如图 8-10 所示。

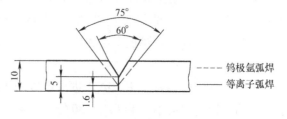

图 8-10　10mm 不锈钢板不同焊接
方法坡口、钝边对比

表 8-2　等离子弧焊一次焊透的焊件厚度　　　　　　（单位：mm）

材料	不锈钢	钛及其合金	镍及其合金	低合金钢	低碳钢
厚度范围	≤8	≤12	≤6	≤7	≤8

二、穿透型等离子弧焊焊接参数

穿透型等离子弧焊的焊接参数主要有焊接电流、等离子气流量、焊接速度和喷嘴端面到焊件表面的距离等。

1. 等离子气流量

等离子气流量是保证小孔效应的重要参数。离子气流量增加，离子冲击力增加，穿透能力提高。但等离子气流量过大，会使小孔直径过大而不能形成焊缝。等离子气流量过小，则焊不透。

2. 焊接电流

焊接电流应根据焊件厚度来选择，适当提高焊接电流，可提高穿透能力。但是电流过大则"小孔"直径过大，使熔池下坠不能形成焊缝；电流过小则不产生小孔效应。

3. 焊接速度

焊接速度增加，焊件热输入减小，小孔直径减小，所以焊接速度不宜太快。如果焊接速度太快，则不能形成小孔，故不能实现穿孔焊接。但此时如能适当增大焊接电流或等离子气流量，则可重新获得稳定的穿孔焊接过程。

要实现稳定的穿孔过程，除正确选择焊接电流、离子气流量和焊接速度外，还必须使这三个参数很好地匹配，其匹配规律是：在焊接电流一定时，若增加等离子气流量，则应相应地增加焊接速度。在等离子气流量一定时，若要增加焊接速度，则应相应地增大焊接电流。当焊接速度一定时，若增加离子气流量，则应相应地减小焊接电流。

4. 喷嘴端面到焊件表面距离

喷嘴端面到焊件表面的距离一般保持在 3～5mm，能保证获得满意的焊缝成形和保护效果。距离过大会使熔透能力降低；距离过小将影响到焊接过程中对熔池的观察，并易造成喷嘴上飞溅物的沾污，且易诱发双弧。

5. 喷嘴孔径

喷嘴孔径直接决定对等离子弧的压缩程度，是选择其他焊接参数的前提。在焊接生产过程中，当工件厚度增大时，焊接电流也应增大，但一定孔径的喷嘴其许用电流是有限制的，见表8-3。因此，一般应按工件厚度和所需电流值确定喷嘴孔径。

常用金属穿透型等离子弧焊的焊接参数参考值见表8-4。

表8-3　喷嘴孔径与许用电流

喷嘴孔径/mm	1.0	2.0	2.5	3.0	3.5	4	4.5
许用电流/A	≤30	40～150	140～180	180～250	250～350	350～400	450～500

表8-4　穿透型等离子弧焊焊接参数

材料	厚度/mm	电流/A	电压/V	焊接速度/（cm/min）	气体成分（体积分数）	坡口形式	气体流量/（L/min）离子气	保护气	备注
碳钢	3.2	185	28	30	Ar	I	6.1	28	
低合金钢	4.2	200	29	25	Ar	I	5.7	28	
	6.4	275	33	36			7.1		
不锈钢	2.4	115	30	61	Ar 95% + H₂ 5%	I	2.8	17	穿
	3.2	145	32	76			4.7	17	
	4.8	165	36	41			6.1	21	
	6.4	240	38	36			8.5	24	
钛合金	3.2	185	21	51	Ar	I	3.8	28	透
	4.8	175	25	33	Ar		8.5		
	9.9	225	38	25	Ar 25% + He 75%	I V	15.1		
	12.7	270	36	25	Ar 50% + He 50%		12.7		
	15.1	250	39	18	Ar 50% + He 50%		14.2		
纯铜和黄铜	2.4	180	28	25	Ar	I	4.7	28	熔透
	3.2	300	33	25	He		3.8	5	
	6.4	670	46	51	He		2.4	28	
	2.0 (w_{Zn}=30%)	140	25	51	Ar		3.8	28	穿透
	3.2 (w_{Zn}=30%)	200	27	41	Ar		4.7	28	

任务二　认识等离子弧切割

【学习目标】

1）理解等离子弧切割的原理、特点及分类。

2）了解等离子弧切割设备。

【任务描述】

焊接生产中，常常会遇到不锈钢、耐热钢、铜及铜合金、铝及铝合金甚至非金属材料的切割，由前所述，这些材料是不能用氧气切割的，这时就可以使用等离子弧切割。等离子弧切割操作如图8-11所示。本任务就是认识等离子弧切割，即了解等离子弧切割原理、特点、设备等内容。

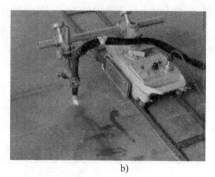

a)   b)

图 8-11 等离子弧切割

【相关知识】

一、等离子弧切割的原理

利用等离子弧的热能实现切割的方法称为等离子弧切割。等离子弧切割与氧乙炔气割有本质上的区别，它是以高温、高速的等离子弧为热源，将被切割件局部熔化，并利用压缩的高速气流的机械冲刷力，将已熔化的金属或非金属吹走而形成狭窄切口的过程，如图8-12 所示。

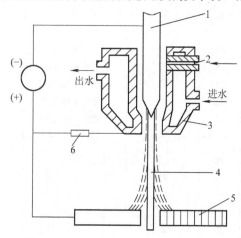

图 8-12 等离子弧切割示意图

1—钨极 2—进气管 3—喷嘴 4—等离子弧 5—割件 6—电阻

    小提示

等离子弧切割的原理与氧乙炔气割原理有着本质的不同。氧乙炔气割主要是靠氧与部分金属的化合燃烧而进行切割的。等离子弧切割不是依靠氧化反应，而是靠熔化来切割工件的。因此等离子弧切割的适用范围比氧气切割要大得多，氧气切割不能切割的材料可用等离子弧切割。

二、等离子弧切割方法

根据工作气体不同，等离子弧切割方法有氩等离子弧切割、氮等离子弧切割和空气等离子弧切割等，其特点及应用见表8-5。

表8-5 等离子弧切割方法及应用

等离子弧切割方法	工作气体	主要用途	切割厚度/mm	所用电极
氩等离子弧切割	$Ar+H_2$，$Ar+N_2$，$Ar+N_2+H_2$	切割不锈钢、非铁金属及其合金	$4\sim150$	铈钨极
氮等离子弧切割	N_2，N_2+H_2		$0.5\sim100$	铈钨极
空气等离子弧切割	压缩空气	常用于切割碳钢和低合金钢，也可切割不锈钢、铜、铝及其合金等	$0.1\sim40$的碳钢和低合金钢	纯锆或纯铪极

三、等离子弧切割设备

等离子弧切割设备包括电源、控制系统、水路系统、气路系统及割炬等几部分，其设备组成如图8-13所示。

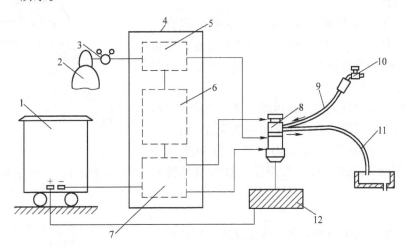

图8-13 等离子弧切割设备组成

1—电源 2—气源 3—调压表 4—控制箱 5—气路控制 6—程序控制
7—高频发生器 8—割炬 9—进水管 10—水源 11—出水管 12—工件

1. 电源

等离子弧切割均采用具有陡降外特性的直流电源，并采用直流正接。要求具有较高的空载电压，一般空载电压在150～400V之间。电源类型有两种：一种是专用弧焊整流器电源；另一种可用两台以上普通弧焊发电机或弧焊整流器串联。

2. 控制系统

控制系统主要包括程序控制接触器、高频振荡器、电磁气阀、水压开关等。目的是对供电、供气、供水及引弧等进行控制。等离子弧切割控制程序框图如图8-14所示。

3. 水路系统

由于等离子弧切割的割炬在10000℃以上的高温下工作，为保持正常切割必须通水冷

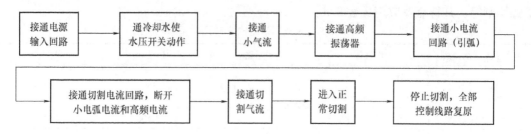

| 接通电源
输入回路 | → | 通冷却水使
水压开关动作 | → | 接通
小气流 | → | 接通高频
振荡器 | → | 接通小电流
回路（引弧） |

| 接通切割电流回路，断开
小电弧电流和高频电流 | → | 接通切
割气流 | → | 进入正
常切割 | → | 停止切割，全部
控制线路复原 |

图 8-14　等离子弧切割控制程序框图

却，冷却水流量应大于 2L/min，水压为 0.15～0.2MPa。水管设置不宜太长，一般自来水即可满足要求，也可采用循环水。

4. 气路系统

气路系统气体的作用是防止钨极氧化、压缩电弧、保护喷嘴不被烧毁及吹掉切口中的熔化金属，它由气瓶、减压器、流量器及电磁气阀组成。一般气体压力应在 0.25～0.35MPa。

常用的工作气体是氮、氩、氢以及它们的混合气体，其中 $Ar-H_2$ 及 N_2-H_2 混合气切口质量最好，但由于氮气价格低廉，故常用的是氮气，且氮气纯度不低于 99.5%（体积分数）。

空气等离子弧切割的气源是压缩空气。企业大多都有压缩空气站，使用时只需接通压缩空气管路即可；若没有压缩空气站或在野外施工时，则购置一台压力 0.6MPa、容积 0.3m³ 的小型空气压缩机就可满足切割的需要。

5. 割炬

割炬是产生等离子弧的装置，也是直接进行切割的工具。等离子弧割炬如图 8-15 所示，主要由割炬体、电极组件、喷嘴和压帽等部分组成。其中喷嘴是割炬的核心部分，其结构形式和几何尺寸对等离子弧的压缩和稳定性有重要的影响。电极材料一般采用铈钨极。为减少电极强烈的氧化腐蚀，空气等离子弧切割一般采用纯锆或纯铪电极，为降低电极烧损，也可采用复合式割炬，即采用内外两层喷嘴，内喷嘴对电极通以惰性气体加以保护，以减少电极氧化烧损，外喷嘴通入压缩空气，但割炬结构复杂。

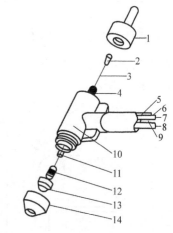

图 8-15　等离子弧割炬的构造示意图

1—割炬盖帽　2—电极夹头　3—电极

4、12—O 形环　5—工作气体进气管

6—冷却水排水管　7—切割电缆

8—小弧电缆　9—冷却水进水管

10—割炬体　11—对中块

13—水冷喷嘴　14—压帽

　小提示

由于压缩空气来源广、价格低廉，可大大降低成本；加之切割过程中氧与被切割金属的氧化反应是放热反应，切割速度快，生产率高。所以空气等离子弧切割得到了广泛应用，常用于切割铜、不锈钢、铝等材料，且特别适合切割厚度在 30mm 以下的碳钢及低合金钢。空气等离子弧切割设备如图 8-16 所示。

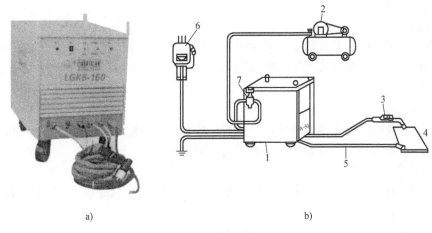

a)　　　　　　　　　　　　　　b)

图 8-16　空气等离子弧切割设备

1—电源　2—空气压缩机　3—割炬　4—工件　5—接工件电缆　6—电源开关　7—过滤减压阀

 小提示

　　常用的等离子弧切割机有 LG -400 -1 型、LG -400 -2 型和 LGK8 -40 型等。型号按 GB/T 10249—2010《电焊机型号编制办法》规定，L 表示等离子焊割设备，G 表示切割机，K 表示空气等离子，400 或 40 表示额定切割电流。部分国产等离子弧切割机的型号及技术数据见表 8-6。

表 8-6　部分国产等离子弧切割机的型号及技术数据

技术数据	型　号				
	LG -400 -2	LG -250	LG -100	LGK -90	LGK -30
空载电压/V	300	250	350	240	230
切割电流/A	100 ~500	80 ~320	10 ~100	45 ~90	30
工作电压/V	100 ~500	150	100 ~150	140	85
负载持续率（%）	60	60	60	60	45
电极直径/mm	$\phi6$	$\phi5$	$\phi2.5$	—	—
备注	自动型	手工型	微束型	压缩空气型	压缩空气型

四、等离子弧切割特点

　　等离子弧是一种比较理想的切割热源，等离子弧切割具有以下特点。

1. 应用范围广

　　等离子弧可以切割各种高熔点金属及其他切割方法不能切割的金属，如不锈钢、耐热钢、钛、钼、钨、铸铁、铜、铝及其合金等，切割不锈钢、铝等厚度可达 200mm 以上。

　　采用转移弧，适用于金属材料切割；采用非转移弧，既适用于非金属材料切割，如耐火砖、混凝土、花岗石、碳化硅等，也适用于金属材料切割。但由于工件不接电源，电弧挺度较差,故能切割的金属材料厚度较小。

2. 切割速度快、生产率高

在目前采用的各种切割方法中,等离子弧切割的速度比较快,生产率也比较高。例如,切割10mm的铝板,切割速度可达200~300m/h;切割12mm厚的不锈钢,切割速度可达100~130m/h。

3. 切割质量高

等离子弧切割时,能得到比较狭窄、光洁、整齐、无粘渣、接近于垂直的切口,而且切口的变形和热影响区较小,其硬度变化也不大,切割质量好。

【任务实施】

通过参观下料车间,达到对等离子弧切割的原理、设备及工具等的认识和了解,并填写参观记录表(见表8-7)。

表8-7 参观记录表

姓 名		参观时间		
参观企业、车间	等离子弧切割方法	切割设备及工具	切割材料	安全措施
观后感				

【知识拓展】

在使用转移型等离子弧进行焊接或切割过程中,正常的等离子弧应稳定地在钨极和工件之间燃烧,如图8-17中弧1。但由于某些原因往往还会在钨极和喷嘴及喷嘴和工件之间产生与主弧并列的电弧,如图8-17中弧2和弧3,这种现象就称为双弧现象。

1. 双弧的危害性

在等离子弧焊接或切割过程中,双弧带来的危害主要表现在以下几个方面。

1) 破坏等离子弧的稳定性,使焊接或切割过程不能稳定地进行,恶化焊缝成形和切口质量。

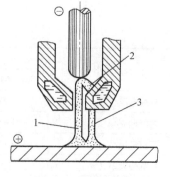

图8-17 双弧现象
1—主弧 2、3—并列弧

2) 产生双弧时,在钨极和工件之间同时形成两条并列的导电通路,减小了主弧电流,降低了主弧的电功率。因而使焊接时熔透能力和切割时的切割厚度减小。

3) 双弧一旦产生,喷嘴就成为并列弧的电极,就有并列弧的电流通过。此时等离子弧和喷嘴内孔壁之间的冷气膜受到破坏,因而使喷嘴受到强烈加热,故容易烧坏喷嘴,使焊接或切割工作无法进行。

2. 双弧形成的原因

在等离子弧焊接或切割时,等离子弧弧柱与喷嘴孔壁之间存在着由离子气所形成的冷气膜。这层冷气膜由于喷嘴的冷却作用,具有比较低的温度和电离度,对弧柱向喷嘴的传热和导电都具有较强的阻滞作用。因此，冷气膜的存在一方面起到绝热作用，可防止喷嘴因过热而烧坏。另一方面，冷气膜的存在相当于在弧柱和喷嘴孔壁之间有一绝缘套筒存在，它隔断了喷嘴与弧柱间电的联系，因此等离子弧能稳定燃烧，不会产生双弧。焊接或切割时，当冷气膜被击穿遭到破坏时，绝热和绝缘作用消失，就会产生双弧现象。

3. 防止双弧产生的措施

（1）正确选择焊接电流和等离子气种类及流量　焊接电流增大，等离子弧的弧柱直径也增大，使冷气膜的厚度减小，容易被击穿，故易产生双弧。等离子气种类不同，产生双弧的可能性也不一样，如采用 $Ar + H_2$ 的混合气体时，由于 H_2 的冷却作用强，弧柱热收缩作用增大，弧柱直径缩小，冷却膜厚度增大，故不易被击穿形成双弧。同样，增大等离子气流量，冷却作用增强，也可减少产生双弧的可能性。

（2）正确选择喷嘴　喷嘴结构参数对双弧的形成有着决定性作用，喷嘴孔径减少，喷嘴孔道长度增大或钨极内缩量增大都易产生双弧。

（3）电极与喷嘴尽可能同心　电极与喷嘴同心度不好，往往是引起双弧的主要原因。因为电极偏心时，等离子弧在喷嘴中分布也偏心，从而使冷气膜厚度不均匀。这时，冷气膜厚度小处就容易击穿产生双弧。

（4）正确确定喷嘴离工件的距离　喷嘴离工件的距离过小易引起双弧，一般在 5 ~ 12mm 为宜。

（5）其他措施　加强对喷嘴和电极的冷却，保持喷嘴端面清洁，采用切向进气的焊枪等也可防止双弧形成。

任务三 不锈钢的等离子弧切割

【学习目标】

1）理解不锈钢的等离子弧切割性。

2）理解不锈钢的等离子弧切割工艺。

【任务描述】

图 8-18 为一不锈钢割件图，材料为 12Cr18Ni9，尺寸如图所示。根据有关标准和技术要求，采用等离子切割，请制订正确的切割工艺。

【工艺分析】

本任务工艺分析主要包括不锈钢等离子切割性能分析及切割参数选择等内容。

一、材料的等离子弧切割性分析

不锈钢等离子弧切割性良好，采用一般的等离子弧切割（氮、氩）和空气等离子弧切割均能满足切割要求。切割时采用转移型电弧，引弧时喷出小气流作为电离介质产生电弧，切割时喷出大气流气体排除熔化金属。

二、等离子弧切割参数的选择原则

等离子弧切割参数主要有切割电流、切割电压、气体流量、切割速度、喷嘴与割件的距离、钨极端部与喷嘴的距离等。

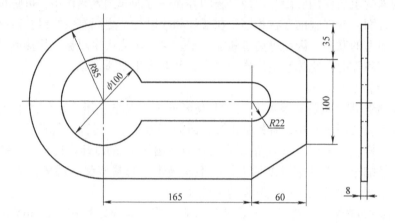

技术要求

1. 切口表面平整，凸凹度不大于0.5mm。
2. 母材12Cr18Ni9。

图 8-18　不锈钢割件图

1. 切割电流和切割电压

当切割电流和切割电压增加时，等离子弧功率增大，可切割厚度和切割速度也增大。虽然可以通过提高电流增加切割厚度及切割速度，但单纯增加电流使弧柱变粗，切口加宽，喷嘴容易烧损，所以切割大厚度工件时，提高切割电压更为有效。可以通过调整或改变切割气体成分提高切割电压，但切割电压超过电源空载电压2/3时容易熄弧，因此，选择的电源空载电压一般应是切割电压的两倍。

2. 切割速度

在切割功率不变的前提下，提高切割速度使切口变窄，热影响区减小。因此在保证切透的前提下尽可能选择大的切割速度。

3. 气体流量

气体流量要与喷嘴孔径相适应。气体流量大，利于压缩电弧，使等离子弧的能量更为集中，提高了工作电压，有利于提高切割速度和及时吹除熔化金属。但气体流量过大，从电弧中带走过多的热量，降低了切割能力，不利于电弧的稳定。

4. 喷嘴与割件的距离

喷嘴与割件的距离一般为6~8mm，切割厚度较大的工件时，可增大到10~15mm，空气等离子弧切割所需距离略小，正常切割时一般为2~5mm。

5. 钨极端部与喷嘴的距离

钨极端部与喷嘴的距离 L_y 称为钨极内缩量，如图8-19所示。钨极内缩量是一个很重要的参数，它极大地影响着电弧压缩效果及电极的烧损。内缩量越大，电弧压缩效果越强。但内缩量太大时，电弧稳定性反而差。内缩量太小，不仅电弧压缩效果差，而且由于电极离喷嘴孔太近或者伸

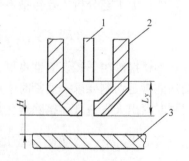

图 8-19　钨极内缩量示意图
1—钨极　2—喷嘴　3—割件

进喷孔，使喷嘴容易烧损，而不能连续稳定地工作。为提高切割效率，在不致产生"双弧"及影响电弧稳定性的前提下，尽量增大电极的内缩量，一般取 8~11mm 为宜。

不锈钢一般等离子弧切割参数见表 8-8。不锈钢空气等离子弧切割参数见表 8-9。

表 8-8 不锈钢一般等离子弧切割参数

材料	厚度/mm	喷嘴孔径/mm	空载电压/V	切割电流/A	切割电压/V	氮气流量/ (L/h)	切割速度/ (m/h)
不锈钢	8	3	160	185	120	2100~2300	45~50
	20	3	160	220	120~125	1900~2200	32~40
	30	3	230	280	135~140	2700	35~40
	45	3.5	240	340	145	2500	20~25

表 8-9 不锈钢空气等离子弧切割参数

材料	厚度/mm	喷嘴孔径/ mm	切割电压/V	切割电流/A	空气流量/ (L/min)	空气压力/ MPa	切割速度/ (mm/min)
不锈钢	5	1	120	35	8~10	0.35~0.45	430
	6	1	120	40			380
	8	1	120	50			220

【工艺确定】
通过分析，12Cr18Ni9 不锈钢割件的切割工艺如下。

一、不锈钢切割性

12Cr18Ni9 是 18-8 型奥氏体不锈钢，等离子弧切割性良好，采用一般的等离子弧切割（氮、氩）和空气等离子弧切割均能满足切割要求。确定采用空气等离子弧切割。

二、不锈钢切割工艺

1. 割前准备

1）准备 LGK8-80 型空气等离子弧切割机。

2）准备 QFH261 型空气过滤减压器。

3）准备等离子弧割炬。

4）直接水冷镶嵌电极，直径为 5.5mm。

5）工件为 12Cr18Ni9 不锈钢板，规格为 350mm×200mm×8mm。按图划出切割线，并在割线上打样冲眼。

2. 切割参数

12Cr18Ni9 不锈钢等离子弧切割工艺参数见表 8-10。

表 8-10 不锈钢等离子弧切割工艺参数

板厚/ mm	钨极内缩量/ mm	喷嘴至割件 距离/mm	喷嘴孔径/ mm	切割电 压/V	切割电 流/A	空气压力/ MPa	空气流量/ (L/min)	切割速度/ (mm/min)
8	10	3~5	1.0	120	50	0.45	10	200

3. 切割过程

1）启动高频引弧，引弧后高频自动被切断，其白色焰流（非转移弧）接触割件。

2）按动切割按钮，转移弧电流接通并自动接通切割气流和切断非转移弧电流。

3）先切割工件内孔及直线段，然后切割焊件外轮廓线。待电弧穿透割件，保持割嘴与割件3~5mm的距离，控制好切割速度并匀速进行切割。

4）切割完毕，切断电源电路，关闭水路和气路。

5）清理现场，检查割件质量。

【知识拓展】

一、等离子弧堆焊

等离子弧堆焊是利用等离子弧作热源将堆焊材料熔敷在基体金属表面上，从而获得与母材相同或不同成分、性能堆焊层的工艺方法。等离子弧堆焊可使金属表面获得与其基体金属呈冶金结合的堆焊层，用以提高工件的耐磨性、耐蚀性、耐高温性能，或用以弥补已磨损工件的尺寸、被腐蚀工件表面的蚀坑、麻点，达到修旧利废的目的。目前在石油、冶金、造船、军工、化工、矿山机械等行业得到广泛应用，并取得了巨大的经济效益。

按照堆焊材料的不同形态，等离子弧堆焊主要有热丝等离子弧堆焊和粉末等离子弧堆焊两种，其中以粉末堆焊应用较多。

1. 粉末等离子弧堆焊

粉末等离子弧堆焊是将合金粉末装入送粉器中，堆焊时用氩气将合金粉末送入堆焊枪体的喷嘴中，利用等离子弧的热能将其熔敷到工件表面形成堆焊层的方法。其主要优点是合金粉末容易制得，成分容易调整，生产率高（熔敷率高），堆焊层的质量好（稀释率低），便于实现堆焊过程自动化等。粉末等离子弧堆焊应用较广泛，特别适合在轴承、阀门、工具、推土机零件、蜗轮叶片等的制造和修复工作中堆焊硬质耐磨合金。

粉末等离子弧堆焊一般多采用混合型等离子弧，需要两台垂直陡降或下降特性的直流电源独立供电，如图8-20所示。非转移弧作为辅助热源使合金粉末预先在弧柱中加热熔化。转移弧是等离子弧堆焊的主要热源，其作用一是加热焊件，在工件表面形成熔池；二是熔化合金粉末。通过调节转移弧的电流，可以控制熔池的温度和热量，从而达到控制堆焊层质量的目的。堆焊时所用的焊枪与焊接时所用的焊枪不同，除有离子气和保护气两条气路外，还有第三条送粉气路。由于堆焊时母材熔深不能大，以利于减小堆焊层的稀释率，故堆焊时一般采用柔性弧，即采用较小的离子气流量和较小的孔道比。

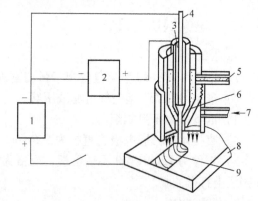

图 8-20　粉末等离子弧堆焊示意图

1—转移弧电源　2—非转移弧电源　3—等离子气
4—钨极　5—合金粉末及送粉气　6—喷嘴孔
7—保护气　8—工件　9—堆焊层

2. 热丝等离子弧堆焊

热丝等离子弧堆焊通常采用转移弧，用直流正极性堆焊，离子气和保护气均为氩气。这种方法的特点是，除依靠等离子弧加热熔化母材和填充焊丝并形成熔池外，填充焊丝中还通以交流电以提高熔敷率和降低稀释率。采用交流电既可节省用电成本，又可避免其磁场的影响。由于事先对焊丝进行了预热，进入电弧区后只需很少的热量便能使焊丝熔化进行堆焊。因此送丝速度可以提高，熔敷速度大大增加。这就大大提高了堆焊的生产率。热丝等离子弧堆焊适用于可拔成丝的不锈钢、镍合金、铜合金材料的堆焊。

二、等离子弧喷涂

等离子弧喷涂是利用等离子弧的高温、高速焰流，将粉末喷涂材料加热和加速后再喷射、沉积到工件表面上形成特殊涂层的一种热喷涂方法。等离子弧喷涂方法有丝极喷涂和粉末喷涂两种，粉末等离子弧喷涂是其中应用最广泛的方法。

图8-21为粉末等离子弧喷涂原理示意图。工作气体从喷嘴与钨电极间的缝隙中通过。当电源接通后，在喷嘴与钨电极端部之间产生高频电火花，将等离子弧引燃。连续送入的工作气体穿过电弧后，成为由喷嘴喷出的高温等离子焰流。喷涂粉末悬浮在送粉气流内，被送入等离子焰流，迅速达到熔融状态。在等离子焰流作用下，高温粉粒具有很大的动能，撞击到工件表面时产生极大的塑性变形，填充到工件预制的粗糙表面上，然后凝固并与工件结合。随后的粉粒喷射到先喷的粉粒上面，填充到其间隙中而形成完整的涂层。喷涂层与工件表面并不发生冶金作用，而是机械结合。在喷涂过程中，工件不与电源相接，因此工件表面不会形成熔池，并可以保持较低的温度（200℃以下），不会发生变形或改变原来的淬火组织。利用等离子弧喷涂可在工件表面喷涂一层特殊材料，使工件表面获得耐磨、耐腐蚀、耐高温和抗氧化等性能，主要用于异种材料零件的制造和旧零件的修复。

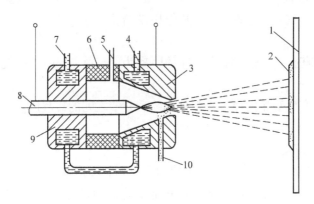

图8-21 粉末等离子弧喷涂原理示意图

1—工件 2—喷涂层 3—前枪体 4—冷却水出口 5—等离子气进口

6—绝缘套 7—冷却水进口 8—钨电极 9—后枪体 10—送粉口

粉末等离子弧喷涂在很多地方与粉末等离子弧堆焊相似。但喷涂时一般采用非转移型等离子弧，即利用等离子弧将合金粉末熔化并从喷嘴孔中喷出，形成雾状颗粒，撞击工件表面后颗粒与清洁而粗糙的工件表面结合形成涂层。因此，该涂层与工件的结合一般是机械结合，工件表面基本上不熔化。但也有例外，例如喷涂钼、铌、镍铝合金和镍钛合金粉末时，涂层与工件间会出现冶金结合现象。

由于喷涂时使用非转移型等离子弧，工件不接电源，因此，可对金属和非金属工件进行喷涂。另外，还可喷涂金属涂层和非金属涂层（如碳化物、氧化物、氮化物、硼化物）等，且有涂层质量好、生产率高、工件不变形、工件金相组织不变化等优点。粉末等离子弧喷涂的缺点是：涂层与工件表面呈机械结合，结合强度不高；涂层的使用性能取决于喷涂的粉末材料。另外，等离子弧喷涂工艺也较等离子弧堆焊复杂，工件喷涂前要经过清理、粗化、预热等表面预处理工序；工件喷涂后，涂层还要经过热处理、浸渗、精整等喷后处理工序才能满足使用要求。

【1+X 考证训练】

一、填空题

1. 对自由电弧的弧柱进行强迫压缩的作用称为＿＿＿＿＿效应，产生此种效应有＿＿＿＿＿、＿＿＿＿＿和＿＿＿＿＿3 种形式。

2. 根据电极的不同接法，等离子弧可以分为＿＿＿＿＿、＿＿＿＿＿和＿＿＿＿＿3 种。

3. 等离子弧焊接有＿＿＿＿＿、＿＿＿＿＿和＿＿＿＿＿3 种方法。

4. 熔透型等离子弧焊主要用于＿＿＿＿＿焊接及＿＿＿＿＿的多层盖面焊。

5. 采用 30A 以下的焊接电流进行的等离子弧焊，称为＿＿＿＿＿。一般用来焊接厚度为＿＿＿＿＿的薄板及＿＿＿＿＿。

6. 等离子弧焊一般采用的电极材料是＿＿＿＿＿，焊接不锈钢、合金钢、钛合金等采用直流＿＿＿＿＿接，焊接铝、镁合金时采用直流＿＿＿＿＿接。

7. 等离子弧切割一般采用的电极材料为＿＿＿＿＿，若为空气等离子弧切割应采用＿＿＿＿＿或＿＿＿＿＿电极。

8. 等离子弧切割设备的气路系统，其作用是防止＿＿＿＿＿、＿＿＿＿＿和＿＿＿＿＿，一般气体压力应在＿＿＿＿＿MPa。

9. 等离子弧切割时，一般喷嘴距工件的距离为＿＿＿＿＿mm，空气等离子弧切割一般为＿＿＿＿＿。

10. 等离子弧焊产生双弧的原因是弧柱与喷嘴孔壁之间的冷气膜＿＿＿＿＿所造成的。

二、判断题（正确的画"√"，错误的画"×"）

1. 等离子弧是压缩电弧。（　　）

2. 等离子弧的温度之所以高，是因为使用了较大的焊接电流。（　　）

3. 等离子弧和普通自由电弧本质上是完全不同的两种电弧，表现为前者弧柱温度高，而后者弧柱温度低。（　　）

4. 转移型弧可以直接加热焊件，常用于中等厚度以上焊件的焊接。（　　）

5. 等离子弧焊时，利用"小孔效应"可以有效地获得单面焊双面成形的效果。（　　）

6. 微束等离子弧焊通常采用转移型弧。（　　）

7. 等离子弧焊时的双弧现象，可以大大地提高等离子弧燃烧的稳定性。（　　）

8. 为了保持焊接参数的稳定，等离子弧焊应采用具有陡降外特性的直流电源。（　　）

9. 非转移型等离子弧主要用于喷涂、焊接、切割较宽的金属和非金属材料。（　　）

10. "小孔效应"只有微束等离子弧焊才得到应用。　　　　　　　　　　（　　）

三、问答题

1. 双弧产生的原因是什么？防止双弧产生的措施有哪些？

2. 穿透型等离子弧焊的焊接参数主要有哪些？

3. 等离子弧切割设备由哪几部分组成？各有何作用？

4. 简述等离子弧切割原理及特点。

【焊接名人名事】

大国工匠：高凤林（中国航天科技集团首都航天机械有限公司焊接高级技师）

高凤林参与过一系列航天重大工程，焊接过的火箭发动机占我国火箭发动机总数的近四成。攻克了长征五号的技术难题，为北斗导航、嫦娥探月、载人航天等国家重点工程的顺利实施以及长征五号新一代运载火箭研制做出了突出贡献。

所获荣誉：国家科学技术进步二等奖、全国劳动模范、全国五一劳动奖章、全国道德模范、最美职工。

模块九

其他焊割方法及工艺

焊接方法的种类很多，除了焊接生产中常用的焊条电弧焊、埋弧焊、气体保护电弧焊、等离子弧焊、电阻焊外，还有一些适合于特殊材料或焊接结构的焊接方法，如电渣焊、钎焊等。同时，还涌现了一些新的焊接方法与技术，如搅拌摩擦焊、焊接机器人等，这些方法与技术对保证产品质量、提高劳动生产率起到了十分重要的作用。

任务一　认识钎焊

【学习目标】

1）了解钎焊的原理和特点。

2）了解钎焊的设备和工具。

【任务描述】

钎焊属于固相连接，已有数千年历史，但在很长一段时期中，没有得到大的发展。直到20世纪30年代，随着科学的进步，钎焊技术才得到较大的发展。钎焊技术现在已在机械、电子、仪表及航空等领域起着重要作用。钎焊操作如图9-1所示。本任务就是认识钎焊，即了解钎焊的原理、特点、设备等内容。

火焰钎焊

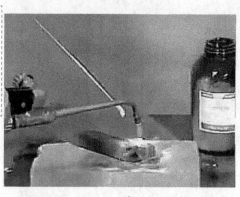
a)

b)

图9-1　钎焊

【相关知识】

一、钎焊原理

钎焊是采用比焊件熔点低的金属材料作钎料，将焊件和钎料加热到高于钎料熔点，低于焊件熔点的温度，利用液态钎料润湿母材，填充接头间隙并与母材相互扩散实现连接的方法，其过程如图9-2所示。

要获得牢固的钎焊接头，首先必须使熔化的钎料能很好地流入并填满接头间隙，其次钎料与焊件金属相互作用形成金属结合。

1. 液态钎料的填隙

要使熔化的钎料能很好地流入并填满间隙，钎料就必须具备润湿作用和毛细作用两个条件。

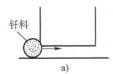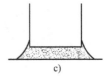

图9-2 钎焊过程示意图

a）在接头处安置钎料，并对焊件和钎料进行加热　b）钎料熔化并开始流入钎缝间隙

c）钎料填满整个钎缝间隙，凝固后形成钎焊接头

（1）润湿作用　钎焊时，液态钎料对焊件浸润和附着的作用称为润湿作用。液态钎料对焊件的润湿作用越强，焊件金属对液态钎料的吸附力就越大，液态钎料也就越易在焊件上铺展，液态钎料就易顺利地填满缝隙。一般来说钎料与焊件金属能相互形成固溶体或者化合物时润湿作用较好。图9-3为液态钎料对焊件的润湿情况。

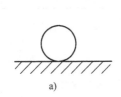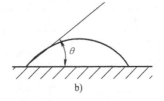

图9-3 液态钎料对焊件的润湿情况

a）不润湿　b）润湿作用强

必须注意的是，当钎料和钎焊工件表面存在氧化膜时，润湿作用较差，因此焊前必须做好清理工作。

（2）毛细作用　通常钎焊间隙很小，钎焊时，钎料依靠毛细作用在钎焊间隙内流动。熔化钎料在接头间隙中的毛细作用越强，熔化钎料的填缝作用也就越好。一般来说熔化钎料对固态焊件润湿作用好的，毛细作用也强。间隙大小对毛细作用影响也较大，间隙越小，毛细作用越强，填缝也越充分。但是间隙过小，钎焊时焊件金属受热膨胀，反而使填缝困难。

2. 钎料与焊件金属的相互作用

液态钎料在填缝过程中，还会与焊件金属发生相互物理化学作用。一是固态焊件溶解于液态钎料，二是液态钎料向焊件扩散，这两个作用对钎焊接头的性能影响很大。当溶解与扩散的结果使它们形成固溶体时，则接头的强度与塑性都高。如果溶解与扩散的结果使它们形成化合物时则接头的塑性就会降低。

二、钎焊方法的分类

按钎料熔点不同，钎焊可分为软钎焊和硬钎焊。当所采用的钎料的熔点（或液相线）

低于450℃时，称为软钎焊；当其熔点高于450℃时，称为硬钎焊。

按照热源种类和加热方式不同，钎焊可分为火焰钎焊、炉中钎焊、感应钎焊、电阻钎焊、电弧钎焊、激光钎焊、气相钎焊、烙铁钎焊等。最简单、最常用的是火焰钎焊和烙铁钎焊，火焰钎焊示意图如图9-4所示。常用钎焊方法的优缺点及适用范围见表9-1。

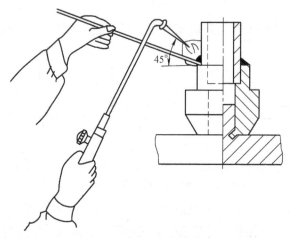

图9-4 火焰钎焊

表9-1 常用钎焊方法的优缺点及适用范围

钎焊方法	优点	缺点	适用范围
烙铁钎焊	设备简单，灵活性好，适用微细件钎焊	需使用焊剂	只能用于软钎焊，且只能钎焊小件
火焰钎焊	设备简单，灵活性好	控制温度困难，操作技术要求较高	钎焊小件
感应钎焊	加热快，钎焊质量好	温度不能精确控制，焊件形状受限制	批量钎焊小件
电阻钎焊	加热快，生产率高，成本较低	控制温度困难，焊件形状、尺寸受限制	钎焊小件
炉中钎焊	能精确控制温度，加热均匀，变形小，钎焊质量好	设备费用高，钎料和焊件不易含较多易挥发元素	大、小件批量生产，多用于缝焊件的钎焊

三、钎焊材料

钎焊材料就是钎料与钎剂。

1. 钎料

钎焊时用作形成钎缝的填充金属，称为钎料。

（1）钎料的分类 按钎料的熔点不同，钎料可以分为软钎料（熔点低于450℃）和硬钎料（熔点高于450℃）两大类。按组成钎料的主要元素，把钎料分成各种金属基的钎料。软钎料包括锡基、铅基、铋基、铟基、锌基、镉基等，其中锡基钎料是应用最广的一类软钎料。硬钎料包括铝基、银基、铜基、镁基、锰基、镍基、金基、钯基、钼基、钛基等，其中银基钎料是应用最广的一类硬钎料。

（2）钎料的型号及牌号 钎料型号由两部分组成，钎料型号两部分间用短线"–"分开；型号中第一部分用一个大写英文字母表示钎料的类型，"S"表示软钎料、"B"表示硬钎料；钎料型号中的第二部分由主要合金组分的化学元素符号组成。例如一种含锡60%、铅39%、锑0.4%（质量分数）的软钎料型号表示为S–Sn60Pb40Sb；一种二元共晶钎料含银72%、铜28%（质量分数），型号表示为B–Ag72Cu。

钎料的牌号有两种表示法，一种是原机械电子工业部编制的编号方法：以HL表示钎料，第一位数字表示钎料化学成分组成类型，第二、三位数字，表示同一类型钎料的不同编号，如HL302；旧的方法是用汉字"料"加上三位数表示钎料的，三位数字的含义同前，如料103，此种钎料化学成分组成类型见表9-2。另一种是前冶金部的编号方法：以H1表示钎料，其次用两个元素符号表示钎料的主要元素，最后用一个或数个数字标出除第一个主要元素外钎料的主要合金元含量，如H1SnPb10。

表9-2 钎料化学成分组成类型

钎料牌号	化学组成类型	钎料牌号	化学组成类型
HL1（料1××）	铜锌合金	HL5（料5××）	锌及镉合金
HL2（料2××）	铜磷合金	HL6（料6××）	锡铅合金
HL3（料3××）	银合金	HL7（料7××）	镍基合金
HL4（料4××）	铝合金		

2. 钎剂

钎剂是钎焊时使用的熔剂。它的作用是清除钎料和焊件表面的氧化物，并保护焊件和液态钎料在钎焊过程中免于氧化，改善液态对焊件的润湿性。

（1）钎剂分类 从不同角度出发，可将钎剂分为多种类型。如按使用温度不同，可分为软钎剂和硬钎剂；按用途不同，可分为普通钎剂和专用钎剂。此外，考虑到作用状态的特征不同，还有一类气体钎剂。钎剂的分类如图9-5所示。

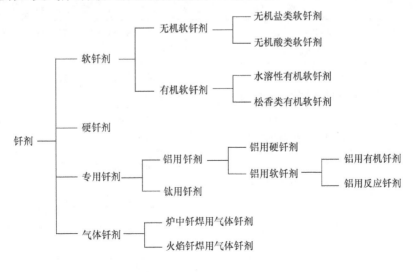

图9-5 钎剂的分类

1）软钎剂。在450℃以下钎焊用的焊剂称为软钎剂，软钎剂可分为无机软焊剂和有机软钎剂，如氯化锌水溶液就是最常用的无机软钎剂。

2）硬钎剂。在450℃以上钎焊用的钎剂称为硬钎剂，常用的硬钎剂主要以硼砂、硼酸及它们的混合物为基体，以某些碱金属或碱土金属的氟化物、氟硼酸盐等为添加剂的高熔点钎剂，如QJ102、QJ103等。

3）专用钎剂。专用钎剂是为氧化膜难以去除的金属材料钎焊而设计的，如铝用钎剂、钛用钎剂等。

4）气体钎剂。气体钎剂是炉中钎焊和火焰钎焊过程中起钎剂作用的气体，常用的气体是三氟化硼、硼酸甲酯等。它的最大优点是焊前不需预涂布钎剂，焊后无钎剂残渣，不需清理。常用气体钎剂的种类和用途见表9-3。

表9-3　常用气体钎剂的种类和用途

气体种类	适用方法	钎焊温度/℃	用途
三氟化硼	炉中钎焊	1050～1150	不锈钢、耐热合金
三氯化硼	炉中钎焊	300～1000	铜及其合金、铝及其合金、碳钢及不锈钢
三氯化磷	炉中钎焊	300～1000	铜及其合金、铝及其合金、碳钢及不锈钢
硼酸甲酯	火焰钎焊	>900	碳钢、铜及其合金

（2）钎剂牌号　钎剂牌号的编制方法：QJ表示钎剂（钎焊剂）；QJ后的第一位数字表示钎剂的用途类型，如"1"为铜基和银基钎料用的钎剂，"2"为铝及铝合金钎料用钎剂；QJ后的第二、第三位数字表示同一类钎剂的不同牌号。

各种金属材料火焰钎焊的钎料和钎剂的选用见表9-4。

表9-4　各种金属材料火焰钎焊的钎料和钎剂

钎焊金属	钎　料	钎　剂
碳钢	铜锌钎料 B–Cu54Zn 银钎料 B–Ag45CuZn	硼砂或硼砂60%＋硼酸40%（质量分数）或QJ102等
不锈钢	铜锌钎料 B–Cu54Zn 银钎料 B–Ag50CuZnCdNi	硼砂或硼砂60%＋硼酸40%（质量分数）或QJ102等
铸铁	铜锌钎料 B–Cu54Zn 银钎料 B–Ag50CuZnCdNi	硼砂或硼砂60%＋硼酸40%（质量分数）或QJ102等
硬质合金	铜锌钎料 B–Cu54Zn 银钎料 B–Ag50CuZnCdNi	硼砂或硼砂60%＋硼酸40%（质量分数）或QJ102等
铜及铜合金	铜磷钎料 B–Cu80AgP 铜锌钎料 B–Cu54Zn 银钎料 B–Ag45CuZn	铜磷钎料钎焊纯铜时不用钎剂，钎焊铜合金时用硼砂或硼砂60%＋硼酸40%（质量分数）或QJ103等
铝及铝合金	铝钎料 B–Al67CuSi	QJ201

四、钎焊工艺

1. 钎焊接头形式

钎焊时钎缝的强度比母材低,若采用对接接头,则接头的强度比母材差。所以,钎焊大多采用增加搭接面积来提高承载能力的搭接接头,一般搭接接头长度为板厚的3~4倍,但不超过15mm。常用的钎焊接头形式如图9-6所示。除火焰钎焊、烙铁钎焊外,大多数方法钎料都是预先放置在接头上的,使其熔化后,在重力与毛细作用下易填满钎缝。

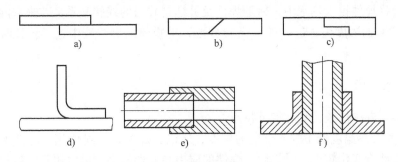

图9-6 常用的钎焊接头形式

a) 搭接 b)、c) 对接接头局部搭接 d) T形接头局部搭接
e) 管件的套管接头 f) 管件与管座套管接头

2. 焊前准备

焊接前应使用机械方法或化学方法,除去焊件表面的氧化膜。为防止液态钎料随意流动,常在焊件的非焊接表面涂阻流剂。

3. 装配间隙及钎料放置

钎焊间隙应适当,间隙过小,钎料流入困难,在钎缝内形成夹渣或未焊透,导致接头强度下降;间隙过大,毛细作用减弱,钎料不能填满间隙使钎缝强度降低,同时钎缝过大也使钎料消耗过多。各种材料钎焊时,钎焊接头间隙见表9-5。钎料可在钎焊过程中送给,也可在钎焊前预先放置。大多数钎焊方法钎料都是预先放置在接头上的,使其熔化后在重力与毛细作用下易填满钎缝。

表9-5 各种材料钎焊接头间隙

钎焊金属	钎料	间隙/mm	钎焊金属	钎料	间隙/mm
碳钢	铜	0.01~0.05	不锈钢	铜	0.01~0.05
	铜锌	0.05~0.20		银基	0.05~0.20
	银基	0.03~0.15		锰基	0.01~0.05
	锡铅	0.05~0.20		镍基	0.02~0.10
铜及铜合金	铜锌	0.05~0.20		锡铅	0.05~0.20
	铜磷	0.03~0.15	铝及铝合金	铝基	0.10~0.25
	银基	0.05~0.20		锌基	0.10~0.30

4. 钎焊焊接参数

钎焊焊接参数主要是钎焊温度和保温时间。钎焊温度一般高于钎料熔点25~60℃。钎料与基本金属作用强的保温时间取短些，间隙大、焊件尺寸大的保温时间则取长些。

5. 焊后清理

钎剂残渣大多数对钎焊接头起腐蚀作用，同时也妨碍对钎缝的检查，所以焊后必须及时清除，一般应在钎焊后 8h 内进行。

对于含松香的不溶于水的钎剂，可用异丙醇、酒精、汽油、三氯乙烯等溶剂去清除；对于有机酸和盐类组成的溶于水的钎剂，可将焊件放在热水中冲洗。

对于硼砂、硼酸组成的硬钎剂，钎焊后成玻璃状，很难溶于水去除，一般用机械方法清除。生产中常将焊件投入热水中，借助焊件及钎缝与残渣的线膨胀系数差来去除残渣。也可采用在 70~90℃的浓度为 2%~3%（质量分数）的重铬酸钾溶液中进行较长时间的浸洗来去除。

五、钎焊特点

钎焊与熔焊方法比较，具有如下特点。

1）钎焊时加热温度低于焊件金属的熔点，所以钎焊时，钎料熔化，焊件不熔化，焊件金属的组织和性能变化较小。钎焊后，焊件的应力与变形较小，可以用于焊接尺寸精度要求较高的焊件。

2）某些钎焊，它可以一次焊几条、几十条钎缝甚至更多，所以生产率高，如自行车车架的焊接。它还可以焊接其他方法无法焊接的结构形状复杂的工件。

3）钎焊的应用范围广，不仅可以焊接同种金属，也适宜焊接异种金属，甚至可以焊接金属与非金属，如原子能反应堆中的金属与石墨的钎焊。

4）钎焊接头的强度和耐热能力较基本金属低；装配要求比熔焊高；以搭接接头为主，使结构重量增加。

【任务实施】

通过参观焊接车间（钎焊操作），达到对钎焊的原理、特点、钎焊材料以及常用钎焊方法等的认识和了解，并填写参观记录表（见表9-6）。

表9-6 参观记录表

姓　名		参观时间		
参观企业、车间	钎焊方法	钎焊材料	焊接产品	安全措施
观后感				

任务二　认识电渣焊

【学习目标】

1）了解电渣焊的原理和特点。

2）了解电渣焊的工艺。

【任务描述】

焊接制造中，有时会遇到大厚板（≥40mm）的焊接，如果采用常规电弧焊工艺，不仅生产效率低，而且质量也难于保证焊，此时使用电渣焊就能一次焊成，所以电渣焊是大厚板接头经济而优质的一种焊接方法。电渣焊现已广泛应用于电站锅炉、大型水轮机、重型机械、大型冶金设备及核能装置等重型部件的制造中。电渣焊的操作如图9-7所示。本任务就是认识电渣焊，即了解电渣焊的原理、特点、工艺等内容。

a)

b)

电渣焊

图9-7 电渣焊

【相关知识】

一、电渣焊的原理

电渣焊是利用电流通过液体熔渣所产生的电阻热进行焊接的方法。其原理如图9-8所示。

焊接开始时，先在电极和引弧板之间引燃电弧，电弧熔化焊剂形成渣池。当渣池达到一定深度后，电弧熄灭，这一过程称为引弧造渣阶段。随后进入正常焊接阶段，这时电流经过电极并通过渣池传到焊件。由于渣池中的液态熔渣电阻较大，通过电流时就产生大量的电阻热，将渣加热到较高温度（1700～2000℃）使电极及焊件熔化，并下沉到底部形成金属熔池，而密度较熔化金属小的熔渣始终浮于金属熔池上部起保护作用。随着焊接过程的连续进行，熔池金属的温度逐渐降低，在冷却滑块的作用下，强迫凝固形成焊缝。最后是引出阶段，即在焊件上部装有引出板，以便将渣池和收尾部分的焊缝引出焊件，以保证焊缝质量。

二、电渣焊的分类

电渣焊根据所用的电极形状不同可分为丝极电渣焊、板极电渣焊和熔嘴电渣焊（包括管极电渣焊）。

1. 丝极电渣焊

用焊丝作为熔化电极的电渣焊称为丝极电渣焊，根据焊件的厚度不同可以用一根焊丝或多根焊丝焊接。焊丝还可做横向摆动，此方法一般适用于40mm以上厚度的焊件及较长焊缝

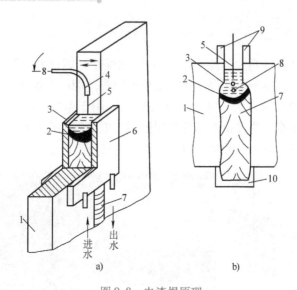

图 9-8 电渣焊原理

1—焊件 2—金属熔池 3—渣池 4—导电嘴 5—焊丝 6—冷却滑块

7—焊缝 8—金属熔滴 9—引出板 10—引弧板

的焊接，如图 9-9 所示。

2. 板极电渣焊

用金属板条作为电极的电渣焊称为板极电渣焊，如图 9-10 所示。其特点是设备简单，不需要电极横向摆动，可利用边料作电极。此法要求板极长度为焊缝长度的 3～4 倍，由于板极太长而造成操作不方便，因而使焊缝长度受到限制。故多用于大断面而长度小于 1.5m 的短焊缝及堆焊等。

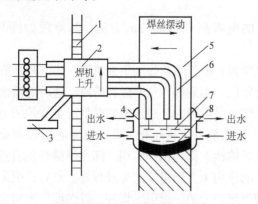

图 9-9 丝极电渣焊示意图

1—导轨 2—焊机机头 3—控制台 4—冷却滑块

5—焊件 6—导电嘴 7—渣池 8—熔池

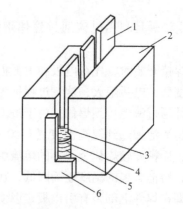

图 9-10 板极电渣焊示意图

1—板极 2—焊件 3—渣池 4—金属熔池

5—焊缝 6—水冷成形块

3. 熔嘴电渣焊

熔嘴电渣焊的电极由固定在接头间隙中的熔嘴（由钢板钢管点焊而成）和焊丝构成，如图 9-11 所示。熔嘴起着导电、填充金属和送丝的导向作用。熔嘴电渣焊的特点是设备简单，可焊接大断面的长焊缝和变断面的焊缝，目前已成为对接焊缝和 T 形焊缝的主要焊接方法。当被焊工件较薄时，熔嘴可简化为涂有涂料的一根或两根管子，因此也可称为管极电渣焊，它是熔嘴电渣焊的特例。

三、电渣焊工艺

1. 电渣焊的焊接材料

（1）电渣焊焊剂　目前常用的电渣焊焊剂有 HJ360、HJ170。HJ360 是中锰高硅中氟焊剂，常用于焊接大型低碳钢和某些低合金钢结构。HJ170 固态时具有导电性，用于电渣焊开始时形成渣池。除上述两种专用焊剂外，HJ431 也广泛用于电渣焊焊接。

（2）电渣焊的电极材料　电渣焊时，由于渣池的温度较低，熔渣与金属冶金反应较弱，焊剂的消耗量又少，故难以通过焊剂向焊缝渗合金，主要靠电极直接向焊缝渗合金。

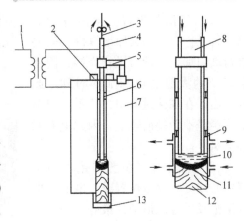

图9-11　熔嘴电渣焊示意图

1—电源　2—引出板　3—焊丝　4—熔嘴钢管
5—熔嘴夹持架　6—绝缘块　7—焊件　8—熔嘴铜块
9—水冷成形滑块　10—渣池　11—金属熔池
12—焊缝　13—引弧板

电渣焊的电极有焊丝、熔嘴、板极等。生产中多采用低合金结构钢焊丝或材料作为电极，常用的焊丝有 H08MnA、H08Mn2SiA、H10Mn2 等，板极和熔嘴板的材料通常为 Q295（09Mn2）等，熔嘴管为 20 无缝钢管。

2. 电渣焊的焊接参数

电渣焊的焊接参数较多，但对焊缝成形影响较大的主要是焊接电流、焊接电压、装配间隙、渣池深度。

焊接电流、焊接电压增大，渣池热量增多，故焊缝宽度增大。但焊接电流过大，焊丝熔化加快，使渣池上升速度增加，反而会使焊缝宽度减小。焊接电压过大会破坏电渣过程的稳定性。

装配间隙增大，渣池上升速度减慢，焊件受热增大，故焊缝宽度加大。但间隙过大会降低焊接生产率和提高成本。装配间隙过小，会给操作带来困难。

渣池深度增加，电极预热部分加长，熔化速度便增加，此时还由于电流分流的增加，降低了渣池温度，使焊件边缘的受热量减小，故焊缝宽度减小。但渣池过浅，易于产生电弧，而破坏电渣焊过程。

上述焊接参数不仅对焊缝宽度有影响，而且对熔池形状也有明显的影响。如果要得到宽度大、厚度小的焊缝，可以增加焊接电压或减小焊接电流，虽然减少渣池深度或增大间隙也可达到同样目的，但允许变化范围较小，一般不采用。

电渣焊一般采用专用设备，图9-12 所示为单头悬臂式电渣焊机。

四、电渣焊特点及应用

1. 电渣焊特点

（1）生产率高　对于大厚度的焊件，可以一次焊好，且不必开坡口。还可以一次焊接焊缝截面变化大的焊件。因此电渣焊要比电弧焊的生产效率高得多。

（2）经济效果好 电渣焊的焊缝准备工作简单，大厚度焊件不需要进行坡口加工，即可进行焊接，因而可以节约大量金属和加工时间。此外，由于在加热过程中，几乎全部电能都经渣池转换成热能，因此电能的损耗量小。

（3）宜在垂直位置焊接 当焊缝中心线处于垂直位置时，电渣焊形成熔池及焊缝成形条件最好，一般适合于垂直位置焊缝的焊接。

（4）焊缝缺陷少 电渣焊时，

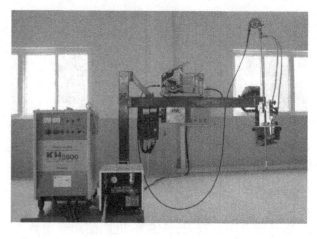

图 9-12 单头悬臂式电渣焊机

渣池在整个焊接过程中总是覆盖在焊缝上面，一定深度的渣池使液态金属得到良好的保护，以避免空气的有害作用，并对焊件进行预热，使冷却速度缓慢，有利于熔池中气体、杂质有充分的时间析出，所以焊缝不易产生气孔、夹渣及裂纹等缺陷。

（5）焊接接头晶粒粗大 这是电渣焊的主要缺点。由于电渣热过程的特点，造成焊缝和热影响区的晶粒粗大，使焊接接头的塑性和冲击韧度降低，但是通过焊后热处理，能够细化晶粒，满足对力学性能的要求。

2. 电渣焊的应用

电渣焊适用大厚度的焊件，目前可焊接的最大厚度达 300mm 以上。焊件越厚、焊缝越长，采用电渣焊越合理。推荐采用电渣焊的焊件厚度及焊缝长度见表 9-7。

表 9-7 电渣焊的焊件厚度及焊缝长度

焊件厚度/mm	30~50	50~80	80~100	100~150
焊缝长度/mm	>1000	>800	>600	>400

【任务实施】

通过参观焊接车间，达到对电渣焊的原理、特点及工艺等的认识和了解，并填写参观记录表（见表 9-8）。

表 9-8 参观记录表

姓　　名		参观时间		
参观企业、车间	电渣焊方法	电渣焊焊材	焊接产品	安全措施
观后感				

【拓展与提高】

1. 电渣压力焊原理

电渣压力焊主要用于钢筋混凝土建筑工程中竖向钢筋的连接，所以也叫钢筋电渣压力焊，它具有电弧焊、电渣焊和压力焊的特点，属于熔化压力焊的范畴。

钢筋电渣压力焊是将两根钢筋安放在竖直位置，采用对接形式，利用焊接电流通过端面间隙，在焊剂层下形成电弧过程和电渣过程，产生电弧热和电阻热熔化钢筋端部，最后加压完成连接的一种焊接方法。

2. 电渣压力焊特点及应用

钢筋电渣压力焊操作方便，效率高，质量好，成本低，适用于现浇混凝土结构竖向或斜向（倾斜度在 4:1 范围内）钢筋的连接，钢筋的级别为 Ⅰ、Ⅱ 级，直径为 $\phi14 \sim \phi40\text{mm}$。钢筋电渣压力焊主要用于柱、墙、烟囱、水坝等现浇混凝土结构（建筑物、构筑物）中竖向受力钢筋的连接，但不得在竖向焊接之后再横置于梁、板等到构件中作水平钢筋之用，这是由其工艺特点和接头性能所决定的。

钢筋电渣压力焊是国家重点推广项目，取得了十分显著的技术经济效益。

任 务 三　认识碳弧气刨

【学习目标】

1）了解碳弧气刨的原理及特点。

2）了解碳弧气刨的设备及工艺。

【任务描述】

在焊接作业现场，有时可见到用碳弧气刨开各种坡口（如 U 形坡口），清理焊根；清除焊缝缺陷便于返修及切割等工艺，碳弧气刨如图 9-13 所示。本任务就是认识碳弧气刨，即了解碳弧气刨的原理、特点、设备及工艺等内容。

a)　　　　　　　　　　　　　　　　b)

图 9-13　碳弧气刨

【相关知识】

一、碳弧气刨原理

碳弧气刨是使用石墨棒与刨件间产生电弧将金属熔化，并用压缩空气将其吹掉，实现在金属表面上加工沟槽的方法，碳弧气刨的原理如图 9-14 所示。

二、碳弧气刨设备

碳弧气刨设备由电源、碳弧气刨枪、碳棒、电缆气管和空气压缩机组成，如图 9-15 所示。

1. 碳弧气刨电源

碳弧气刨一般采用具有陡降外特性的直流电源，由于使用电流较大，且连续工作时间较长，因此，应选用功率较大的弧焊整流器和弧焊发电机，如 ZX – 500、AX – 500 等。

2. 碳弧气刨枪

碳弧气刨枪有侧面送风式气刨枪和圆周送风式气刨枪两种。图 9-16 所示为侧面送风式碳弧气刨枪，它的特点是送风孔开在钳口附近的一侧，工作时压缩空气从这里喷出，气流恰好对准碳棒的后侧，将熔化的液态金属吹走，从而达到刨槽或切割的目的。

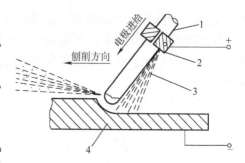

图 9-14　碳弧气刨原理图

1—电极　2—刨钳　3—压缩空气流　4—刨件

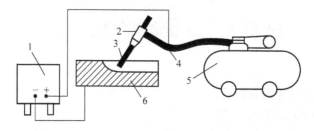

图 9-15　碳弧气刨设备

1—电源　2—碳弧气刨枪　3—碳棒　4—电缆气管　5—压缩空气机　6—工件

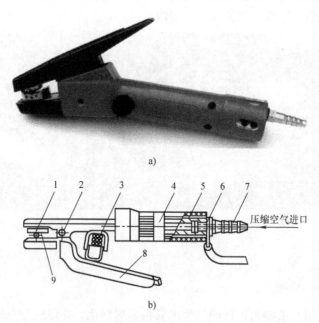

a)

b)

图 9-16　侧面送风式碳弧气刨枪

a) 实物　b) 结构

1—碳棒　2—小轴　3—弹簧　4—手柄　5—通风道　6—导线接头

7—空气管接头　8—活动钳口手柄　9—侧面送风孔

3. 碳棒

碳棒是碳弧气刨的电极材料，一般都采用镀铜实心碳棒，它是由石墨、碳粉和黏结剂混合后经挤压成形，焙烤后镀一层铜制成。对碳棒的要求是耐高温、导电性良好、组织致密、成本低等。碳棒断面形状有圆形和扁形（矩形），一般多采用圆形，刨宽槽或平面时可采用扁形碳棒。圆形和扁形碳棒如图9-17所示。

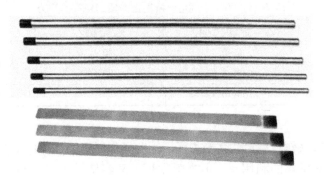

图9-17　圆形和扁形碳棒

三、碳弧气刨工艺

碳弧气刨参数主要有电源极性、电流与碳棒直径、刨削速度、压缩空气压力、碳棒的伸出长度、碳棒与工件的倾角、电弧长度等。

1. 电源极性

碳弧气刨一般都采用直流反极性，但铸铁和铜及铜合金采用直流正极性，这样刨削过程稳定，刨槽光滑。

2. 碳棒直径与刨削电流

碳棒直径根据被刨削金属的厚度来选择，见表9-9。被刨削的金属越厚，碳棒直径越大。刨削电流与碳棒直径成正比关系，一般可根据下面的经验公式选择刨削电流：

$$I = (30 \sim 50)d$$

式中　I——刨削电流（A）；

　　　d——碳棒直径（mm）。

碳棒直径还与刨槽宽度有关，刨槽越宽，碳棒直径应增大，一般碳棒直径应比刨槽的宽度小 $2 \sim 4$mm。

表9-9　钢板厚度与碳棒直径的关系　　　　　　　　　　　　　　（单位：mm）

钢板厚度	碳棒直径	钢板厚度	碳棒直径
3	一般不刨	$8 \sim 12$	$6 \sim 8$
$4 \sim 6$	4	$10 \sim 15$	$8 \sim 10$
$6 \sim 8$	$5 \sim 6$	15 以上	10

3. 刨削速度

刨削速度对刨槽尺寸和表面质量都有一定的影响。刨削速度太快会造成碳棒与金属相碰，使碳粘在刨槽的顶端，形成所谓"夹碳"的缺陷。刨削速度增大，刨削深度减小，一

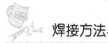

般刨削速度为 0.5 ~ 1.2m/min 较合适。

4. 压缩空气的压力

压缩空气的压力高，能迅速地吹走液体金属，使碳弧气刨顺利进行，一般压缩空气压力为 0.4 ~ 0.6MPa。且刨削电流增大时，压缩空气的压力也应相应增加。电流与压缩空气的压力之间的关系见表 9-10。

表 9-10 不同刨削电流所对应的压缩空气的压力

电流强度/A	压缩空气压力/MPa	电流强度/A	压缩空气压力/MPa
140 ~ 190	0.35 ~ 0.40	340 ~ 470	0.50 ~ 0.55
190 ~ 270	0.40 ~ 0.50	470 ~ 550	0.50 ~ 0.60
270 ~ 340	0.50 ~ 0.55		

5. 电弧长度

电弧过长，引起操作不稳定，甚至熄弧。因此操作时要求尽量保持短弧，这样可以提高生产率，还可以提高碳棒的利用率，但电弧太短，又容易引起"夹碳"缺陷，因此，碳弧气刨电弧的长度一般在 1 ~ 2mm。

6. 碳棒倾角

碳棒与刨件沿刨槽方向的夹角称为碳棒倾角。倾角的大小影响刨槽的深度，倾角增大槽深增加，碳棒的倾角一般为 25° ~ 45°，如图 9-18 所示。

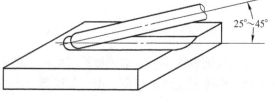

图 9-18 碳棒倾角

7. 碳棒伸出长度

碳棒从导电嘴到电弧端的长度称为伸出长度。碳棒伸出长度越长，就会使压缩空气吹到熔池的风力就不足，不能顺利地将熔化金属吹走，同时，伸出长度越长，碳棒的电阻增加，烧损也快。但伸出长度太短会引起操作不方便，一般碳棒伸出长度以 80 ~ 100mm 为宜，当烧损至 20 ~ 30mm 时，则需要及时调整。

8. 碳弧气刨操作要点

碳弧气刨的操作要点是准、平、正。

所谓"准"，就是槽的深浅要掌握准，刨槽的准线要看得准。操作时，眼睛要盯住准线。同时还要顾及刨槽的深浅。碳弧气刨时，由于压缩空气与工件的摩擦作用发出"嘶嘶"的响声。当弧长变化时，响声也随之变化。因此，可借响声的变化来判断和控制弧长的变化。若保持均匀而清脆的"嘶嘶"声，表示电弧稳定，能获得光滑而均匀的刨槽。

所谓"平"，就是手把要端得平稳，如果手把稍有上、下波动，刨削表面就会出现明显的凹凸不平。同时，还要求移动速度十分平稳，不能忽快忽慢。

所谓"正"，就是指碳棒夹持要端正。同时，还要求碳棒在移动过程中，除了与工件之间有一合适的倾角外，碳棒的中心线要与刨槽的中心线重合，否则刨槽形状不对称。

四、碳弧气刨特点及应用

1. 碳弧气刨特点

1）碳弧气刨比采用风铲可提高生产率 10 倍，在仰位或立位进出时更具有优越性。

2）与风铲比较，噪声较小，并减轻了劳动强度，易实现机械化。

3）在对封底焊进行碳弧气刨挑焊根时，易发现细小缺陷，并可克服风铲由于位置狭窄而无法使用的缺点。

4）碳弧气刨也有一些缺点，如产生烟雾、噪声较大、粉尘污染、弧光辐射等。

2. 碳弧气刨应用

碳弧气刨广泛应用于清理焊根，清除焊缝缺陷，开焊接坡口（特别是U形坡口），清理铸件的毛边、浇冒口及缺陷，还可用于无法用氧乙炔气割的各种金属材料切割等。图9-19所示为碳弧气刨的主要应用实例。

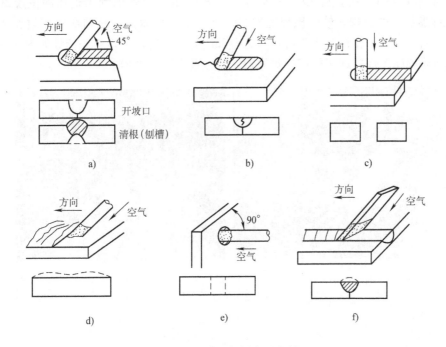

图9-19 碳弧气刨应用实例

a）开坡口及铲根（刨槽） b）去除缺陷 c）切割 d）清除表面 e）打孔 f）刨除余高

【任务实施】

通过参观焊接车间，达到对碳弧气刨的原理、设备及工艺等的认识和了解，并填写参观记录表（见表9-11）。

表9-11 参观记录表

姓 名		参观时间		
参观企业、车间	碳弧气刨设备	碳弧气刨参数	碳弧气刨应用	安全措施
观后感				

任务四 认识摩擦焊

【学习目标】

1）了解摩擦焊的原理和特点。

2）了解搅拌摩擦焊工艺特点。

【任务描述】

摩擦焊是利用工件表面相互摩擦所产生的热，使端部达到热塑性状态，然后迅速顶锻，完成焊接的一种压焊方法。自1957年以来，摩擦焊在国内外得到了迅速的发展，特别是1991年搅拌摩擦焊的出现，使摩擦焊的发展达到一个崭新阶段，目前在航空航天、石油钻探、切削工具、汽车拖拉机和工程机械等工业部门得到了应用。搅拌摩擦焊如图9-20所示。本任务就是认识摩擦焊，即了解摩擦焊原理、特点及方法等内容。

a)   b)

图9-20　搅拌摩擦焊

【相关知识】

一、摩擦焊的原理

在压力作用下，待焊界面通过相对运动进行摩擦，机械能转变为热能。对于给定的材料，在足够的摩擦压力和足够的相对运动速度条件下，被焊材料的温度不断上升。随着摩擦过程的进行，工件产生一定的塑性变形量，在适当时刻停止工件间的相对运动，同时施加较大的顶锻力并维持一定的时间，即可实现材料间的固相连接。

从焊接过程可以看出，摩擦焊接头是在被焊金属熔点以下形成的，所以摩擦焊属于固相焊接。摩擦焊过程的特点是工件高速相对运动，加压摩擦，直至红热状态后工件旋转停止的瞬间，加压顶锻。整个焊接过程在几秒至几十秒内完成。因此，具有相当高的焊接效率。摩擦焊过程中无需加任何填充金属，也不需焊剂和保护气体，因此，摩擦焊也是一种低耗材的焊接方法。

二、摩擦焊的分类

摩擦焊根据工件相对运动形式和工艺特点分类，如图9-21所示。其中连续驱动摩擦焊、惯性摩擦焊和搅拌摩擦焊应用较多。

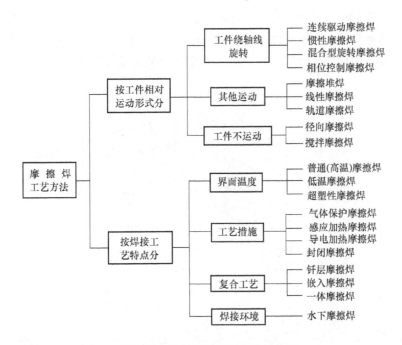

图 9-21 摩擦焊的工艺方法及分类

1. 连续驱动摩擦焊

焊接时，两待焊工件分别固定在旋转夹具（通常轴向固定）和移动夹具内。工件被夹紧后，移动夹具持工件向旋转端移动，旋转端工件开始旋转，待两边工件接触后开始摩擦加热，当达到一定摩擦时间或摩擦缩短量（又称摩擦变形量）时停止旋转，开始顶锻并维持一定时间以便接头牢固连接，最后夹具松开、退出，取出工件，焊接过程结束。

2. 惯性摩擦焊

惯性摩擦焊时，工件的旋转端被夹持在飞轮里，焊接过程开始时，首先将飞轮和工件的旋转端加速到一定的转速，然后飞轮与主电动机脱开，同时，工件的移动端向前移动，工件接触后，开始摩擦加热。在摩擦加热过程中，飞轮受摩擦扭矩的制动作用，转速逐渐降低，当转速为零时，焊接过程结束。

3. 搅拌摩擦焊

搅拌摩擦焊（FSW）是一种新型的固相连接技术，由英国焊接研究所于 1991 年发明。搅拌摩擦焊最初应用于铝合金，随着研究的深入，搅拌摩擦焊适用材料的范围正在逐渐扩展。除了铝合金以外，还可以用于镁、铜、钛、钢等金属及其合金的焊接。搅拌摩擦焊是一种公认的最具潜力和应用前景的先进连接方法。

搅拌摩擦焊的原理如图 9-22 所示，一个带有轴肩和搅拌针的特殊形状的搅拌工具旋转着插入被焊工件，通过搅拌工具与工件的摩擦产生热量，把工件加热到塑性状态，然后搅拌工具带动塑化材料沿着焊缝运动，在搅拌工具高速旋转摩擦和挤压作用下形成固相连接的接头。

搅拌摩擦焊过程通常分为四步，如图 9-23 所示。

1）旋转。主轴带动搅拌头以一定速度旋转。

2）压入。搅拌头在旋转的同时沿工件法线方向开始进给，并逐渐压入工件。

3）停留。搅拌头压入到指定位置后停留一段时间，对焊接局部区域进行加热。

4）平移。等周围材料充分塑化后，搅拌头开始沿焊接方向移动。

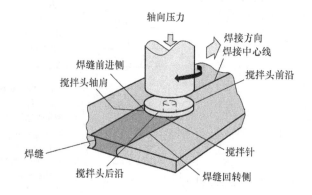

图9-22　搅拌摩擦焊的原理

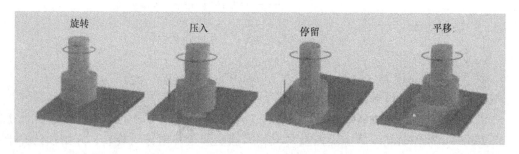

图9-23　搅拌摩擦焊过程

三、摩擦焊的特点

1. 摩擦焊的优点

（1）接头质量高　摩擦焊属固态焊接，正常情况下，接合面不发生熔化，焊接区金属不产生与熔化和凝固相关的焊接缺陷；压力与扭矩的力学冶金效应使得晶粒细化、组织致密、夹杂物弥散分布。

（2）适合异种材质的连接　对于通常认为不可组合的金属材料如铝—钢、铝—铜、钛—铜等都可进行焊接。一般来说，凡是可以进行锻造的金属材料都可以进行摩擦焊接。

（3）生产效率高　发动机排气门双头自动摩擦焊机的生产率可达800～1200件/h。

（4）尺寸精度高　用摩擦焊生产的柴油发动机预燃烧室，全长误差为±0.1mm，专用机可保证焊后的长度偏差为±0.2mm，偏心度为0.2mm。

（5）设备操作简单　设备易于实现机械化、自动化，操作简单。

（6）环境清洁　工作时不产生烟雾、弧光以及有害气体等。

（7）生产费用低　与闪光焊相比，电能节约5～10倍；焊前工件不需特殊加工清理；不需填充材料和保护气体等。因此加工成本与电弧焊比较，可以降低30%左右。

2. 摩擦焊的缺点与局限性

1）对非圆形截面焊接较困难，所需设备复杂；对盘状薄零件和薄壁管件，由于不易夹固，施焊也很困难。

2）焊机的一次性投资较大，大批量生产时才能降低生产成本。

【任务实施】

通过参观焊接车间，达到对摩擦焊的原理、设备及工艺等的认识和了解，并填写参观记录表（见表9-12）。

表9-12　参观记录表

姓　名		参观时间		
参观企业、车间	摩擦焊方法	摩擦焊设备	加工零件	安全措施
观后感				

任 务 五　认识高能束焊

【学习目标】

1）了解真空电子束焊的原理和特点。

2）了解激光焊与激光切割的原理和特点。

【任务描述】

高能束焊也称高能焊、高能密度焊，是用高能量密度束流（激光束、电子束、等离子弧）作为焊接热源，实现对材料和构件焊接的特种焊接方法。高能束焊功率密度比一般钨极氩弧焊或熔化极气体保护焊要高一个数量级以上，等离子弧仅能达到高能束焊功率密度的下限。所以通常所说的高能束焊指电子束焊和激光焊。激光焊与切割如图9-24所示。本任务就是认识电子束焊和激光焊割，即了解其原理、特点及方法等内容。

　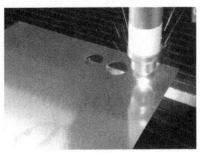

a)　　　　　　　　　　　　　　b)

图9-24　激光焊与激光切割

【相关知识】

一、真空电子束焊

电子束焊是利用加速和聚焦的电子束轰击置于真空或非真空中的焊件所产生的热能进行焊接的方法。真空电子束焊是电子束焊的一种，是目前发展较成熟的一种先进工艺。现已在核能、航空、航天、仪表、工具制造等工业上获得了广泛应用。

1. 真空电子束焊原理

电子束是从电子枪中产生的，如图9-25所示。电子枪的阴极通电加热到高温而发射出大量电子，电子在加速电压的作用下达到0.3～0.7倍的光速，经电子枪静电透镜和电磁透镜的作用，汇聚成一束能量（动能）极大的电子束。这种电子束以极高的速度撞击焊件的表面，电子的动能转变为热能，使金属迅速熔化和蒸发。强烈的金属气流将熔化的金属排开，使电子束继续撞击深处的固态金属，很快在焊件上"钻"出一个锁形小孔（匙孔），如图9-26所示。小孔被周围的液态金属包围，随着电子束与焊件的相对移动，液态金属沿小孔周围流向熔池后部逐渐冷却、凝固形成焊缝。

电子束焊

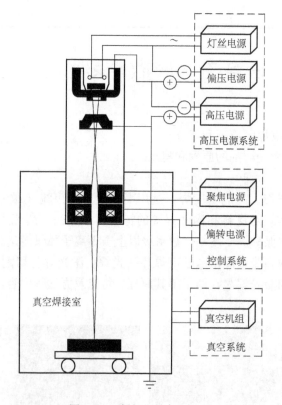

图9-25 真空电子束焊原理

2. 真空电子束焊的特点及应用

真空电子束焊与其他焊接方法相比，具有如下优点：

1）电子束功率密度很高，为电弧焊的5000～10000倍，所以焊接速度快，又因焊接时的电子束电流很小，焊接的热影响区和变形极小。

2）电子束穿透能力强，焊缝深宽比大，深宽比可达 50 : 1，而焊条电弧焊的深宽比约为 1 : 1.5；埋弧焊约为 1 : 1.3。所以电子束焊时可以不开坡口，实现单道大厚度焊接，比电弧焊节省材料和能量消耗数十倍。

3）真空环境下焊接，不仅可防止熔化金属受到氢、氧、氮气体的污染，而且有利于焊缝金属的除气和净化。

4）真空电子束焊能焊接用其他焊接工艺难于或根本不能焊接的形状复杂的焊件，能焊接特种金属、难熔金属和某些非金属材料，也适用于异种金属以及金属与非金属间的焊接及热处理后的零件与缺陷的修补。

真空电子束焊的主要缺点是设备复杂，成本高，使用维护较困难，对接头装配质量要求严格及需要防护 X 射线等。

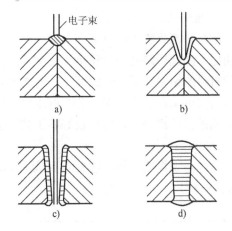

图 9-26 电子束焊焊缝成形的原理

a）接头局部熔化、蒸发 b）金属蒸气排开液体金属，电子束"钻入"母材，形成"匙孔" c）电子束穿透工件，"匙孔"由液态金属包围 d）焊缝凝固成形

二、激光焊与激光切割

激光是一种新能源，是比等离子弧更为集中的热源。激光可以用来焊接、切割、打孔或进行其他加工。激光焊是以聚焦的激光束作为能源轰击焊件所产生的热量进行焊接的方法，是当今先进的制造技术之一。

1. 激光焊的原理

激光与普通光不同，它具有能量密度高（可达 $10^5 \sim 10^{13} \text{W/cm}^2$）、单色性好与方向性强的特点。激光焊就是利用激光器产生的单色性、方向性非常高的激光束，经过光学聚焦后，把其聚焦到直径 $10\mu\text{m}$ 的焦点上，能量密度达到 10^6W/cm^2 以上，通过光能转变为热能，从而熔化金属进行焊接。

2. 激光焊的特点及应用

1）能准确聚焦为很小的光束（直径 $10\mu\text{m}$），焊缝极为窄小，变形极小，热影响区极窄。

2）功率密度高，加热集中，可获得深宽比大的焊缝（目前已达 12 : 1）不开坡口单道焊钢板的厚度达 50mm。

3）焊接过程非常快，焊件不易氧化。另外，不论是在真空、保护气体或空气中焊接，效果几乎是相同的，即能在任何空间进行焊接。

4）激光焊的不足之处是设备的一次性投资大，设备较复杂，对高反射率的金属直接进行焊接较困难。

由于激光焊具有上述特点，所以它被用于仪器、微型电子工业中的超小型元件及航天技术中的特殊材料的焊接。可以焊接同种或异种材料，其中包括铅、铜、银、不锈钢、镍、锆、铌及难熔金属钽、钼、钨等。

3. 激光切割的特点及应用

激光切割是激光在材料加工中一个新的应用领域，是一种新型的切割方法，与氧乙炔切割相比，激光切割的切口狭小，切割速度高，母材的热影响区小，材料变形小，因此，可以进行材料的精密切割。除此而外，对氧乙炔焰难以切割的不锈钢、钛、铝、铜、锆及其合金等材料均可采用激光切割，甚至对木材、纸、布、塑料、橡胶以及岩石、混凝土等非金属材料也能进行切割，而且均有较好的工艺性能。

【任务实施】

通过参观焊接车间，达到对高能束焊的原理及特点的认识和了解，并填写参观记录表（见表9-13）。

表9-13 参观记录表

姓 名		参观时间		
参观企业、车间	高能束焊方法	高能束焊设备	加工零件及材料	安全措施
观后感				

任务六 认识焊接机器人

【学习目标】

1）了解焊接机器人的原理和特点。

2）了解焊接机器人的构造及操作。

【任务描述】

工业机器人作为现代制造技术发展的重要标志之一和新兴技术产业，已为世人所认同。并正在对现代高技术产业各领域以至人们的生活产生重要影响。焊接机器人是应用最广泛的一类工业机器人，在各国机器人应用比例中已占总数的40%～50%。机器人焊接是焊接自动化的革命性进步。焊接机器人目前在汽车工业、通用机械、工程机械、金属结构、轨道交通、电器制造等许多行业都有应用。

焊接机器人如图9-27所示。本任务就是认识焊接机器人，即了解其原理、特点、构造及操作等内容。

【相关知识】

一、焊接机器人

机器人是由程序控制的电子机械装置，具有某些类似人的器官的功能，能完成一定的操作或运输任务，也可以说是模仿人的机器。只有装有计算机的电子机械装置才有可能是机器人。

焊接机器人是20世纪60年代后期迅速发起来的，目前在工业发达的国家已进入实际应

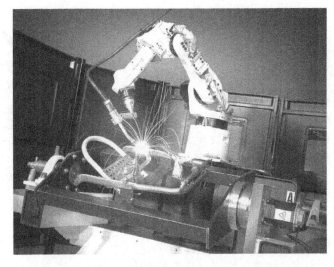

图 9-27 焊接机器人

用阶段。它可以应用在电弧焊、电阻焊、切割及类似的工艺方法中，如用焊接机器人来取代有毒、有尘、高温作业的焊条电弧焊等。经常应用的范围还包括结构钢和铬镍钢的 CO_2 气体保护电弧焊、活性气体保护电弧焊；铝及特殊合金的熔化极惰性气体保护电弧焊；铬镍钢和铝的加焊丝和不加焊丝的钨极惰性气体保护电弧焊；埋弧焊；激光焊和激光割。

焊接机器人不但适用于中、大批量产品的自动化生产，也能在小批量自动化生产中发挥作用。目前世界上焊接机器人已达到百万台以上。我国从 20 世纪 80 年代起开始研制，1985 年成功生产出华宇型弧焊机器人，1989 年国产机器人已在汽车焊接生产线中应用，标志着我国焊接机器人进入实用阶段。我国现有焊接机器人中，弧焊机器人约占 49%，点焊机器人约占 47%，其他机器人约占 4%。

就目前的示教再现型焊接机器人而言，焊接机器人完成一项焊接任务，只需人给它做一次示教，它即可精确地再现示教的每一步操作，如要机器人去做另一项工作，无须改变任何硬件，只要对它再做一次示教即可。因此，在一条焊接机器人生产线上，可同时自动生产若干种焊件。

二、焊接机器人的特点

目前工业机器人已从第二代向第三代智能机器人发展。它是综合人工智能而建立起来的电子机械自动装置，它具有感知和识别周围环境的能力，能根据具体情况确定行动轨迹。因此，应用焊接机器人有以下优点。

1）焊接质量的稳定和提高易于实现，保证其均一性。

2）提高生产率，在一天内可 24h 连续生产。

3）改善焊工劳动条件，可在有害环境下长期工作。

4）降低对工人操作技术难度的要求。

5）缩短产品改型换代的准备周期，减少相应的设备投资。

6）可实现小批量产品焊接自动化。

7）为焊接柔性生产线提供基础。

三、焊接机器人的构造

一台完整的弧焊机器人包括机器人的机械手、控制系统、焊接装置和焊件夹持装置，如图9-28所示。焊接装置包括焊枪、焊接电源及送丝机构。夹持装置用于夹持焊件，上面装有旋转工作台，便于调整焊件位置。机械手是正置全关节式的，其特点是机构紧凑、灵活性好、占地面积小、工作空间大。它与焊枪固定在一起，带动焊枪运动。

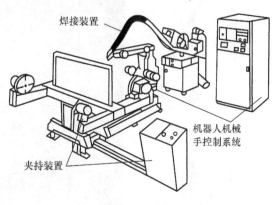

图9-28　弧焊机器人构造

弧焊机器人通常有5个以上自由度，具有6个自由度的机器人可以保证焊枪的任意空间轨迹和姿势。点至点方式移动速度可达60m/min以上，其轨迹重复精度可达±0.2mm。它可以通过示教和再现方式或通过编程进行工作。这种焊接机器人具有直线及环形内插法摆动的功能，用以满足焊接工艺要求。

控制系统的作用不但要控制机器人机械手的运动，还要控制外围设备的动作、开启、切断以及安全防护。

控制系统与所有设备的通信信号有数字信号和模拟信号两种。控制柜与外围设备用模拟信号联系，有焊接电源、送丝机构和操作器（包括夹具、变位器等）。数字信号负责各设备的启动、停止、安全以及状态检测。

四、焊接机器人的操作

弧焊机器人普遍采用示教方式工作，即通过示教盒的操作键引导到其始点，然后用按键确定位置、运动方式（直线或圆弧）、摆动方式、焊枪姿态以及各种焊接参数。同时还可通过示教盒确定周围设备的运动速度等。焊接工艺操作包括引弧、施焊、熄弧、填满弧坑，都通过示教盒给定。示教完毕后，机器人控制系统进入程序编辑状态，焊接程序生成后即可进行实际焊接。

【任务实施】

通过参观相关企业车间，达到对焊接机器人的原理、特点及构造的认识和了解，并填写参观记录表（见表9-14）。

表9-14　参观记录表

姓　　名		参观时间		
参观企业、车间	焊接机器人类别、型号	焊接方法	加工零件及材料	安全措施
观后感				

【1＋X 考证训练】

一、填空题

1. 钎焊根据钎料熔点不同可分为_____和_____两大类，其熔点分别为_____和_____。

2. 常用的钎焊方法有_____、_____、_____、_____、_____、_____等。

3. 钎焊的焊接参数主要有_____和_____。

4. 电渣焊根据所用的电极形状不同可分为_____、_____和_____。

5. 电渣焊是利用_____通过液体_____所产生的_____热进行焊接的方法。

6. 常用的碳弧气刨枪有_____和_____两种形式。

7. Q235、Q355（16Mn）钢碳弧气刨时，其电源极性为_____，HT200、H62 碳弧气刨时，其电源极性为_____。

8. 电渣焊的焊接材料有电极和焊剂，常用的电渣焊焊剂有_____和_____。

9. 碳弧气刨的设备有_____、_____、_____和_____组成。

10. 钎焊采用对接接头时，接头的_____比母材差，所以钎焊一般采用_____接头。

二、判断题（正确的画"√"，错误的画"×"）

1. 钢板电渣焊时，效率高，若不开 U 形坡口就不能保证其焊缝的质量。（　　）

2. 电渣时，焊件应处于垂直位置，焊接方向是自下而上。（　　）

3. 碳钢的电渣焊接头，焊后不需经正火处理。（　　）

4. 气刨一般采用直流电源，并要求焊机具有陡降外特性。（　　）

5. 弧气刨时，应该选择功率较大的直流焊机。（　　）

6. 钎焊和焊条电弧焊、埋弧焊一样，焊缝都是由填充金属（焊条、焊丝、钎料）和母材共同熔合而成的。（　　）

7. 钎焊常采用搭接接头，目的是增大焊件接触面积，提高焊接强度。（　　）

8. 电渣焊焊后冷却速度较慢，所以焊缝及热影响区金属晶粒细小，焊接接头冲击韧度高。（　　）

9. 钎焊时，若接头间隙过小，则毛细作用减弱，使钎料流入困难，易在钎缝内形成夹渣或产生未钎透。（　　）

10. 由于焊剂残渣大多具有腐蚀作用，故焊后常需将其清除干净。（　　）

三、问答题

1. 钎焊的原理是什么？钎焊与熔焊方法相比有何特点？

2. 简述搅拌摩擦焊的原理及焊接过程。

3. 碳弧气刨的工艺参数有哪些？应如何选择？

4. 焊接机器人的特点有哪些？

【焊接名人名事】

大国工匠：李万君（中车长春轨道客车股份有限公司电焊工）

李万君先后参与了我国几十种城铁车、动车组转向架的首件试制焊接工作，总结并制定了 30 多种转向架焊接规范及操作方法，技术攻关 150 多项，其中 27 项获得国家专利。他的"拽枪式右焊法"等 30 余项转向架焊接操作方法，累计为企业节约资金和创造价值 8000 余万元。

所获荣誉：全国劳动模范、全国优秀共产党员、全国五一劳动奖章、全国技术能手、中华技能大奖、2016 年度"感动中国"十大人物、吉林省特等劳动模范。

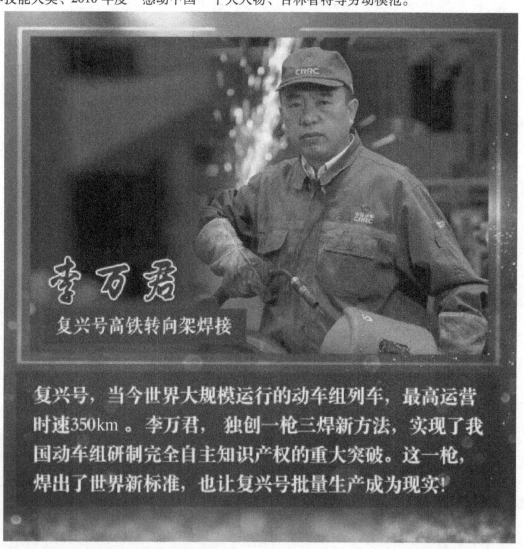

李万君 复兴号高铁转向架焊接

复兴号，当今世界大规模运行的动车组列车，最高运营时速350km。李万君，独创一枪三焊新方法，实现了我国动车组研制完全自主知识产权的重大突破。这一枪，焊出了世界新标准，也让复兴号批量生产成为现实！

参考文献

[1] 中国机械工程学会焊接学会. 焊接手册：第一卷焊接方法及设备 [M]. 3 版. 北京：机械工业出版社，2008.

[2] 赵熹华. 压焊方法与设备 [M]. 北京：机械工业出版社，2005.

[3] 邱葭菲. 焊接工艺学 [M]. 北京：中国劳动社会保障出版社，2020.

[4] 邱葭菲. 焊接方法与设备 [M]. 北京：化学工业出版社，2021.

[5] 殷树言. 气体保护焊工艺 [M]. 哈尔滨：哈尔滨工业大学出版社，2004.

[6] 赵熹华. 焊接方法与机电一体化 [M]. 北京：机械工业出版社，2001.

[7] 王长忠. 高级焊工技能训练 [M]. 北京：中国劳动社会保障出版社，2006.

[8] 陈祝年. 焊接设计简明手册 [M]. 北京：机械工业出版社，1997.

[9] 梁文广. 电焊机维修简明问答 [M]. 北京：机械工业出版社，2004.

[10] 吴敬生. 埋弧自动焊 [M]. 沈阳：辽宁科学技术出版社，2007.

[11] 邱葭菲. 实用焊接技术 [M]. 长沙：湖南科学技术出版社，2010.

[12] 方洪渊. 简明钎焊工手册 [M]. 北京：机械工业出版社，2001.

[13] 邱葭菲. 金属熔焊原理及材料焊接 [M]. 北京：机械工业出版社，2011.

[14] 朱庄安. 焊工实用手册 [M]. 北京：中国劳动社会保障出版社，2002.

[15] 周生玉. 电弧焊 [M]. 北京：机械工业出版社，1994.

[16] 胡特生. 电弧焊 [M]. 北京：机械工业出版社，1996.

[17] 邱葭菲. 焊接专业教学法 [M]. 南京：江苏教育出版社，2012.